Mathematik für die Lehrerausbildung

K. P. Müller / H. Wölpert
Anschauliche Topologie

Mathematik für die Lehrerausbildung

Die Reihe Mathematik für die Lehrerausbildung behandelt studiumsgerecht in Form einzelner aufeinander abgestimmter Bausteine grundlegende und weiterführende Themen aus dem gesamten Ausbildungsbereich der Mathematik für Lehrerstudenten. Die einzelnen Bände umfassen den Stoff, der in einer einsemestrigen Vorlesung dargeboten wird. Die Erfordernisse der Lehrerausbildung berücksichtigt in besonderer Weise der dreiteilige Aufbau der einzelnen Kapitel jedes Bandes: Der erste Teil hat motivierenden Charakter. Der Motivationsteil bereitet den zweiten, theoretisch-systematischen Teil vor. Der dritte, auf die Schulpraxis bezogene Teil zeigt die Anwendung der Theorie im Unterricht. Aufgrund dieser Konzeption eignet sich die Reihe besonders zum Gebrauch neben Vorlesungen, zur Prüfungsvorbereitung sowie zur Fortbildung von Lehrern an Grund-, Haupt- und Realschulen.

Anschauliche Topologie

Eine Einführung in die elementare Topologie und Graphentheorie

Von Dr. rer. nat. Kurt Peter Müller
Professor an der Pädagogischen Hochschule Esslingen

und Dr. rer. nat. Heinrich Wölpert
Professor an der Pädagogischen Hochschule Esslingen

1976. Mit 201 Figuren, 49 Beispielen und 106 Aufgaben

B. G. Teubner Stuttgart

Prof. Dr. rer. nat. Kurt Peter Müller

Geboren 1941 in Stuttgart. Von 1960 bis 1967 Studium der Mathematik und Physik in Stuttgart. 1966 Diplom und erstes Staatsexamen in Mathematik, 1967 erstes Staatsexamen in Physik. Von 1967 bis 1971 wissenschaftlicher Assistent am Mathematischen Institut B der Universität Stuttgart, 1970 Promotion in Mathematik, 1971 zweites Staatsexamen. Seit 1971 Dozent, seit 1973 Professor für Mathematik und ihre Didaktik an der Pädagogischen Hochschule Esslingen.

Prof. Dr. rer. nat. Heinrich Wölpert

Geboren 1939 in Waiblingen. Von 1958 bis 1964 Studium der Mathematik und Physik in Stuttgart und Hamburg. 1964 erstes Staatsexamen, 1965 zweites Staatsexamen, dann bis zur Promotion in Mathematik wissenschaftlicher Assistent am Mathematischen Institut B der Universität Stuttgart. Seit 1969 Dozent, seit 1972 Professor für Mathematik und ihre Didaktik an der Pädagogischen Hochschule Esslingen.

CIP-Kurztitelaufnahme der Deutschen Bibliothek

Müller , Kurt Peter
Anschauliche Topologie: e. Einf. in d. elementare Topologie u. Graphentheorie / von Kurt Peter Müller u. Heinrich Wölpert. – 1. Aufl. – Stuttgart: Teubner, 1976.
(Mathematik für die Lehrerausbildung)
ISBN 3–519–02709–7
NE: Wölpert , Heinrich:

Printed in Germany
Satz: G. Hartmann, Nauheim
Druck: J. Beltz, Hemsbach/Bergstr.
Binderei: G. Gebhardt, Ansbach
Umschlaggestaltung: W. Koch, Sindelfingen

Vorwort

Seitdem die Notwendigkeit erkannt wurde, in den Mathematikunterricht der Grundschule geometrische Inhalte aufzunehmen, werden dort auch topologische Probleme behandelt. Das Einbeziehen von topologischen Fragestellungen neben den euklidischen Inhalten wird dabei meist entwicklungspsychologisch begründet, da z. B. Begriffe wie offen und abgeschlossen vor euklidischen Begriffen wie geradlinig und senkrecht zueinander gebildet werden. Behandelt werden dabei einfache Probleme, bei denen man ohne großen Begriffsapparat auskommt. Auf diese Weise kommen zum einen Aufgaben, die der Schulung des räumlichen Vorstellungsvermögens dienen, zum anderen neue Typen von stark anwendungsbezogenen Sachproblemen mit meist offener Aufgabenstellung in den Unterricht.

Dieses Buch vermittelt einen Überblick über die sogenannte anschauliche Topologie, die sich mit topologischen Problemen im Anschauungsraum beschäftigt. Außerdem wird gezeigt, wie man der Topologie als Grundstruktur auf einem möglichst anschaulichen Weg eine axiomatische Fundierung geben kann. Dabei werden nur diejenigen elementaren Begriffe der allgemeinen Topologie behandelt, die nötig sind, um den Zusammenhang zwischen anschaulicher und allgemeiner Topologie deutlich werden zu lassen.

Die meisten Abschnitte sind – entsprechend der Konzeption der ML-Reihe – in drei Teile gegliedert: Auf eine anschauliche Hinführung in einem A-Teil folgt eine strenge Durchführung im B-Teil. Abschließend werden im C-Teil Beispiele für eine mögliche Behandlung in der Schule gegeben.

Der erste Abschnitt besteht nur aus einem A-Teil und erläutert an Beispielen, was topologische Fragestellungen sind. Weitere solche Beispiele werden im A-Teil des zweiten Abschnitts im Hinblick auf die anschließende abstrakte Behandlung im B-Teil angegeben. Dem zweiten Abschnitt fehlt der C-Teil, da die Verfasser der Meinung sind, daß diese Inhalte allenfalls in der Sekundarstufe II behandelt werden können. Dem steht zwar der Bericht von Papy (vgl. [28]) entgegen; die dort angegebene Konzeption kann jedoch nicht in allen Teilen auf unser Schulsystem übertragen werden. Der Leser sei schon hier darauf hingewiesen, daß der zweite Abschnitt höhere Anforderungen an das Abstraktionsvermögen stellt als die anderen Abschnitte. Er kann bei einer ersten Lektüre überschlagen werden, wenn sich der Leser mit den anschaulichen Definitionen des ersten Abschnitts begnügt.

Der dritte Abschnitt behandelt ebene Netze. Dabei wird die Frage der Durchlaufbarkeit gelöst, und es wird gezeigt, welche Netze nicht plättbar sind. Nach dem Beweis des Fünffarbensatzes für Landkarten werden Bäume als Klasse spezieller Netze untersucht.

Netze mit Bewertungen sind Thema des vierten Abschnitts. Sie stellen eine Verbindung zur Graphentheorie her und führen auf sehr praxisnahe Sachprobleme. Daneben bietet sich hier die Möglichkeit, auf anschauliche Weise zu verschiedenen diskreten

Metriken zu kommen. Der fünfte Abschnitt untersucht Linien im Raum. Insbesondere werden die einfachsten Verschlingungen, Knoten und Ketten betrachtet.

Die Abschnitte sechs und sieben sind als eine Einheit zu sehen, in der topologische Probleme auf Flächen im Raum untersucht werden. Meist handelt es sich dabei um Verallgemeinerungen von Fragestellungen, die bei den ebenen Untersuchungen in Abschn. 3 besprochen wurden. Die vollständige Klassifizierung der zweiseitigen und einseitigen geschlossenen Flächen wurde aufgenommen, um dem Leser einen Überblick zu geben, der bei den vielen in der Literatur verstreuten Problemen mit solchen Flächen hilfreich ist.

Im achten Abschnitt finden sich die Lösungen der Aufgaben, zu deren Bearbeitung, ebenso wie zur Lektüre des gesamten Bandes, dem Leser dringend geraten sei, Bleistift und Papier zur Hand zu nehmen und mit entsprechenden Zeichnungen die Gedankengänge selbst nachzuvollziehen.

Der Inhalt dieses Buches geht auf Vorlesungen zurück, die die beiden Verfasser an der Pädagogischen Hochschule Esslingen gehalten haben. Bedingt durch verschiedene Schwerpunkte bei der Stoffauswahl für die Vorlesungen, ergab sich auch eine Aufteilung bei der Bearbeitung dieses Bandes. So stammen das zweite, dritte und fünfte Kapitel vom erstgenannten, das vierte, sechste und siebente vom zweitgenannten Verfasser. Dennoch fühlen sich beide Verfasser für das gesamte Buch verantwortlich.

Esslingen, im Frühjahr 1976 K. P. Müller, H. Wölpert

Inhalt

1 Einführung

A 1.1 Topologische Probleme 11
1.2 Topologie und euklidische Geometrie 13
1.3 Topologische Invarianten 15

2 Topologische Grundbegriffe

A 2.1 Entstehung der Topologie 16
2.1.1 Historischer Weg zur Topologie 16
2.1.2 Anschaulicher Weg 17
2.2 Der Jordansche Kurvensatz 18
2.2.1 Geschlossene einfach zusammenhängende Kurven 18
B 2.2.2 Der Jordansche Kurvensatz 20
2.2.3 Bijektive Abbildungen 20
2.2.4 Stetige Abbildungen 21
2.3 Topologische Räume 23
2.3.1 Umgebungssysteme 23
2.3.2 U-Topologie 23
2.3.3 Besondere Punkte und Mengen 26
2.3.4 Topologische Abbildungen 30
2.4 Metrische Räume 32
2.4.1 Definition und Eigenschaften 32
2.4.2 Topologische Abbildungen in metrischen Räumen 37
2.4.3 Zusammenhang mit der „Gummituch-Topologie“ 39

3 Ebene Netze und Landkarten

A 3.1 Einführende Beispiele 40
3.1.1 Das Königsberger Brückenproblem 40
3.1.2 Das Versorgungsnetz-Problem 41
3.1.3 Das Erbteilungs-Problem 41
3.1.4 Färbungsproblem bei Nachbarländern 42
B 3.2 Durchlaufbare Netze 43
3.2.1 Beispiele und Gegenbeispiele 43
3.2.2 Netze 44
3.2.3 Sätze über Netze, Euler-Wege 45
3.2.4 Hamilton-Wege 49

3.3 Plättbare Netze 50
3.3.1 Definition 50
3.3.2 Der Satz von Euler 51
3.3.3 Das Versorgungsnetz-Problem 52
3.3.4 Das vollständige Netz von fünf Ecken 53
3.3.5 Das Problem der Nachbargebiete 54

3.4 Färbungsprobleme ebener Landkarten 55
3.4.1 Die Vierfarben-Vermutung 55
3.4.2 Der Fünffarbensatz 55

3.5 Bäume 59
3.5.1 Netze ohne geschlossene Wege 59
3.5.2 Einfache Sätze über Bäume 61

C 3.6 Netze und Landkarten in der Schule 62
3.6.1 Netze 62
3.6.2 Durchlaufbare Netze 62
3.6.3 Bäume und Labyrinthe 65
3.6.4 Landkarten und Färbungen 66
3.6.5 Parkettierungen 67

4 Netze mit Bewertungen

A 4.1 Beispiele für bewertete Netze 68
4.1.1 Einführung 68
4.1.2 Problem des minimalen Gerüsts 69
4.1.3 Das Rundreiseproblem 70

B 4.2 Bewertete Netze 72
4.2.1 Definition 72
4.2.2 Problem des kürzesten Wegs zwischen zwei Ecken 74
4.2.3 Kürzeste Wege von einem Punkt aus 75
4.2.4 Minimalgerüste 80

4.3 Metrische und topologische Strukturen in bewerteten Netzen 82
A 4.3.1 Einführung 82
B 4.3.2 Bewertung als Metrik 84
4.3.3 Taximetrik 88

C 4.4 Didaktische Bemerkungen 90

5 Linien im Raum und Knoten

A 5.1 Verschlingungen und Knoten mit Fäden 93
5.1.1 Beispiele 93
5.1.2 Ein Faden mit zwei festen Enden 95
5.1.3 Mehr als ein Faden 97

B 5.2 Knoten ... 98
5.2.1 Definition ... 98
5.2.2 Knotenprojektionen ... 99
5.2.3 Einfache Knoten ... 103
5.2.4 Alternierende Normierungen ... 106

5.3 Kettenbildungen ... 108
5.3.1 Knoten und einfache Verkettungen ... 108
5.3.2 Mehrfache Verkettung zweier Kreise ... 110
5.3.3 Kettenbildungen, Verkettungen und Verbindungen ... 111

C 5.4 Didaktische Hinweise ... 112
5.4.1 Vorbemerkung ... 112
5.4.2 Oben und unten ... 113
5.4.3 Weitere Probleme ... 114

6 Topologie im dreidimensionalen Raum

A 6.1 Topologische Probleme im Anschauungsraum ... 115
6.1.1 Fortsetzung des Erbteilungsproblems ... 115
6.1.2 Geschlossene Linien auf Kugel und Torus ... 117
6.1.3 Das Möbiusband ... 118

B 6.2 Geschlossene und berandete Flächen ... 119
6.2.1 Definition und topologische Äquivalenz von Flächen ... 119
6.2.2 Zusammenhang und Geschlecht einer geschlossenen Fläche ... 123
6.2.3 Ebene Darstellung von Flächen ... 126
6.2.4 Normalformen für zweiseitige geschlossene Flächen ... 128
6.2.5 Normalformen für einseitige geschlossene Flächen ... 129

C 6.3 Kugel, Torus und Möbiusband im Unterricht ... 131
6.3.1 Vorbemerkungen ... 131
6.3.2 Geschlossene Linien auf Kugel und Torus ... 131
6.3.3 Zusammenkleben von Bändern ... 132

7 Landkarten und Flächen

A 7.1 Netze und Landkarten auf Kugel und Torus ... 134
7.1.1 Einführung ... 134
7.1.2 Zusammenhang in einer Landkarte ... 135
7.1.3 Abzählungen bei Landkarten auf Kugel und Torus ... 136

B 7.2 Der Satz von Euler ... 137
7.2.1 Der Satz von Euler für die Kugel ... 137
7.2.2 Reguläre Polyeder ... 140
7.2.3 Halbreguläre Polyeder ... 143
7.2.4 Der Satz von Euler für geschlossene Flächen ... 145

7.3 Färbungsprobleme auf Flächen 146
7.3.1 Der Fünffarbensatz für die Kugel 146
7.3.2 Der Siebenfarbensatz für den Torus 147
7.3.3 Der Sechsfarbensatz für das Möbiusband 148
7.3.4 Das Färbungsproblem auf geschlossenen Flächen 149
C 7.4 Landkarten auf Flächen im Unterricht 151

8 Lösungen der Aufgaben 152

Literatur 163

Symbole 165

Sachverzeichnis 166

1 Einführung

1.1 Topologische Probleme

A

In diesem Abschnitt wollen wir versuchen, einen ersten Eindruck von dem zu gewinnen, was unter anschaulicher Topologie zu verstehen ist. Dies soll dadurch geschehen, daß wir eine genügend große Zahl von Beispielen vorgeben, um an ihnen aufzuzeigen, was im topologischen Sinn daran Bedeutung hat und was nicht.

Beispiel 1.1 (Lage von zwei Ringen) Zwei Metallringe können so übereinanderliegen, daß sie sofort getrennt werden können. Sie können aber auch so liegen, daß das nicht möglich ist, da sie sich gegenseitig „durchdringen". Im ersten, in Fig. 1.1a dargestellten Fall nennt man die beiden Ringe nicht verkettet, im Fall von Fig. 1.1b dagegen verkettet.

Fig. 1.1

Fig. 1.2

Scheint dieses Beispiel noch fast trivial, so ergeben sich Schwierigkeiten in

Beispiel 1.2 In Fig. 1.2 sind zwei Metallringe und eine zu einem Ring zusammengebundene Schnur dargestellt. Hier kann keiner der drei Bestandteile sofort weggenommen werden. Dennoch ist die Schnur nur mit dem linken Metallring verkettet, nicht dagegen mit dem rechten, da sie gelockert und über den rechten Ring weggestreift werden kann.

Beispiel 1.3 (Angebundene Schere) An diesem in eine Geschichte eingekleideten Beispiel können wir erkennen, daß es nicht immer einfach zu entscheiden ist, ob zwei Ringe verkettet sind oder nicht.

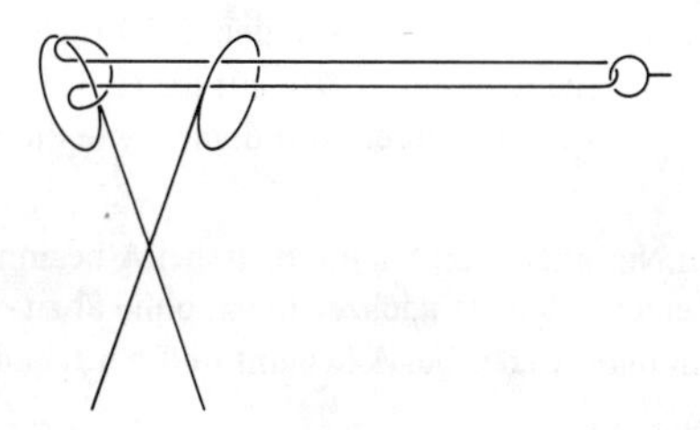

Fig. 1.3

In einem Büro war die einzige dort vorhandene Schere meist nicht zu finden. Fig. 1.3 zeigt, wie der Chef die Schere an ihrem Platz angebunden hat. Als er am nächsten Tag die Schere benützen will, ist die Schnur zwar unverletzt, die Schere aber nicht da. Nach einiger Zeit bringt der Lehrling die Schere zurück und erklärt dem Chef, wie er die Schere befreit hatte (vgl. [18, S. 188]).

A **Aufgabe 1.1** Begründen Sie, wie die Schere befreit werden kann. Nehmen Sie notfalls eine Schere und eine Schnur zu Hilfe.

Beispiel 1.4 Eine Reihe von verblüffenden Tricks, mit denen Zauberkünstler ihr Publikum unterhalten, beruhen auf topologischen Erkenntnissen. So erfand Steward Judah, ein Magier aus den USA, einen Entfesselungstrick, bei dem eine Schnur wie in Fig. 1.4 um einen Holzstab und einen Strohhalm geschlungen wird. Reißt man an den Schnurenden a und b, so hat man die gespannte Schnur in den Händen. Dabei scheint die Schnur durch den Stab hindurchzugehen und den Strohhalm zu zerschneiden. In Wirklichkeit schließt die Schnur zwar den Strohhalm, nicht jedoch den Stab ein, wenn beim Wickeln immer a über b gelegt wird (vgl. [17, S. 105]).

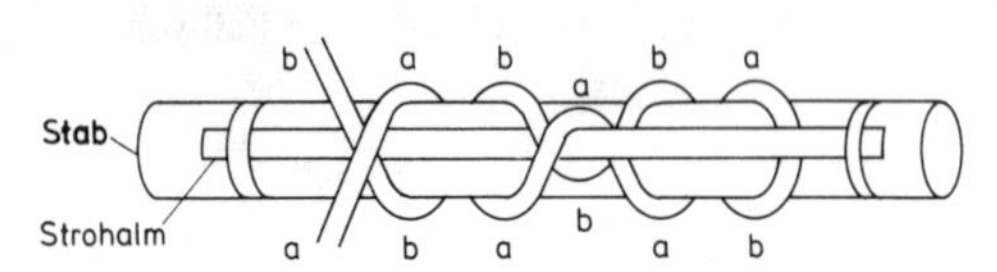

Fig. 1.4

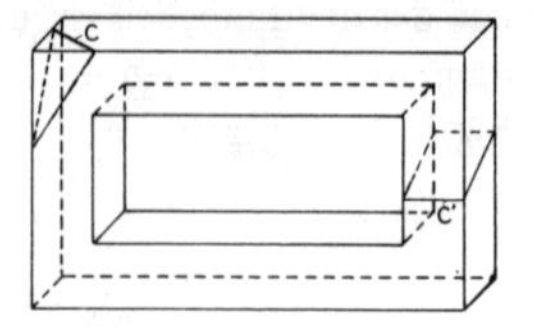

Fig. 1.5

Beispiel 1.5 Zeichnet man auf ein Blatt Papier einen Kreis oder eine andere geschlossene Kurve, die sich nicht selbst überschneidet und zerschneidet dann längs dieser Kurve das Papier, so erhält man stets zwei Papierstücke, die man trennen kann. Dabei spielt es keine Rolle, wie groß das Papier war und welche Gestalt die Kurve hatte. Dasselbe Ergebnis erhalten wir, wenn wir die Kurve statt auf ein Blatt Papier auf einen Fußball, eine Konservendose oder auf einen aus Karton hergestellten Würfel zeichnen. Ganz andere Ergebnisse erhält man bei einem Metallrahmen wie er in Fig. 1.5 abgebildet ist. Zwar kann man auch dort Kurven (z. B. c) zeichnen, bei denen Aufsägen längs dieser Kurve zu zwei getrennten Metallstücken führt. Aber es ist hier auch möglich, geschlossene Schnittkurven (z. B. c′) anzugeben, bei denen ein Schnitt nicht zum Zerfallen in getrennte Stücke führt.

Beim letzten Beispiel ging es um Kurven auf Flächen, bei den anderen Beispielen um Kurven im Raum. Allen Beispielen ist jedoch gemeinsam, daß es auf die Größe und die Form der betrachteten Figuren nicht ankommt, sondern nur darauf, wie die Teile zusammenhängen.

Beispiel 1.6 Wenn man in Fig. 1.6a den Nummern folgt, kann man, bei A beginnend und bei B endend, die ganze Figur mit einem Bleistift nachzeichnen, ohne abzusetzen. Das gelingt auch bei der Fig. 1.6b, wenn man wieder bei A beginnt und bei B endet.

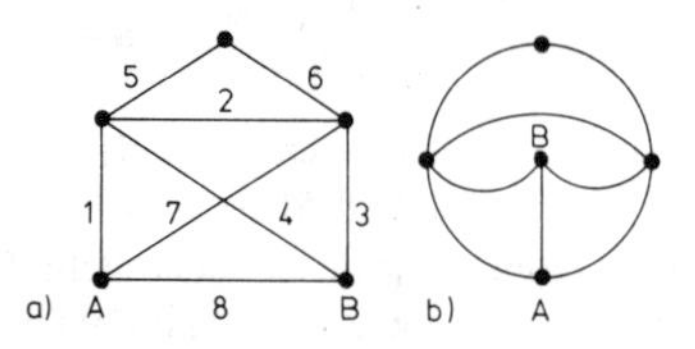

Fig. 1.6

Für die Frage, ob man ein Liniensystem in einem Zug zeichnen kann, kommt es natürlich nicht auf die Größe und Gestalt an. Dies ist kennzeichnend für alle Probleme der Topologie. Dagegen stellt sich noch die Frage, ob es überhaupt allgemeine Kriterien dafür gibt, ob ein Liniensystem in einem Zug gezeichnet werden kann.

1.2 Topologie und euklidische Geometrie

Um anschaulich zu erläutern, was in der Topologie untersucht wird, wollen wir von der aus der Schule bekannten Geometrie ausgehen. Dort werden bestimmte Eigenschaften von Figuren untersucht, und die Auswahl dieser Eigenschaften kennzeichnet diese Geometrie. Es spielt z. B. keine Rolle, ob ein Dreieck mit Tusche, Kugelschreiber oder Bleistift gezeichnet ist. Die Art der Entstehung ist keine geometrische Eigenschaft. Dagegen ist von Bedeutung, ob ein Dreieck gleichschenklig ist oder nicht. Dabei ist es wieder unerheblich, ob eine der Dreiecksseiten zum Tischrand parallel ist. Soll das der Fall sein, kann man ja das Heft drehen. Zwei Figuren, die man durch Drehen (und manchmal auch durch Umklappen) so legen kann, daß sie exakt aufeinanderpassen, nennt man *kongruent*. In der *Kongruenzgeometrie* betrachtet man Eigenschaften von Figuren, die bei *Kongruenzabbildungen* (Drehungen, Parallelverschiebungen, Achsenspiegelungen) erhalten bleiben. Man nennt solche Eigenschaften *Invarianten* der Kongruenzgeometrie.

Es gibt auch Eigenschaften, die bei anderen als Kongruenzabbildungen invariant bleiben. Ist etwa a die Maßzahl der Seite eines gleichseitigen Dreiecks und h die Maßzahl der Höhe dieses Dreiecks, so gilt $h:a = \sqrt{3}:2$. Diese Aussage ist unabhängig davon, wie groß die Dreiecksseite tatsächlich ist. Das Verhältnis h:a bleibt auch bei zentrischen Streckungen konstant. Dagegen verändern zentrische Streckungen im allgemeinen den Flächeninhalt eines Dreiecks, während Scherungen den Flächeninhalt invariant lassen.

Eine anschauliche Erklärung, was *topologische Abbildungen* sind, läßt sich anhand des letzten Beispiels geben. Denkt man sich die Linien in Fig. 1.6a durch elastische Gummifäden realisiert, die in den gekennzeichneten Punkten miteinander verbunden sind, so ist es möglich, die Gummifäden elastisch so zu verformen, daß sie insgesamt die Gestalt annehmen, die in Fig. 1.6b vorliegt. Da es beim Beispiel 1.6 nur auf bestimmte Linien und Punkte ankam, konnten wir uns bei der Realisierung auf diese Linien und Punkte beschränken. Da meist zweidimensionale Probleme behandelt werden, spricht man oft von der Topologie als von der Geometrie auf einer Gummihaut. Wir wollen gleich allgemeiner vorgehen und erklären unabhängig von der Dimension die topologischen Abbildungen einer Figur als *elastische Deformationen*. Dabei soll jeweils der Teil der zu untersuchenden Figur realisiert werden, der gerade betrachtet wird.

Figuren, die man durch eine topologische Abbildung ineinander überführen kann, heißen *topologisch äquivalent*. So zeigt Fig. 1.7 drei Figuren, die zueinander topologisch äquivalent sind. Dabei spielt es keine Rolle, ob man sich nur die gekennzeichneten Punkte und Linien realisiert denkt oder ob die ganze Ebene, auf der die Figuren gezeichnet sind, als Gummituch realisiert ist.

A

Invariante sind daher die Zahl der Punkte, die Zahl der Linien zwischen ihnen, aber auch die Reihenfolge der Punkte nacheinander. Andere Eigenschaften, wie etwa die, daß in Fig. 1.7a drei Punkte auf einer Geraden liegen oder daß in Fig. 1.7c alle sechs Punkte auf einem Kreis liegen, sind bei diesen Abbildungen nicht invariant.

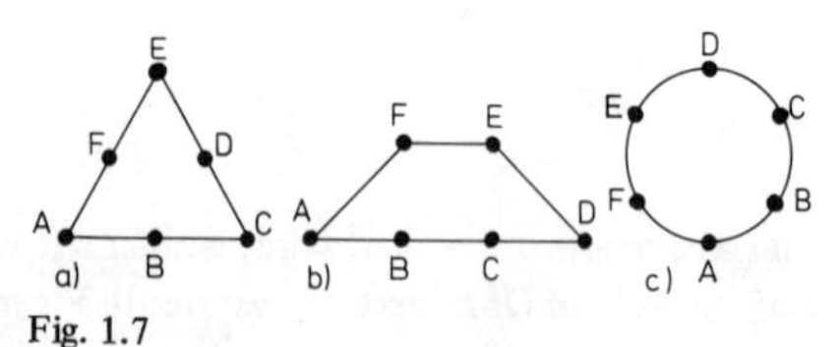

Fig. 1.7

Zwar ergeben sich bei topologischen Abbildungen sehr verschieden aussehende Figuren, doch ganz willkürlich darf man nicht vorgehen. So zeigt Fig. 1.8 zwei Figurenpaare, die nicht durch elastische Verformung ineinander übergeführt werden können. Durch Schraffur ist gekennzeichnet, welche Flächen realisiert werden sollen. Bei einer elastischen Deformation kann ein Gummituch gedehnt und gepreßt werden, nicht jedoch aufgeschnitten. Dadurch entstünden nämlich, anschaulich gesprochen, Randpunkte, die

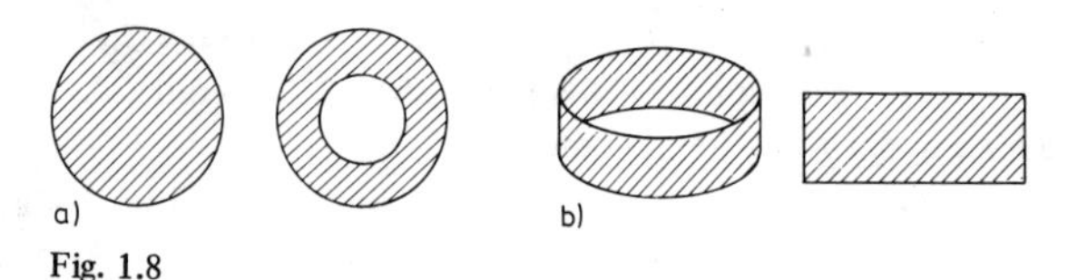

Fig. 1.8

vorher keine waren. Genausowenig darf man umgekehrt Flächen oder Flächenstücke irgendwo verheften, denn dadurch würden vorher getrennte Punkte zusammenfallen.

Manchmal werden wir jedoch ein Zerschneiden und wieder Verheften einer Figur zulassen müssen. Dabei werden wir folgendermaßen vorgehen: Wir denken uns die Gummi-Realisierung einer Figur an einer bestimmten Stelle auseinandergeschnitten. Dann kann die aufgeschnittene Realisierung in gewohnter Weise verformt werden. Schließlich müssen die Schnittstellen aber wieder so aneinandergefügt werden, daß die Punkte nach dem Zusammenkleben genau so aneinanderstoßen, wie sie es vor dem Zerschneiden taten. Ein Beispiel für dieses Vorgehen zeigt Fig. 1.9, bei der nur die Linien durch Gummifäden realisiert werden sollen.

Fig. 1.10 zeigt zwei weitere Figuren, die – wie man sich leicht überzeugt – topologisch äquivalent sind, wenn nur die Linien realisiert werden. Sie sind aber nicht topo-

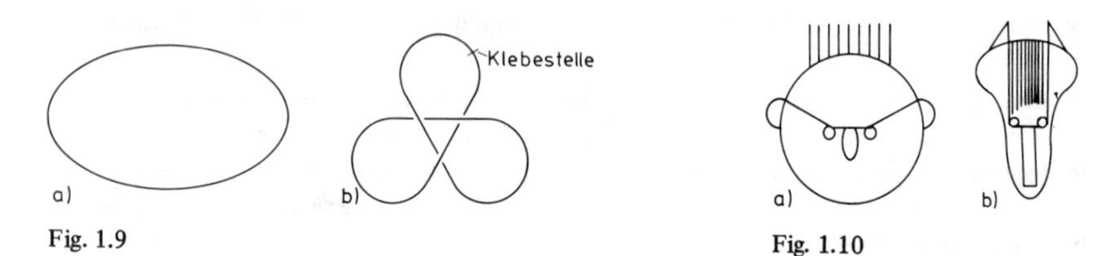

Fig. 1.9

Fig. 1.10

A

logisch äquivalent, wenn die Fläche ebenfalls realisiert wird. Wegen der Lage der Haare in Fig. 1.10b ist dann eine elastische Verzerrung nicht möglich.

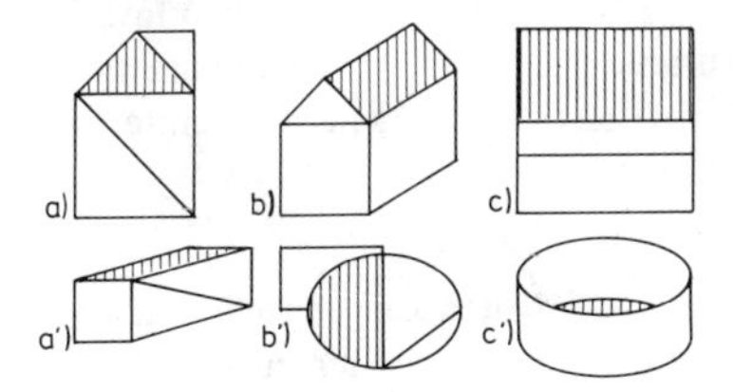

Fig. 1.11

Aufgabe 1.2 Geben Sie die Paare von topologisch äquivalenten Figuren in Fig. 1.11 an, wenn die Linien und die schraffierten Flächenstücke realisiert werden sollen.

1.3 Topologische Invarianten

Wir haben topologische Abbildungen anschaulich als elastische Verformungen erklärt. Figuren waren topologisch äquivalent, wenn eine davon durch eine topologische Abbildung so verformt werden kann, daß sie zur anderen kongruent ist. Damit sind sicher alle Kongruenzabbildungen auch topologische Abbildungen. Dasselbe gilt für Ähnlichkeitsabbildungen, Scherungen usw. Dagegen sind nicht alle Invarianten der Kongruenzabbildungen auch Invarianten topologischer Abbildungen. Längen und Winkel können schon bei Scherungen geändert werden, Flächeninhalte bei Ähnlichkeitsabbildungen. Bei diesen Beispielen bleibt aber eine Gerade stets eine Gerade. Die obigen Beispiele zeigen, daß das bei topologischen Abbildungen nicht immer der Fall ist. Im Zusammenhang mit Fig. 1.7 lernten wir schon die Anzahl der Punkte, die Anzahl der Linien zwischen ihnen und die Anordnung der Punkte als topologische Invarianten kennen. Wir stellen fest, daß die Linien dort einen geschlossenen Linienzug bilden. Wie man auch topologisch verformt – auch Aufschneiden und anschließendes Verheften ist zugelassen –, stets behält man einen geschlossenen Linienzug. Ebensowenig wie ein geschlossener Linienzug durch eine topologische Abbildung in einen offenen Linienzug verwandelt werden kann, kann aus einem offenen Linienzug ein geschlossener entstehen.

Wenn bei einer Realisierung auf einem Gummituch eine geschlossene Linie vorliegt, die sich nicht selbst überschneidet, so sehen wir, daß es Punkte gibt, die wie A in Fig. 1.12 im Inneren, wie B im Äußeren des durch die Kurve c begrenzten Gebiets liegen oder sich wie C auf der Randkurve befinden.

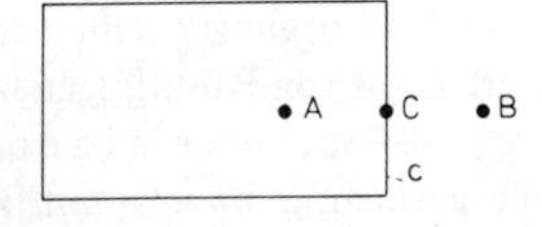

Fig. 1.12

A Es ist anschaulich klar, daß es unmöglich ist, A durch eine elastische Deformation nach außen oder auf den Rand zu bringen. Entsprechendes gilt für B und C.

Aufgabe 1.3 Bestimmen Sie in der folgenden Liste die topologischen Invarianten.

a) Geradentreue
b) Winkeltreue
c) Geschlossenheit
d) Flächeninhaltstreue
e) Parallelentreue
f) Längenverhältnistreue
g) Schnittpunkttreue
h) Kreistreue
i) Trennung innen/außen
k) Randpunkteeigenschaft

Aufgabe der Topologie ist es, topologische Invarianten zu ermitteln und mit ihrer Hilfe geometrische Objekte nach ihren topologischen Eigenschaften zu klassifizieren. Wir beschränken uns dabei meist auf ebene und räumliche Figuren, so daß bei allen Untersuchungen eine anschauliche Komponente vorhanden ist, die einen Bezug zum gewohnten dreidimensionalen euklidischen Raum zuläßt.

2 Topologische Grundbegriffe

2.1 Entstehung der Topologie

2.1.1 Historischer Weg zur Topologie

Die Topologie wird erst seit der Jahrhundertwende als selbständige mathematische Disziplin angesehen. Sie entstand aus der „Analysis situs" und der „Geometrie der Lage", wie sie noch bis etwa um das Jahr 1900 genannt wurde. Früheste Arbeiten waren z. B. die Lösung des Königsberger Brückenproblems von L. Euler (1736) und die Arbeit von Gauß (1833) über die Verschlingungszahl zweier Kurven. Solche Probleme befassen sich mit Eigenschaften von Figuren, die unabhängig von der Größe und Gestalt, also unabhängig von gewissen kontinuierlichen Veränderungen der Figur sind. Freudenthal (vgl. [14, S. 10]) spricht von *geometrischer Topologie*. Anschauliche Beispiele dieser Art Topologie, bei der es auf bestimmte „Nachbarschaftsverhältnisse" bei den betrachteten Figuren ankommt, werden in Abschn. 3 bis 7 vorwiegend behandelt.

In der kombinatorischen oder *algebraischen Topologie* werden mit algebraischen Hilfsmitteln konkrete Fragen des euklidischen Raumes untersucht. Beispiele dafür finden sich in Abschn. 5 und 6, allerdings ohne die algebraische Behandlung.

In der allgemeinen oder *mengentheoretischen Topologie* verwendet man im Gegensatz dazu spezielle Abbildungen in allgemeinen Räumen, mit deren Hilfe eine Klassifizierung von Figuren möglich ist. Zu solchen Überlegungen kam man, als sich z. B. bei den Untersuchungen des Konvergenzverhaltens von Punktfolgen im ein-, zwei- oder dreidimensionalen Anschauungsraum zeigte, daß man ohne *algebraische Struktur* und ohne *Ordnungsstruktur* auskam, wenn man mit Begriffen wie „Umgebung", „offene Menge" usw. eine *topologische Struktur* als dritte Grundstruktur (Mutterstruktur) einführte. Der Aufbau der gesamten Mathematik aus diesen drei Grundstrukturen geht auf eine sich ständig erneuernde Gruppe französischer Mathematiker zurück, die unter dem Pseudonym N. Bourbaki veröffentlicht. Diese Auffassung bedingt eine axiomatische Festlegung der Begriffe. Wir stellen hier die Grundlagen der mengentheoretischen Topologie zusammen und versuchen dabei, das benutzte Axiomensystem anschaulich zu begründen.

2.1.2 Anschaulicher Weg

Wir können unsere anhand von Beispielen gewonnenen Erfahrungen aus Abschn. 1 verwenden, um zu einer vorläufigen Definition topologischer Eigenschaften zu kommen. Die betrachteten Punktmengen des dreidimensionalen Anschauungsraums $\mathbf{R}^3$ nennen wir kurz *Figuren*. Eine Vollkugel (dreidimensional) ist zum Beispiel die Menge aller Punkte, deren Abstand vom Mittelpunkt M höchstens r ist. Die Kugeloberfläche (zweidimensional) besteht aus den Punkten, deren Abstand von M gleich r ist. Beziehen wir $\mathbf{R}^3$ auf kartesische Koordinaten und legen M in den Ursprung O (0; 0; 0), so läßt sich dies durch $x^2 + y^2 + z^2 \leqslant r^2$ für die Vollkugel und durch $x^2 + y^2 + z^2 = r^2$ für die Kugeloberfläche ausdrücken.

Eine Kreislinie (eindimensional) in der x-y-Ebene mit dem Ursprung als Mittelpunkt wird durch die Gleichungen $x^2 + y^2 = r^2$ und $z = 0$ erfaßt. Eine nulldimensionale Figur ist eine Menge von diskret liegenden Punkten, z. B. die drei Ecken eines Dreiecks.

Zwei Figuren sollen genau dann *topologisch äquivalent* heißen, wenn sie durch elastische Transformationen ineinander übergeführt werden können. *Topologische Eigenschaften* oder *Invarianten* einer Figur sind solche Eigenschaften, die auch alle zu ihr topologisch äquivalenten Figuren haben.

Wenn die untersuchten Figuren eindimensional sind, kann man sie sich durch Gummifäden realisiert denken. Für diesen Fall sind erlaubte und nicht erlaubte Verformungen in Tab. 2.1 und Fig. 2.1 zusammengestellt.

Tab. 2.1

erlaubt	nicht erlaubt
1. Verlängern, Verkürzen 2. Verbiegen 3. Umklappen 4. Zerschneiden und verformen, an derselben Stelle wieder anfügen	1. Zerschneiden allein 2. Verbinden allein 3. Zerschneiden und nach Verformen anderswo wieder anfügen

Nennen wir die in Fig. 2.1 besonders hervorgehobenen Punkte *Ecken*, die Verbindungslinien zwischen Ecken *Kanten*, so erkennt man, daß die Anzahl der Ecken und Kanten bei der Anfangsfigur und bei den daraus durch erlaubte Transformationen entstehenden Figuren gleich sind. Daher sind die Zahlen topologische Invarianten. Dagegen erkennt man aus Fig. 2.2, daß es Figuren mit übereinstimmender Ecken- und Kantenzahl gibt, die nicht topologisch äquivalent sind.

Für den Fall, daß Figuren auch zweidimensionale Punktmengen (Flächenstücke) enthalten, kann man an die Realisierung auf einem Gummituch denken. Wenn die gesamte Ebene samt den darin besonders gekennzeichneten Punkten betrachtet wird, dann kommen neue Eigenschaften hinzu. In Fig. 2.3 ist zum Beispiel A ein *innerer Punkt*, B ein *äußerer Punkt* und C ein *Randpunkt* des von der Kurve c festgelegten Flächenstücks.

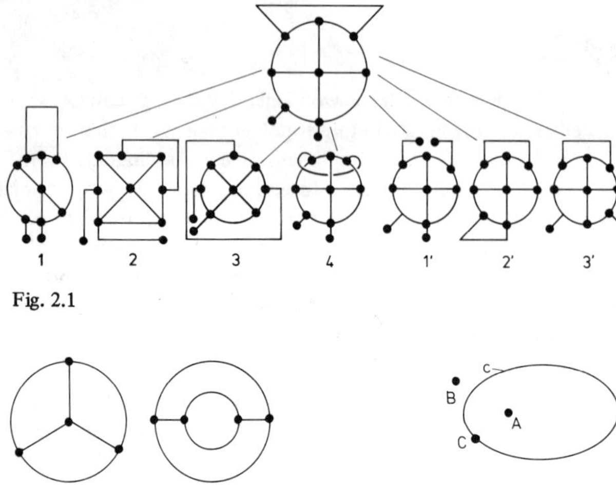

Fig. 2.1

Fig. 2.2

Fig. 2.3

A wird bei einer elastischen Verzerrung des Gummituchs, auf das die Figur gezeichnet ist, stets im Inneren von c bleiben, C stets auf dem Rand und B stets außen. Liegt A im Inneren mehrerer solcher Kurven, so wird A auch nach einer Verzerrung im Inneren dieses Kurvensystems liegen. Wir werden auf solche Überlegungen in Abschn. 2.3 zurückkommen.

2.2 Der Jordansche Kurvensatz

2.2.1 Geschlossene und einfach zusammenhängende Kurven

Bei der Festlegung der Sprechweise, daß A in Fig. 2.3 im Inneren der Kurve c liegt, orientierten wir uns an der anschaulichen Tatsache, daß jede geschlossene Kurve solche inneren Punkte einschließt. Dies ist im Fall von Fig. 2.3 auch einsichtig, dagegen kann man in Fig. 2.4 nicht mehr auf Anhieb entscheiden, ob A ein innerer Punkt ist. Es ist nicht einmal sicher, ob es hier solche inneren Punkte gibt. B dagegen ist, falls es die Unterscheidung überhaupt gibt, zweifellos ein äußerer Punkt. Wenn man in Fig. 2.4 das Gebiet färbt, das man von A aus erreichen kann ohne die Kurve c zu überschreiten, so erkennt man, daß A im Inneren von c liegt. Es gibt also auch hier ein Inneres von c. Diese Färbmethode führt immer zum Ziel, ist aber bei komplizierten Kurven recht mühsam.

Man kann auch auf eine andere Art feststellen, daß A im Inneren von c liegt. Dazu verbindet man A mit B durch eine Linie, etwa die Verbindungsstrecke, die c eventuell mehrfach schneidet. Wandert man auf dieser Linie von B nach A, so bedeutet jedes Überschreiten eines Schnittpunktes mit c einen Wechsel des Gebiets. So kann man allein durch Abzählen der Schnittpunkte entscheiden, wo A liegt. Befindet sich B außen, so folgt aus einer geraden Anzahl von Schnittpunkten, daß A auch außen liegt.

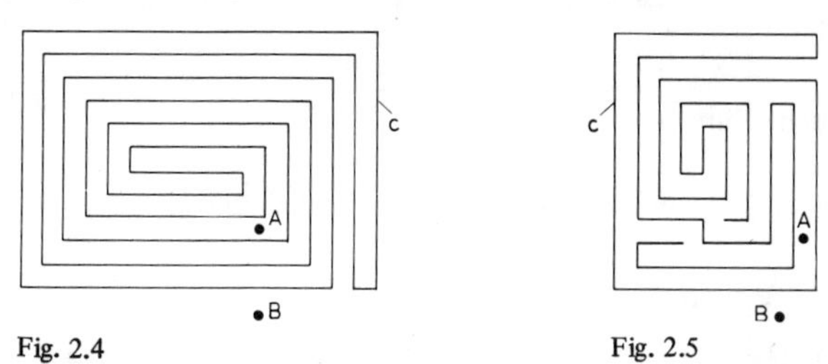

Fig. 2.4 Fig. 2.5

Bei einer ungeraden Anzahl von Schnittpunkten liegt A im Inneren von c. Dieses zweite Verfahren führt aber in Fig. 2.5 zu einem falschen Ergebnis, wie man mit Hilfe der Färbmethode erkennen kann. In einem solchen Fall versagt das Abzählverfahren offensichtlich. Wir unterscheiden deshalb verschiedene Typen von Kurven.

Eine Kurve heißt *einfach*, wenn sie sich selbst nicht schneidet und nicht berührt. Eine Kurve heißt *geschlossen*, wenn sie keine Randpunkte (Endpunkte) besitzt, sonst *offen*. Fig. 2.6 gibt einen Überblick über die verschiedenen Möglichkeiten.

	geschlossen	nicht geschlossen
einfach		
nicht einfach		

Fig. 2.6

Mit Hilfe von einfach geschlossenen Kurven kann man erkennen, daß die in Fig. 2.7a und b schraffierten Gebiete verschiedene topologische Eigenschaften haben. Während die Testkurve c in Fig. 2.7a innerhalb des Gebiets auf einen Punkt zusammengezogen werden kann, ist dies in Fig. 2.7b nicht möglich.

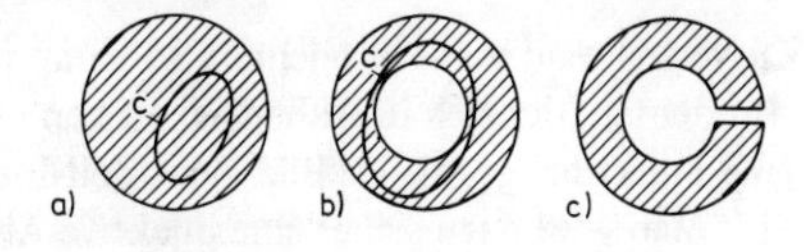

Mit diesen Begriffen kann man sagen, daß das oben geschilderte Abzählverfahren zum Ziel führt, wenn die Kurve einfach geschlossen, kurz eine *Jordankurve* ist. Dies war bei Fig. 2.5 nicht der Fall. Eine Punktmenge, in der jede Jordankurve innerhalb des betrachteten Gebiets stetig auf einen Punkt zusammengezogen werden kann, heißt ein *einfach zusammenhängendes Gebiet*.

Man kann das nicht einfach zusammenhängende Ringgebiet in Fig. 2.7b durch den in Fig. 2.7c veranschaulichten Schnitt in ein einfach zusammenhängendes Gebiet verwandeln. Dieses Aufschneiden ist demnach eine Verformung, die topologische Eigenschaften ändert.

2.2.2 Der Jordansche Kurvensatz

Von besonderer Bedeutung in der Topologie sind die einfach geschlossenen Kurven in der Ebene $\mathbf{R}^2$.

Satz 2.1 (*Jordanscher Kurvensatz*) Jede in der Ebene $\mathbf{R}^2$ liegende einfach geschlossene Kurve (Jordankurve) c zerlegt die Menge der Punkte von $\mathbf{R}^2$ in drei disjunkte Teilmengen, nämlich

1. die Kurve c selbst,
2. das Innere I von c

und 3. das Äußere A von c.

Aus diesem Satz kann man folgern, daß es keine zusammenhängende Linie in $\mathbf{R}^2$ gibt, die von $P \in I$ nach $Q \in A$ führt und c nicht schneidet.

Der Jordansche Kurvensatz ist anschaulich sofort klar und scheint keines Beweises zu bedürfen. Wir sehen den Jordanschen Kurvensatz als *Axiom* an. Bei dem heute üblichen Axiomensystem für die Topologie ist er jedoch eine abgeleitete Aussage, also ein Satz. Sein Beweis (vgl. [5, Bd. II B]) ist sogar für Spezialfälle (vgl. [2, S. 95] und [9, S. 202]) so umfangreich, daß wir darauf verzichten wollen. Beispiele für Figuren, bei denen ein Satz mit einer entsprechenden Aussage nicht gilt, werden wir in Abschn. 6.1.2 kennenlernen.

2.2.3 Bijektive Abbildungen

Noch mehr als die Aussage des Jordanschen Kurvensatzes scheint der Kurvenbegriff selbst so einfach, daß sich eine Definition erübrigt. Wir müssen aber berücksichtigen, daß wir mit den topologischen Abbildungen sehr allgemeine Transformationen zulassen, und bei allen diesen Transformationen soll das Bild einer Kurve wieder eine Kurve sein.

Betrachtet man die Entstehung einer Kurve während man sie zeichnet, so kann man sie als Bahn eines Punktes P in der Ebene $\mathbf{R}^2$ deuten, der sich in Abhängigkeit von der Zeit t bewegt. So verstanden ist die Kurve eine Punktmenge, die als Bild eines Zeit-Intervalls durch eine Abbildung f erzeugt wird. Man wird dazu sicher eine bijektive Abbildung f wählen. Aber selbst diese Einschränkung reicht nicht aus, denn es gibt bijektive Abbildungen, die ein Linienstück, das eindimensional ist, auf ein Flächenstück abbilden.

Satz 2.2 Es gibt bijektive Abbildungen, bei denen die Bildfigur eine andere Dimension als die Originalfigur hat.

Bemerkung Wir wollen hier wie schon in Abschn. 2.1.2 den Dimensionsbegriff anschaulich verwenden und auf seine Problematik nicht eingehen. Man vergleiche dazu etwa [9, S. 189].

Beweis. 1. Wir gehen aus von dem Intervall $0 < t \leqslant 1$ und wollen eine bijektive Abbildung dieses Intervalls auf ein Quadrat angeben. Dazu ist es notwendig, jedes Element des Intervalls eindeutig zu kennzeichnen. Wir wählen dazu die Darstellung als nichtabbrechende Dezimalzahl. Für 1/3 ist dann wie gewohnt die Darstellung $0{,}\overline{3}\ldots$, für 1/2 aber nicht 0,5, sondern $0{,}4\overline{9}\ldots$ zu wählen. Auf diese Weise ist jedem t aus dem angegebenen Intervall eindeutig eine (nichtabbrechende) Dezimalzahl zugeordnet.
2. Nun wird eine Abbildung f mit den geforderten Eigenschaften explizit angegeben.

Beispiel 2.1 Das Intervall $0 < t \leqslant 1$ soll auf das Quadrat $\{0 < x \leqslant 1, 0 < y \leqslant 1\}$ abgebildet werden. Dazu spalten wir die Ziffernfolge von t in Ziffernblöcke auf, die als letzte Ziffer eine von 0 verschiedene Ziffer haben, sonst aber ausschließlich aus Nullen bestehen. Diese Ziffernblöcke setzen wir abwechselnd an der Dezimaldarstellung von x bzw. y an. Für $t = 0{,}200306402\ldots$ ergibt dies

$$f\colon\ t = 0{,}2\ 003\ 06\ 4\ 02\ldots \rightarrow \begin{cases} x = 0{,}2\ 06\ 02\ldots \\ y = 0{,}003\ 4\ldots \end{cases}$$

Da t als nichtabbrechende Dezimalzahl unendlich viele Ziffernblöcke hat, ergibt sich für x und y je eine nichtabbrechende Dezimalzahl. Deutet man x und y als Koordinaten eines Punktes im Quadrat $\{0 < x \leqslant 1, 0 < y \leqslant 1\}$, so liegt mit f eine Abbildung des Intervalls $0 < t \leqslant 1$ auf dieses Quadrat vor.
3. Diese Abbildung f aus Beispiel 2.1 läßt sich aber auch umkehren, indem man die Ziffernblöcke von x und y wieder abwechselnd zur Darstellung von t zusammensetzt. Mit f liegt also eine Bijektion eines (eindimensionalen) Intervalls auf ein (zweidimensionales) Quadrat vor. ■

2.2.4 Stetige Abbildungen

Als topologisches Bild einer Strecke kann kein Quadrat zugelassen werden, denn das würde dem, was man sich anschaulich unter einer Kurve vorstellt, zu sehr widersprechen. Wir wollen nun sehen, woran es liegt, daß die angegebene bijektive Abbildung f unsere Erwartungen nicht erfüllt. Dazu betrachten wir Punkte, die im Intervall $0 < t \leqslant 1$ anschaulich gesprochen nahe beieinander liegen. Bei einer Gummituch-Verzerrung müssen dann die Bilder dieser Punkte auch nahe beieinander liegen. Als Beispiel wählen wir die Punkte

$$t_0 = 0{,}3\overline{9}\ldots,$$

B und $t_1 = 0{,}4\overline{1}\ldots,$
$t_2 = 0{,}4\overline{01}\ldots,$
$t_3 = 0{,}4\overline{001}\ldots,$
usw.

Die Punkte t_i ($i \in \mathbf{N}^+$) rücken offenbar mit wachsendem i immer näher an t_0 heran. Nun wollen wir die zugehörigen Bildpunkte betrachten. Wir erhalten

$$t_0 \to P_0 = (0{,}3\overline{9}\ldots; 0{,}\overline{9}\ldots) = (0{,}4; 1)$$
$$t_1 \to P_1 = (0{,}4\overline{1}\ldots; 0{,}\overline{1}\ldots)$$
$$t_2 \to P_2 = (0{,}4\overline{01}\ldots; 0{,}\overline{01}\ldots)$$
$$t_3 \to P_3 = (0{,}4\overline{001}\ldots; 0{,}\overline{001}\ldots).$$

Offensichtlich nähern sich die Punkte P_i($i \in \mathbf{N}^+$) mit wachsendem i immer mehr P (0,4; 0), nicht aber P_0 (0,4; 1).

In der „Nähe“ von $t_0 = 0{,}4$ liegen also Punkte, deren Bilder nicht in der „Nähe“ von P_0 liegen. Dies ist bei einer elastischen Deformation unmöglich.

Was wir hier anschaulich mit „in der Nähe liegen“ umschrieben haben, wird in der Analysis präzisiert durch die Forderung, daß die Abbildung f s t e t i g sein muß. Es soll hier nicht exakt ausgeführt werden, welche Eigenschaften stetige Funktionen auszeichnen (vgl. [28, S. 156]). Eine anschauliche Erklärung, die allerdings nicht für alle Spezialfälle ausreicht, sagt, daß eine Funktion einer Veränderlichen stetig ist, wenn man ihren Graph ohne abzusetzen in einem Stück zeichnen kann. Aber auch solche Funktionen erfüllen nicht alle Bedingungen, die wir für die Topologie benötigen.

Beispiel 2.2 Wir untersuchen die Abbildung f, die die Intervallpunkte (t; 0) mit $0 < t \leqslant 1$ auf die Kreispunkte (x; y) mit $x^2 + y^2 = 1$ mit der Zuordnungsvorschrift f: $(t; 0) \to (\cos 2\pi t; \sin 2\pi t)$ abbildet.

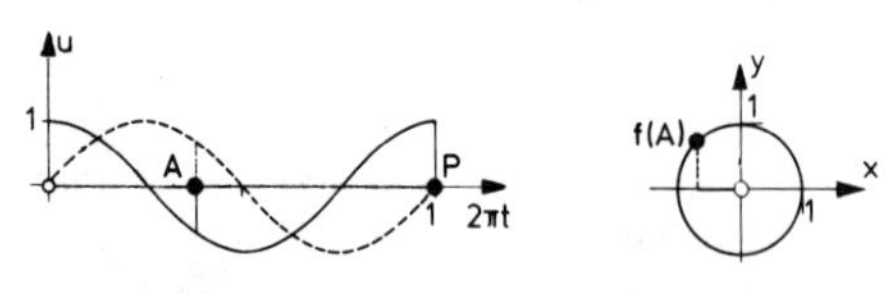

Fig. 2.8

In diesem in Fig. 2.8 veranschaulichten Beispiel ist f bijektiv und stetig. Trotzdem kann f nicht die Forderungen erfüllen, die wir an eine topologische Abbildung zu stellen haben. Fig. 2.9a zeigt einen Punkt A sowie einfach geschlossene Kurven k_1, k_2 und k_3 um A, Fig. 2.9b zeigt dieselbe Figur nach einer elastischen Verzerrung. Die Jorreicht, hat seinen Grund darin, daß die Umkehrung f^{-1} in (1; 0) nicht stetig ist.

B

2.3 Topologische Räume

2.3.1 Umgebungssysteme

In Abschn. 2.1 haben wir innere Punkte einer einfach geschlossenen Kurve kennengelernt. Solche Kurven können uns anschaulich auch helfen, den Sachverhalt darzustellen, den wir in Abschn. 2.2 mit den Worten „in der Nähe gelegen" umschrieben haben. Fig. 2.9a zeigt einen Punkt A sowie einfach geschlossene Kurven k_1, k_2 und

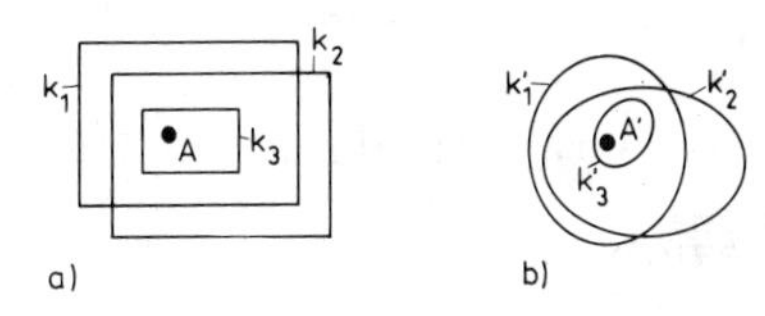

Fig. 2.9

k_3 um A, Fig. 2.9b zeigt dieselbe Figur nach einer elastischen Verzerrung. Die Jordankurven k_1, k_2 und k_3 werden dabei auf die ebenfalls einfach geschlossenen Linien k_1', k_2' und k_3' abgebildet. Die Ausgangskurven k_1 und k_2 schneiden einander, nicht dagegen k_3. Entsprechendes gilt für die Bildkurven. A liegt im Inneren aller drei Kurven, ebenso A'. Diese Kurven um A bzw. um A' grenzen solche Punkte der Ebene ab, die in der „Nähe" des jeweiligen Punktes liegen. Man kann diese Punkte in der Anschauungsebene $\mathbf{R}^2$ Umgebungen der betreffenden Punkte nennen. Wir bezeichnen das Gebiet in k_i mit U_i und das Gebiet in k_i' mit U_i' ($i \in \{1, 2, 3\}$). Aus Fig. 2.9 erkennt man, daß für alle Punkte und ihre Umgebungen gilt:

1. Ein Punkt gehört zu jeder seiner Umgebung, z. B. liegt A in U_1, U_2 und U_3.
2. Eine Obermenge einer Umgebung ist wieder eine Umgebung, z. B. ist U_1 eine Obermenge von U_3 und damit ebenfalls eine Umgebung von A.
3. Der Durchschnitt zweier Umgebungen eines Punktes ist eine Umgebung des Punktes, z. B. ist der Durchschnitt $U_1 \cap U_2$ von U_1 und U_2 eine Umgebung von A.
4. Jede Umgebung U eines Punktes P enthält eine Umgebung V, so daß U eine Umgebung jedes Punktes von V ist, z. B. ist $U_2 = U$ eine Umgebung von allen Punkten von $U_3 = V$.

Auf den ersten Blick erscheint es nicht einsichtig, warum gerade diese Eigenschaften von vielen denkbaren ausgewählt wurden. Es zeigt sich aber, daß sie ausreichen, alle für das Folgende notwendigen Eigenschaften von Umgebungen daraus abzuleiten. Sie werden deshalb als Axiome genommen.

2.3.2 U-Topologie

Definition 2.1 Eine Topologie **T** über einer Menge $X \neq \emptyset$ wird dadurch festgelegt, daß jedem Punkt $P \in X$ eine nichtleere Menge von Umgebungen $U(P) \subset X$ zugeordnet wird. Für die Umgebungen U(P) eines Punktes P, die zu einem Umge-

B bungssystem $\mathbf{U}(P)$ zusammengefaßt werden, müssen folgende Umgebungsaxiome gelten:

(U1) Ein Punkt P gehört zu jeder seiner Umgebungen,

$$\bigwedge_{U \in \mathbf{U}(P)} P \in U(P).$$

(U2) Jede Obermenge einer Umgebung eines Punktes P ist eine Umgebung von P,

$$\bigwedge_{V \supset U} U \in \mathbf{U}(P) \Rightarrow V \in \mathbf{U}(P).$$

(U3) Der Durchschnitt zweier Umgebungen eines Punktes P ist eine Umgebung von P,

$$\bigwedge_{U_1, U_2 \in \mathbf{U}(P)} U_1 \cap U_2 \in \mathbf{U}(P).$$

(U4) Zu jeder Umgebung U(P) gibt es eine Umgebung V(P), so daß U Umgebung von allen Punkten Q von V ist,

$$\bigwedge_{U \in \mathbf{U}(P)} \bigvee_{V \in \mathbf{U}(P)} \bigwedge_{Q \in V} U \in \mathbf{U}(Q).$$

Eine Menge X zusammen mit einer Topologie **T** über X heißt ein topologischer Raum (X, **T**).

Bemerkung. Die Unterscheidung zwischen Topologie und topologischem Raum wird gemacht, weil auf derselben Menge X verschiedene Topologien erklärt werden können. Dies entspricht dem Vorgehen bei Ordnungen $(M, \sqsubseteq)$ (vgl. [20, S. 211]), wo eine Menge M durch Angabe einer Ordnungsrelation $\sqsubseteq$ strukturiert wird (vgl. Tab. 2.2). Z. B. erhält man auf der Menge $M = \{2, 3, 4, 6, 12\}$ mit der Ordnungsrelation $\leqslant$ die in Fig. 2.10a mit Hilfe eines Hasse-Diagramms (vgl. [20, S. 205]) dargestellte Ordnung. Durch die Ordnungsrelation „ist Teiler von" wird auf derselben Menge eine andere Ordnung festgelegt (Fig. 2.10b).

Tab. 2.2

Menge und Topologie	→	Topologischer Raum
Menge und Ordnungsrelation	→	Ordnung

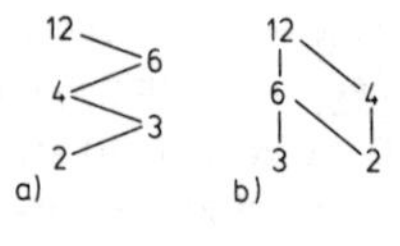

Fig. 2.10

Beispiel 2.3 X sei die Menge aller Punkte der Anschauungsebene $\mathbf{R}^2$, die auf ein kartesisches x-y-Koordinatensystem bezogen ist. Einem Punkt $P(x_0; y_0) \in X$ wird eine ϵ-Umgebung

$$U(P, \epsilon) = \{(x; y) \mid (x - x_0)^2 + (y - y_0)^2 < \epsilon^2\} \qquad \text{mit } \epsilon \in \mathbf{R}^+$$

zugewiesen, also eine Kreisscheibe (ohne Rand) um P mit Radius ϵ. Jede Obermenge einer ϵ-Umgebung von P ist eine Umgebung von P. Mit diesem Umgebungssystem ist die Ebene ein topologischer Raum, denn jedem Punkt sind Umgebungen zugewiesen, und es gilt:

1. Jeder Punkt P ist Element jeder seiner Umgebungen, denn er ist Mittelpunkt einer ϵ-Umgebung, die Teilmenge jeder Umgebung sein muß.

B

2. Jeder Obermenge einer Umgebung ist Obermenge einer ϵ-Umgebung und damit ebenfalls Umgebung.

3. Der Durchschnitt zweier Umgebungen ist Umgebung, denn er enthält mindestens die kleinere der beiden zugehörigen ϵ-Umgebungen.

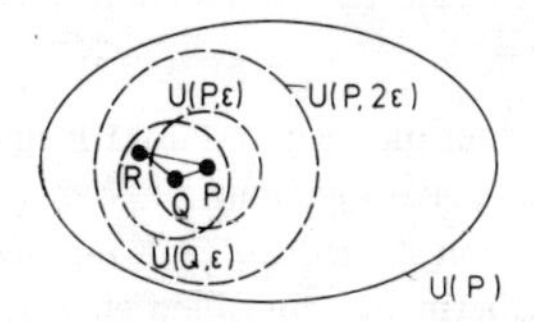

Fig. 2.11

4. Wenn U eine Umgebung von P ist (vgl. Fig. 2.11), so enthält U eine 2ϵ-Umgebung mit $2\epsilon > 0$. Dann erfüllt $U(P, \epsilon) = V$ die Bedingungen aus (U4). Zum Beweis wählen wir einen Punkt $Q \in U(P, \epsilon)$ und betrachten die ϵ-Umgebung $U(Q, \epsilon)$. Für $R \in U(Q, \epsilon)$ gilt nach der Dreiecksungleichung (vgl. Definition 2.9)

$$d(P, R) \leqslant d(P, Q) + d(Q, R) < \epsilon + \epsilon = 2\epsilon.$$

Folglich liegt $U(Q, \epsilon)$ ganz in $U(P, 2\epsilon)$, also auch in U, und U ist eine Umgebung von $Q \in V$.

Beispiel 2.4 Wir gehen von der Menge $X = \{a, b\}$ aus und geben in a) und b) für jeden Punkt von X je ein Umgebungssystem explizit an.

a) $a \to \mathbf{U}(a) = \{\{a\}, \{a, b\}\}$ $\quad b \to \mathbf{U}(b) = \{\{b\}, \{a, b\}\}$

b) $a \to \mathbf{U}(a) = \{X\}$ $\quad b \to \mathbf{U}(b) = \{X\}$.

Aufgabe 2.1 Weisen Sie durch Überprüfen der Definition 2.1 nach, daß durch die Umgebungssysteme in Beispiel 2.4a und b jeweils ein topologischer Raum festgelegt wird.

Beispiel 2.4 zeigt, daß der Begriff des topologischen Raumes viel allgemeiner ist als die Gummituchverzerrungen im Anschauungsraum, die die Motivation für Definition 2.1 gaben. Aber auch so anschauliche Punktmengen wie in Fig. 2.9 sind topologische Räume.

Aufgabe 2.2 In $X = \{a, b, c\}$ sind folgende Umgebungssysteme gegeben:

$\mathbf{U}(a) = \{\{a\}, \{a, b\}, \{a, c\}, X\}$, $\quad \mathbf{U}(c) = \{\{a, c\}, X\}$.
$\mathbf{U}(b) = \{\{a, b\}, X\}$,

Zeigen Sie, daß eine Topologie vorliegt.

Aufgabe 2.3 In $X = \{1, 2, 3, 4, 5\}$ sind folgende Umgebungssysteme gegeben:

$\mathbf{U}(1) = \{\{1\}, X\}$; $\quad \mathbf{U}(4) = \{X\}$;
$\mathbf{U}(2) = \{X\}$; $\quad \mathbf{U}(5) = \{\{1, 5\}, X\}$.
$\mathbf{U}(3) = \{X\}$;

a) Zeigen Sie, daß damit kein topologischer Raum erklärt wird.
b) Ergänzen Sie die Umgebungssysteme so, daß ein topologischer Raum entsteht.

B **Beispiel 2.5** (Diskrete Topologie) Wir ordnen auf einer beliebigen nichtleeren Menge X jedem Punkt P alle Teilmengen von X, die P enthalten, als Umgebungen von P zu. Bei dieser Zuordnung sind (U1), (U2) und (U3) offensichtlich erfüllt. (U4) gilt mit V = U. Der Name „diskrete Topologie" kommt daher, daß jede einelementige Punktmenge Umgebung des in ihr enthaltenen Punktes ist. Man nennt diese Topologie auch die feinste Topologie.

Beispiel 2.6 (Gröbste Topologie) Dabei ordnet man jedem Punkt P einer beliebigen nichtleeren Menge X nur den Gesamtraum X als Umgebung zu. Weniger Umgebungen kann man nicht fordern, da nach Definition 2.1 jedes $P \in X$ mindestens eine Umgebung haben muß und da nach (U2) X als Obermenge aller Elemente der Potenzmenge P(X) dann auch Umgebung sein muß.

2.3.3 Besondere Punkte und Mengen

Aus der Definition eines topologischen Raumes ist bekannt, daß gewisse Teilmengen von X Umgebungen eines Punktes $P \in X$ sind Hier sollen nun beliebige Teilmengen von X und die Lage von Punkten bezüglich dieser Teilmengen untersucht werden.

Definition 2.2 (X, T) sei ein topologischer Raum und $M \subset X$. $P \in X$ heißt Berührungspunkt von M, wenn in jeder Umgebung U(P) mindestens ein Punkt $Q \in M$ liegt.

$$\bigwedge_{U(P) \in \mathfrak{U}(P)} \bigvee_{Q \in U(P)} Q \in M .$$

Definition 2.3 (X, T) sei ein topologischer Raum und $M \subset X$. $P \in X$ heißt Häufungspunkt von M, wenn in jeder Umgebung U(P) mindestens ein Punkt $Q \in M$ mit $P \neq Q$ liegt.

$$\bigwedge_{U(P) \in \mathfrak{U}(P)} \bigvee_{Q \in U(P)} Q \in M \wedge Q \neq P .$$

Bemerkung Für Berührungspunkte und für Häufungspunkte besteht die Möglichkeit, zu M zu gehören oder nicht.

Folgerung 2.1 Jeder Häufungspunkt von M ist Berührungspunkt von M.

Aufgabe 2.4 Beweisen Sie Folgerung 2.1.

Definition 2.4 (X, T) sei ein topologischer Raum und $M \subset X$. Ein Berührungspunkt von M, der nicht Häufungspunkt von M ist, heißt isolierter Punkt von M.

Damit ist jeder Berührungspunkt von M entweder Häufungspunkt oder isolierter Punkt von M. Es gilt aber auch

Folgerung 2.2 Jeder Berührungspunkt von M ist entweder in M enthalten oder ein nicht zu M gehöriger Häufungspunkt von M.

Beweis. $P \in X$ sei Berührungspunkt von M.

B

a) $P \in M$. Für diesen Fall ist nichts zu beweisen.
b) $P \notin M$. Nach Definition 2.2 gilt

$$\bigwedge_{U(P) \in \mathbf{U}(P)} \ \bigvee_{Q \in U(P)} Q \in M.$$

Da $P \notin M$, gilt $Q \neq P$. Daher ist P nach Definition 2.3 Häufungspunkt, und zwar nach Voraussetzung ein Häufungspunkt, der nicht zu M gehört. ■

Beispiel 2.7 $X = \{a, b, c\}$ sei die Topologie aus Aufgabe 2.2 aufgeprägt. Dann ist b ein Berührungspunkt von $M = \{a, c\}$, denn in jeder Umgebung von b liegt mit a ein Punkt von M. Der Punkt b ist auch ein Häufungspunkt von M. Dagegen ist a ein Berührungspunkt von M, aber kein Häufungspunkt. Somit ist a ein isolierter Punkt.

Beispiel 2.8 Da nach Beispiel 2.3 die Anschauungsebene $\mathbf{R}^2$ als topologischer Raum aufgefaßt werden kann, ist es möglich, die oben definierten Arten von speziellen Punkten in $\mathbf{R}^2$ zu veranschaulichen. In Fig. 2.12 sind die Mengen

$$M_1 = \{P(x;y) \mid x^2 + y^2 < 1, \text{ falls } x < 0, x^2 + y^2 \leqslant 1, \text{ falls } x \geqslant 0\},$$
$$M_2 = \{A(2;0)\} \quad \text{und} \quad M_3 = \{P(x;0) \mid 3 \leqslant x < 4\}$$

dargestellt. Es sei $M = M_1 \cup M_2 \cup M_3$. Dann sind A, C, D, P, Q, R, S und U Beispiele für Berührungspunkte von M; C, D, P, Q, R und S Beispiele für Häufungspunkte von M, und A ist ein isolierter Punkt von M. Außerdem ist jeder Punkt in $\{3 \leqslant x \leqslant 4, y = 0\}$

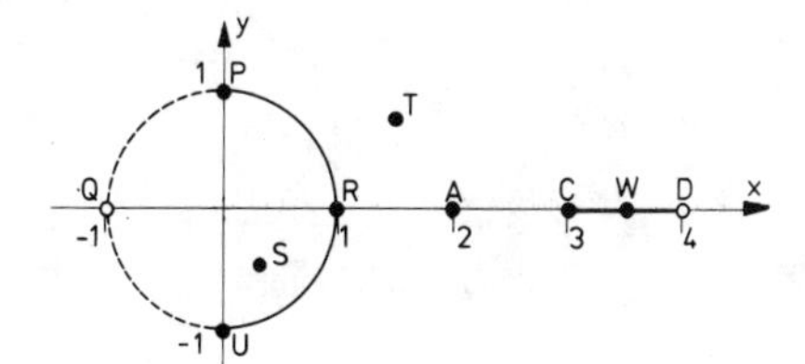

Fig. 2.12

ein Berührungspunkt und ein Häufungspunkt von M. D und Q sind Häufungspunkte von M, die nicht zu M gehören. Dagegen sind P und U Häufungspunkte von M, die Elemente von M sind. Zur Differenzierung ist eine weitere Kennzeichnung notwendig.

Definition 2.5 $(X, \mathbf{T})$ sei ein topologischer Raum. $P \in X$ heißt *innerer Punkt* von $M \subset X$, wenn es eine Umgebung $U(P) \in \mathbf{U}(P)$ mit $U(P) \subset M$ gibt. Die Menge aller inneren Punkte von M heißt *Inneres* von M. $P \in X$ heißt *äußerer Punkt* von $M \subset X$, wenn es eine Umgebung $U(P) \subset \mathbf{U}(P)$ mit $U(P) \subset \mathbf{C}(M)$ gibt. Die Menge der äußeren Punkte hießt *Äußeres* von M.

$P \in X$ heißt *Randpunkt* von M, wenn in jeder Umgebung U(P) Punkte von M und Punkte von $\mathbf{C}(M)$ liegen. Die Menge aller Randpunkte von M heißt *Rand* r(M).

Bemerkung Innere Punkte, äußere Punkte und Randpunkte von M teilen X in drei disjunkte Teilmengen ein, da ein Punkt $P \in X$ nur in genau einer der drei Klassen liegen kann. Eine Klasseneinteilung im üblichen Sinne liegt aber nicht vor, da einzelne Klassen leer sein können.

B **Aufgabe 2.5** (X, T) sei der topologische Raum aus Aufgabe 2.2. Bestimmen Sie innere Punkte, äußere Punkte und Randpunkte von $M = \{a, c\}$.

In Beispiel 2.8 sind alle Punkte mit $x^2 + y^2 = 1$, der Punkt A, die Punkte von M_3 sowie der Punkt D Randpunkte; alle Punkte mit $x^2 + y^2 < 1$ sind innere Punkte und T ist ein äußerer Punkt von M.

Mit Hilfe der Topologie können nun beliebige Mengen eines topologischen Raumes daraufhin untersucht werden, ob sie keine Randpunkte enthalten, alle Randpunkte enthalten oder nur einige Randpunkte enthalten.

Definition 2.6 (X, T) sei ein topologischer Raum und $M \subset X$.

a) Die Menge M heißt *offen*, wenn sie nur aus inneren Punkten besteht.

b) Die Menge M heißt *abgeschlossen*, wenn sie alle ihre Berührungspunkte enthält.

c) Die Menge M heißt *offen-abgeschlossen*, wenn sie sowohl offen als auch abgeschlossen ist.

Beispiel 2.9 In Fig. 2.13 ist in $\mathbf{R}^2$

$M_1 = \{P(x;y) \mid x^2 + y^2 < 1\}$ offen,
$M_2 = \{P(x;y) \mid -1 \leqslant x \leqslant 1, -1 \leqslant y \leqslant 1\}$ abgeschlossen,
$M_3 = \{P(x;y) \mid x^2 + y^2 \geqslant 1 \wedge x^2 + y^2 < 2\}$ weder offen noch abgeschlossen.

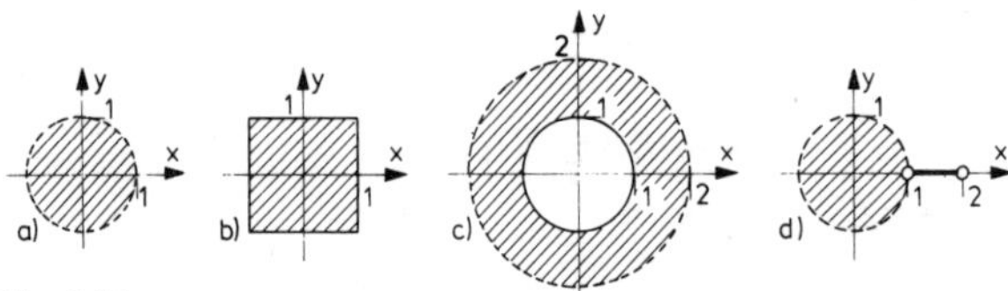

Fig. 2.13

Auch $M_4 = \{P(x;y) \mid x^2 + y^2 < 1 \vee (1 < x < 2 \wedge y = 0)\}$

ist weder offen noch abgeschlossen, denn $P(1{,}5;0)$ ist ein Beispiel für einen Randpunkt, der zu M_4 gehört.

Wir wollen noch eine andere Möglichkeit kennenlernen, offene bzw. abgeschlossene Mengen zu kennzeichnen.

Satz 2.3 (X, T) sei ein topologischer Raum und $M \subset X$. Dann gilt

a) M ist genau dann offen, wenn $r(M) \subset \mathbf{C}(M)$ gilt.

b) M ist genau dann abgeschlossen, wenn $r(M) \subset M$ gilt.

Beweis. a) M sei offen. Dann gehören nach Definition 2.6 nur innere Punkte zu M. Randpunkte gehören dann also zu $\mathbf{C}(M)$. Wenn umgekehrt alle Randpunkte von M zu $\mathbf{C}(M)$ gehören, kann M nur aus inneren Punkten bestehen.

b) M sei abgeschlossen. Dann enthält M nach Definition 2.6 alle ihre Berührungspunkte. Folglich enthält M nach Definition 2.2 und 2.5 aber alle Randpunkte. Wenn umgekehrt $r(M) \subset M$ gilt, so besteht M aus inneren Punkten und Randpunkten, also nach den Definitionen 2.2 und 2.5 nur aus Berührungspunkten. ■

B

Satz 2.4 Eine Punktmenge M eines topologischen Raumes $(X, \mathbf{T})$ ist genau dann offen, wenn M Umgebung aller Punkte von M ist.

B e w e i s. a) Wir nehmen an, M sei offen. Dann ist $P \in M$ nach Definition 2.6 ein innerer Punkt von M. Nach Definition 2.5 gibt es eine Umgebung $U(P) \in \mathbf{U}(P)$ mit $U \subset M$. Nach (U2) in Definition 2.1 ist M dann Umgebung von P.

b) Wenn M Umgebung aller Punkte von M ist, dann hat jeder Punkt mit M eine Umgebung $U(P) = M$, die (unechte) Teilmenge von M ist. Nach Definition 2.5 ist P damit innerer Punkt von M. Da dies für alle $P \in M$ gilt, besteht M nur aus inneren Punkten, ist also nach Definition 2.6 offen. ■

Die Existenz offen-abgeschlossener Mengen deutet darauf hin, daß die Definition offener bzw. abgeschlossener Mengen von der umgangssprachlichen Bedeutung der Wörter „offen" und „abgeschlossen" abweicht. Umgangssprachlich besteht zwischen offen und abgeschlossen ein Gegensatz, in der mathematischen Definition sind sowohl offen-abgeschlossene Mengen als auch Mengen denkbar, die weder offen noch abgeschlossen sind. Zwischen den offenen und abgeschlossenen Mengen besteht aber ein enger Zusammenhang, denn sie bedingen sich sozusagen wechselseitig.

Satz 2.5 Eine Menge $M \subset X$ eines topologischen Raumes $(X, \mathbf{T})$ ist genau dann offen, wenn ihre Komplementmenge $\mathbf{C}(M)$ abgeschlossen ist.

B e w e i s. Ist M offen, so besteht M nach Definition 2.6 nur aus inneren Punkten. Foglich ist nach Satz 2.3 $r(M) \subset \mathbf{C}(M)$. Jeder Randpunkt von M ist zugleich Randpunkt von $\mathbf{C}(M)$, da in jeder seiner Umgebungen Punkte von M und Punkte von $\mathbf{C}(M)$ liegen. Aus $r(M) = r(\mathbf{C}(M))$ und $r(M) \subset \mathbf{C}(M)$ ergibt sich $r(\mathbf{C}(M)) \subset \mathbf{C}(M)$, d. h., $\mathbf{C}(M)$ ist abgeschlossen. Umgekehrt kann man ebenso schließen. ■

Im Gegensatz dazu ist das Komplement einer weder offenen noch abgeschlossenen Menge M wieder von demselben Typus. Entsprechendes gilt für offen-abgeschlossene Mengen.

Beispiel 2.10 (O f f e n - a b g e s c h l o s s e n e Mengen) Sei $(X, \mathbf{T})$ ein beliebiger topologischer Raum mit diskreter Topologie, dann ist jede Punktmenge M in X offen-abgeschlossen. Ist nämlich $P \in M$, so ist $P \in \{P\}$ und $\{P\} \in \mathbf{U}(P)$, also ist P ein innerer Punkt. Ist dagegen $P \notin M$, so ist $P \in \mathbf{C}(M)$. Dann ist $P \in \{P\}$ und $\{P\}$ ganz in $\mathbf{C}(M)$ gelegen. Somit ist P äußerer Punkt von M. Folglich ist $r(M) = \emptyset$, und M ist offen-abgeschlossen.

Bemerkung Unabhängig von der speziellen Topologie in einem topologischen Raum $(X, \mathbf{T})$ sind alle Mengen $M \subset X$, für die $r(M) = \emptyset$ gilt, offen-abgeschlossen. Das ist in jedem topologischen Raum für den Gesamtraum X und für die leere Menge der Fall.

B

2.3.4 Topologische Abbildungen

Anschaulich hatten wir topologische Abbildungen erklärt als gewisse bijektive Abbildungen. Daß die Forderung der Bijektivität nicht ausreicht, zeigte in Abschn. 2.3.3 das Quadrat, das bijektives Bild einer Strecke war. Die Zusatzforderung, daß die topologischen Eigenschaften erhalten bleiben sollen, konnten wir bisher nicht exakt genug fassen. Inzwischen können wir aber mit Hilfe des Umgebungsbegriffs formulieren, welche „Nachbarschaftsbeziehungen" bei den zu untersuchenden Abbildungen erhalten bleiben sollen. Da die gesamte Topologie auf einem topologischen Raum mit Hilfe der Umgebungen erklärt ist, muß man nur fordern, daß die Abbildung stets „umgebungstreu" ist.

Definition 2.7 (X, T) und (Y, V) seien topologische Räume. f: (X, T) → (Y, V) sei eine Abbildung von X auf Y, die $P \in X$ auf $f(P) = Q \in Y$ abbildet. Dann heißt f in P *lokal stetig*, wenn es zu jeder Umgebung $W(Q) \subset Y$ eine Umgebung $U(P) \subset X$ gibt, für die $f(U(P)) \subset W(Q)$ gilt. f heißt in X *global stetig*, wenn f in jedem $P \in X$ lokal stetig ist. Fig. 2.14 veranschaulicht Definition 2.7.

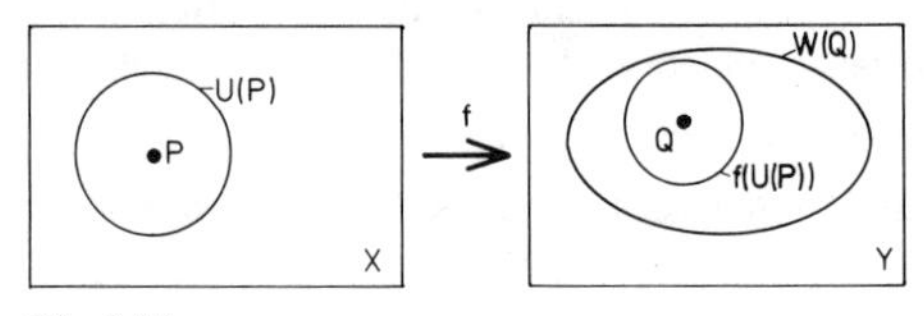

Fig. 2.14

Definition 2.8 Eine Abbildung f eines topologischen Raumes (X, T) auf einen topologischen Raum (Y, V) heißt *homöomorphe Abbildung* oder *topologische Abbildung* oder ein *Homöomorphismus*, wenn f bijektiv ist und wenn sowohl f als auch die Umkehrabbildung f^{-1} global stetig sind. Zwei topologische Räume (X, T) und (Y, V) heißen *homöomorph* oder *topologisch äquivalent*, wenn es eine homöomorphe Abbildung zwischen ihnen gibt.

Aufgabe 2.6 f sei eine topologische Abbildung des topologischen Raumes (X, T) in den topologischen Raum (Y, V) und g sei eine topologische Abbildung des topologischen Raumes (Y, V) in den topologischen Raum (Z, W). Zeigen Sie, daß dann auch die zusammengesetzte Abbildung $g * f: X \to Z$ eine topologische Abbildung ist.

Beispiel 2.11 Eine Scherung in $\mathbf{R}^2$ ist eine topologische Abbildung. Fig. 2.15 zeigt mit Hilfe eines beliebigen Punktes P, daß Definition 2.7 erfüllt ist.

Beispiel 2.12 Wir greifen Beispiel 2.2 auf und begründen, weshalb dort keine topologische Abbildung vorlag. Dazu betrachten wir die Punkte P und Q in Fig. 2.16. Es ist $f(P) = Q$ und $f^{-1}(Q) = P$. Die Umkehrabbildung f^{-1} soll nun näher betrachtet werden. Wenn f^{-1} in Q stetig wäre, dann müßte es nach Definition 2.7 zu jeder Umgebung U(P) eine Umgebung W(Q) geben, so daß $f(W(Q)) \subset U(P)$ ist. Das Bild einer (in Fig. 2.16b gekennzeichneten) Umgebung W(Q) ist in Fig. 2.16a ebenfalls hervorgehoben.

B

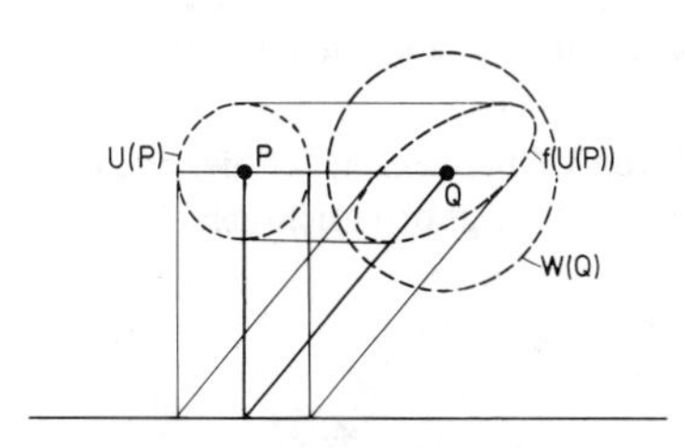

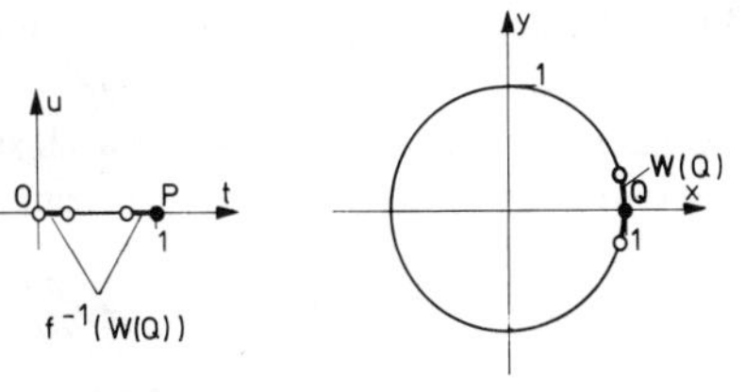

Fig. 2.15 Fig. 2.16

Man erkennt sofort, daß es nicht zu jeder Umgebung U(P) eine Umgebung W(Q) geben kann, deren Bild Teilmenge von U(P) ist.

Bemerkung Man sieht zwei Realisierungen X und Y einer bestimmten mathematischen Struktur als nicht wesentlich verschieden an, wenn es eine bijektive Abbildung der Mengen X und Y aufeinander gibt, welche die betreffende auf X und Y erklärte Struktur erhält.

In der Algebra führt diese Überlegung zum Isomorphismus, in der Topologie zum Homöomorphismus. In beiden Fällen kann man von gleichwertigen Realisierungen oder Bildern sprechen. Wegen der Wortähnlichkeit sei ausdrücklich darauf hingewiesen, daß der in der Algebra vorkommende Homomorphismus dagegen i. allg. ein vergröbertes Bild der Ausgangsstruktur liefert und daher nicht dem topologischen Homöomorphismus entsprechen kann.

Satz 2.6 Die Homöomorphie ist auf einer Menge von topologischen Räumen eine Äquivalenzrelation.

Beweis. a) Die Identität ist sicher ein Homöomorphismus, also ist die Reflexivität erfüllt.

b) Da eine homöomorphe Abbildung f bijektiv ist, ist auch f^{-1} bijektiv. f und f^{-1} sind beide global stetig. Somit gilt die Symmetrie.

c) Die Transitivität wurde in Aufgabe 2.6 nachgewiesen. ∎

Beispiel 2.13 für eine topologische Abbildung. Mit Hilfe der aus der Elementargeometrie bekannten Pol-Polare-Beziehung am Kreis kann man bei geeigneter Definition von Umgebungen zeigen, daß die Punkte innerhalb einer Kreisscheibe, aus der der Kreismittelpunkt entfernt ist, topologisch äquivalent sind zur Menge der Geraden der Ebene, die diesen Kreis weder schneiden noch berühren (nach [1, Bd. V, S. 476]).

In Fig. 2.17 ist anschaulich eine Umgebung des Punktes P als gleichschenkliges Trapez ABCD eingezeichnet, in dessen Diagonalenschnittpunkt P liegt. Die beiden Schenkel von ABCD liegen auf Radien von k.

Bilder der Punkte auf der Strecke AB sind die (untereinander parallelen) Geraden zwischen a' und b'. Entsprechend liegen die Bildgeraden der Punkte der Strecke CD. Das Bild p' von P ist diejenige Diagonale der durch die beiden angegebenen Parallelstreifen bestimmten Raute, die nicht durch den Kreismittelpunkt von k geht. Die

B

Bilder der Punkte Q aus dem Inneren von ABCD sind somit Geraden in dem außen schraffierten Bereich, q′ ist ein Beispiel für eine solche Gerade.

Definiert man sowohl innerhalb als auch außerhalb von k Obermengen der hier erklärten speziellen Umgebungen als allgemeine Umgebungen, so liegt offensichtlich eine

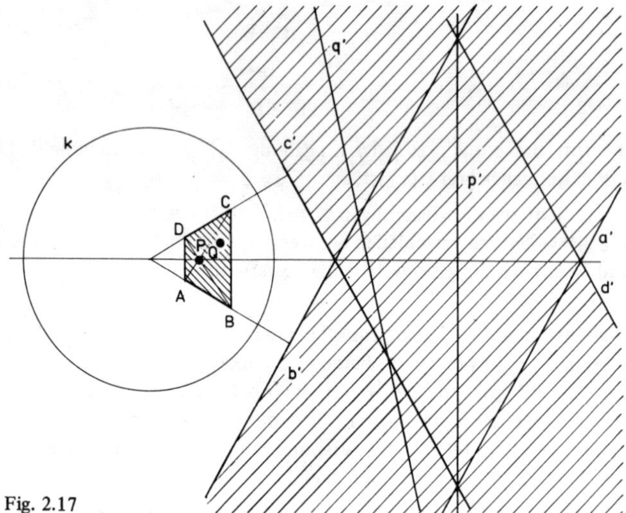

Fig. 2.17

topologische Abbildung vor. Dies ist ein Beispiel für eine allgemeine topologische Abbildung, die nicht durch Gummituch-Verzerrung realisiert werden kann.

Weitere Beispiele für topologische Abbildungen und topologisch äquivalente Figuren werden in Abschn. 2.4.3 im Zusammenhang mit metrischen Räumen gegeben.

2.4 Metrische Räume

2.4.1 Definition und Eigenschaften

Topologische Räume wurden mit Hilfe von Umgebungssystemen definiert. Die anschauliche Erklärung, daß zu einer Umgebung eines Punktes P solche Punkte Q gehören, die „nicht weit von P entfernt" liegen, läßt sich in manchen topologischen Räumen durch einen Abstandsbegriff erfassen. Dabei wird zwei Punkten eine reelle Zahl als Abstand zugewiesen. Ein Beispiel dafür ist die Längenmessung in der euklidischen Ebene. Es sei aber darauf hingewiesen, daß nicht in jedem topologischen Raum die Umgebungen durch eine Abstandsfunktion erfaßt werden können.

Definition 2.9 Einer nichtleeren Menge X wird eine M e t r i k aufgeprägt, wenn jedem Paar $(P, Q) \in X \times X$ eindeutig ein Abstand $d(P, Q) \in \mathbf{R}_0^+$ zugeordnet wird und wenn diese Abbildung $d\colon X \times X \to \mathbf{R}_0^+$ folgenden Metrik-Axiomen genügt: **B**

(M1) Der Abstand $d(P, Q)$ ist genau dann Null, wenn $P = Q$ gilt

$$\bigwedge_{P, Q \in X} d(P, Q) = 0 \iff P = Q$$

(M2) Der Abstand ist symmetrisch

$$\bigwedge_{P, Q \in X} d(P, Q) = d(Q, P)$$

(M3) Der Abstand genügt der Dreiecksungleichung

$$\bigwedge_{P, Q, R \in X} d(P, R) \leqslant d(P, Q) + d(Q, R)$$

X, versehen mit einer Metrik d, heißt ein metrischer Raum (X, d).

Satz 2.7 Die Anschauungsebene $\mathbf{R}^2$ ist, wenn man sie auf kartesische Koordinaten bezieht, mit der auf dem Satz von Pythagoras beruhenden euklidischen Metrik ein metrischer Raum. Den Punkten $P\,(p_1; p_2)$ und $Q(q_1; q_2)$ wird dabei

$$d(P, Q) = \sqrt{(q_1 - p_1)^2 + (q_2 - p_2)^2}$$

als Abstand zugewiesen.

Beweis. Die Gültigkeit von (M1) und (M2) ergibt sich unmittelbar aus der Definition der Wurzelfunktion und der Quadratfunktion. Der Beweis der Dreiecksungleichung (vgl. Fig. 2.18b) ist etwas aufwendiger und wird in der analytischen Geometrie geführt. Wir wollen hier auf eine Ausführung verzichten. ∎

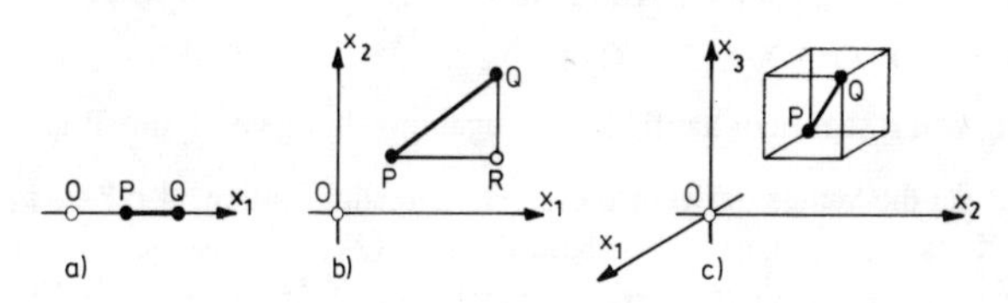

Fig. 2.18

Aufgabe 2.7 Geben Sie für die Gerade $\mathbf{R}^1$ (vgl. Fig. 2.18a) und den Raum $\mathbf{R}^3$ (vgl. Fig. 2.18c) die euklidische Metrik an.

Beispiel 2.14 X besteht aus geordneten n-tupeln reeller Zahlen. Dabei sei $n \in \mathbf{N}^+$ fest, sonst beliebig. $P = (p_1, \ldots, p_n) \in X$. Dann ist

$$d(P, Q) = \max |p_k - q_k|$$

eine Metrik, die Maximum-Metrik.

Die Gültigkeit von (M1) und (M2) folgt unmittelbar aus der Definition des absoluten Betrags. Zum Nachweis von (M3) folgert man

$$\begin{aligned} d(P, R) &= \max_{1 \leqslant k \leqslant n} |p_k - r_k| = |p_j - r_j| = |(p_j - q_j) - (r_j - q_j)| \\ &= |(p_j - q_j) + (q_j - r_j)| \leqslant |p_j - q_j| + |q_j - r_j| \\ &\leqslant \max_{1 \leqslant k \leqslant n} |p_k - q_k| + \max_{1 \leqslant k \leqslant n} |q_k - r_k| = d(p, q) + d(q, r) \end{aligned}$$

B **Beispiel 2.15** X wird aus Beispiel 2.14 übernommen. Dann ist

$$d(P, Q) = \sum_{k=1}^{n} |q_k - p_k|$$

eine Metrik.

Beispiel 2.16 X wird aus Beispiel 2.14 übernommen. Dann ist

$$d(P, Q) = \begin{cases} 0 & \text{für } x = y \\ 1 & \text{für } x \neq y \end{cases}$$

eine Metrik, die sogenannte diskrete Metrik.
Weitere Beispiele sind in Abschn. 4.3.2 und in der Literatur (vgl. [13], [38]) angegeben.

Aufgabe 2.8 Zeigen Sie, daß in Beispiel 2.15 und 2.16 die Metrik-Axiome erfüllt sind.

In der Ebene, die nach Satz 2.7 ein metrischer Raum ist, kann man sich anschaulich Umgebungen eines Punktes P vorstellen, nämlich die Kreisscheiben mit dem Mittelpunkt P. Das sind diejenigen Punkte von X, die von P einen kleinen Abstand haben. In Anlehnung an diesen anschaulichen Umgebungsbegriff definiert man

Definition 2.10 Die Menge derjenigen Punkte Q eines metrischen Raumes (X, d) die von einem festen Punkt $P \in X$ einen Abstand $d(P, Q) < \epsilon$ mit beliebigem $\epsilon \in \mathbf{R}^+$ haben, bilden eine ϵ-Umgebung von P, in Zeichen

$$U(P, \epsilon) = \{Q \mid Q \in X \wedge d(P, Q) < \epsilon\}.$$

Statt ϵ-Umgebung von P sagt man häufig auch Kugelumgebung von P mit Radius ϵ.

Aufgabe 2.9 a) X sei die Menge der geordneten Paare reeller Zahlen, also $P = (p_1, p_2) \in X$. Man kann X als die auf kartesische Koordinaten (x_1, x_2) bezogene Anschauungsebene $\mathbf{R}^2$ deuten. Geben Sie in dieser geometrischen Deutung an, wie ϵ-Umgebungen von $P \in X$ für folgende Metriken aussehen:

1. $d(P, Q) = \sqrt{(p_1 - q_1)^2 + (p_2 - q_2)^2}$,
2. $d(P, Q) = \max\limits_{1 \leq k \leq 2} |p_k - q_k|$,
3. $d(P, Q) = \sum\limits_{k=1}^{2} |p_k - q_k|$.

b) Verallgemeinern Sie a) auf den dreidimensionalen Fall und begründen Sie die Sprechweise „Kugelumgebung".
Der Begriff der Umgebung wird nun auf den der Kugelumgebung zurückgeführt.

Definition 2.11 Eine Teilmenge $U \subset X$ heißt Umgebung von $P \in X$, wenn es eine Kugelumgebung $U(P, \epsilon)$ gibt, für die $U(P, \epsilon) \subset U$ gilt. Alle Umgebungen von P bilden die Umgebungsmenge **U** (P).

Da Umgebungen Obermengen von ϵ-Umgebungen sind, kann man sogar Umgebungen bezüglich verschiedener Metriken miteinander vergleichen. Wenn man X wie in Auf-

B

gabe 2.8a erklärt, dann stimmen die Umgebungssysteme **U**(P) bezüglich der dort angegebenen Metriken d_1, d_2 und d_3 überein.

Aufgabe 2.10 Beweisen Sie die vorangehende Behauptung, indem Sie zeigen, daß jede ϵ-Umgebung der d_1-Metrik eine Umgebung der d_2Metrik ist, also eine ϵ_1-Umgebung der d_2-Metrik enthält, wenn man $\epsilon_1 = \epsilon_1(\epsilon)$ geeignet wählt, und daß umgekehrt jede ϵ_1-Umgebung der d_2-Metrik eine Umgebung der d_1-Metrik ist, also eine ϵ_2-Umgebung der d_1-Metrik enthält, wenn man $\epsilon_2 = \epsilon_2(\epsilon_1)$ geeignet wählt. Verwenden Sie dabei die Ergebnisse von Aufgabe 2.8. Verfahren Sie dann entsprechend weiter.

Trotz der Übereinstimmung der Bezeichnung muß darauf hingewiesen werden, daß wir hier Umgebungen in metrischen Räumen erklärt haben. Wir dürfen dabei nicht ohne weiteres Umgebungseigenschaften aus topologischen Räumen übertragen. Die Übereinstimmung der Bezeichnungen ist jedoch bewußt gewählt, denn es gilt

Satz 2.8 Jeder metrische Raum ist mit den durch die Metrik festgelegten Umgebungen ein topologischer Raum.

Beweis. Nach Definition 2.9 ist ein metrischer Raum auf einer nichtleeren Menge X definiert. Jedem Punkt sind nach Definition 2.10 ϵ-Umgebungen und nach Definition 2.11 Umgebungen zugewiesen. Wir müssen somit nur noch zeigen, daß die in Definition 2.11 erklärten Umgebungen die Umgebungsaxiome aus Definition 2.1 erfüllen. Dies geschieht in Satz 2.9a bis d. ∎

In Satz 2.9e wird für metrische Räume das Trennungsaxiom, das in allen Hausdorff-Räumen (vgl. [38]) erfüllt sein muß, nachgewiesen.

Satz 2.9 Ist (X, d) ein metrischer Raum, P, Q ∈ X und **U**(P) die Umgebungsmenge von P, so gilt

a) wenn U(P) eine Umgebung von P ist, dann ist P ∈ U(P)

$$\bigwedge_{U(P)\in \mathbf{U}(P)} P \in U(P)$$

b) Eine Obermenge V ⊃ U einer Umgebung U(P) ist eine Umgebung von P,

$$\bigwedge_{V\supset U} U \in \mathbf{U}(P) \Rightarrow V \in \mathbf{U}(P).$$

c) Der Durchschnitt zweier Umgebungen eines Punktes P ist eine Umgebung von P

$$\bigwedge_{U_1,U_2\in \mathbf{U}(P)} U_1 \cap U_2 \in \mathbf{U}(P).$$

d) Alle Umgebungen U(P) enthalten eine Umgebung V(P) derart, daß U Umgebung von allen Punkten von V ist,

$$\bigwedge_{U(P)\in \mathbf{U}(P)} \bigvee_{V(P)\in \mathbf{U}(P)} \bigwedge_{Q\in V} U \in \mathbf{U}(Q)$$

e) Zu zwei verschiedenen Punkten gibt es disjunkte Umgebungen,

$$\bigwedge_{P,Q\in X} P \neq Q \quad \bigvee_{U(P),V(Q)} U(P) \cap V(Q) = \emptyset.$$

B Die Beweise der Aussagen werden durch Figuren veranschaulicht, die die erste Metrik aus Aufgabe 2.8a, also die übliche Metrik der Anschauungsebene, verwenden. Die Figuren selbst haben dabei keinerlei Beweiskraft. Sie sollen nur dazu dienen, die Beweisidee zu veranschaulichen.

B e w e i s. a) U(P) ist nach Definition 2.11 eine Obermenge einer Kugelumgebung $U(P, \epsilon)$. Nach Definition 2.10 gilt aber $P \in U(P, \epsilon)$, da $d(P, P) = 0$ ist. Also gilt auch $P \in U(P)$.

Fig. 2.19 Fig. 2.20

b) Wenn U(P) eine Umgebung von P ist (vgl. Fig. 2.20), dann gibt es ein $U(P, \epsilon) \subset U(P) \subset V$, also ist V nach derselben Definition eine Umgebung von P, da die Teilmengenrelation transitiv ist.

c) U_1 und U_2 seien (wie in Fig. 2.21) Umgebungen von P. Dann gibt es Kugelumgebungen $U(P, \epsilon_1) \subset U_1$ und $U(P; \epsilon_2) \subset U_2$.

Es sei $\epsilon_m = \min\limits_{1;2} (\epsilon_1, \epsilon_2)$. Dann gilt $U(P, \epsilon_m) \subset U(P, \epsilon_1)$ und $U(P, \epsilon_m) \subset U(P, \epsilon_2)$. Damit ist $U(P, \epsilon_m) \subset U_1 \cap U_2$. Da $U(P, \epsilon_m)$ eine Kugelumgebung ist, ist $U_1 \cap U_2$ als Obermenge einer Kugelumgebung eine Umgebung.

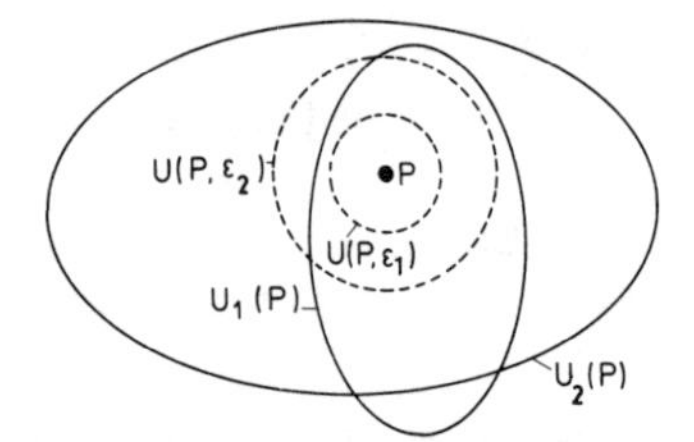

Fig. 2.21

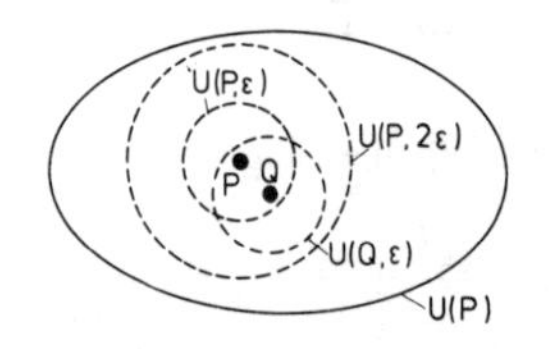

Fig. 2.22

d) Mit ϵ ist auch 2ϵ eine beliebige positive reelle Zahl. Geht man wie in Fig. 2.22 von $U = U(P, 2\epsilon)$ aus, so kann man $V = U(P, \epsilon)$ wählen. Für $Q \in V$ bildet man eine Kugelumgebung $U(Q, \epsilon)$. Für jeden Punkt $R \in U(Q, \epsilon)$ gilt dann

$$d(R, P) \leqslant d(R, Q) + d(Q, P) < \epsilon + \epsilon = 2\epsilon,$$

also gilt $R \in U(P, 2\epsilon)$. $U(P, 2\epsilon)$ ist somit Obermenge der Umgebung $U(Q, \epsilon)$. Also ist U eine Umgebung für alle $Q \in V$.

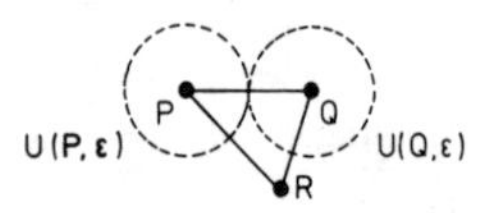

Fig. 2.23

B

e) Mit $d(P, Q) = 2\epsilon$ gilt (wie in Fig. 2.23) $U(P, \epsilon) \cap U(Q, \epsilon) = \emptyset$. Wäre nämlich $R \in U(P, \epsilon) \cap U(Q, \epsilon)$, so wäre nach der Dreiecksungleichung $d(P, Q) \leqslant d(P, R) + d(R, Q) < \epsilon + \epsilon = 2\epsilon$, im Widerspruch zur Erklärung von ϵ.

Definition 2.12 Die von einer Metrik abgeleitete Topologie eines metrischen Raumes heißt die durch die betreffende Metrik i n d u z i e r t e T o p o l o g i e.

Wenn durch eine Metrik eine Topologie induziert wurde, kann man die Begriffe Häufungspunkt, Berührungspunkt, Randpunkt, offene Menge usw. übertragen. Mit diesen Bezeichnungen kann man sagen, daß in Aufgabe 2.9 bewiesen wurde, daß zwei verschiedene Metriken dieselbe Topologie induzieren. Die entsprechenden Räume sind auf derselben Punktmenge definiert, als metrische Räume zu unterscheiden, als topologische Räume jedoch gleichwertig.

2.4.2 Beispiele für topologische Abbildungen in metrischen Räumen

Diese Beispiele werden alle im Anschauungsraum $\mathbf{R}^3$ dargestellt, der mit der euklidischen Metrik ein metrischer Raum ist. Meist betrachtet man eine Figur, also eine Teilmenge Y von $X = \mathbf{R}^3$. Zwei Punkte P und Q von Y haben dann stets einen Abstand $d(P, Q)$, nämlich den Abstand, den sie im Gesamtraum haben. Die Figur ist damit selbst ein metrischer Raum und folglich ein topologischer Raum.

Bemerkung Für allgemeinere topologische Räume $(X, \mathbf{T})$ lassen sich entsprechende Überlegungen anstellen. Ist M eine Teilmenge von X und U eine Umgebung von P in X, so heißt $U \cap M$ die S p u r der Umgebung U in M. Die Spuren von $\mathbf{T}$ in M bilden wieder eine Topologie, die sogenannte S p u r t o p o l o g i e $\mathbf{T}_M$. Damit ist $(M, \mathbf{T}_M)$ selbst ein topologischer Raum.

Beispiel 2.17 Ist $X = \mathbf{R}^2$, $M = \mathbf{R}^1$, in Fig. 2.24 als x_1-Achse gezeichnet, so sind die Spuren der Kreisumgebungen in X die gekennzeichneten Intervalle in M.

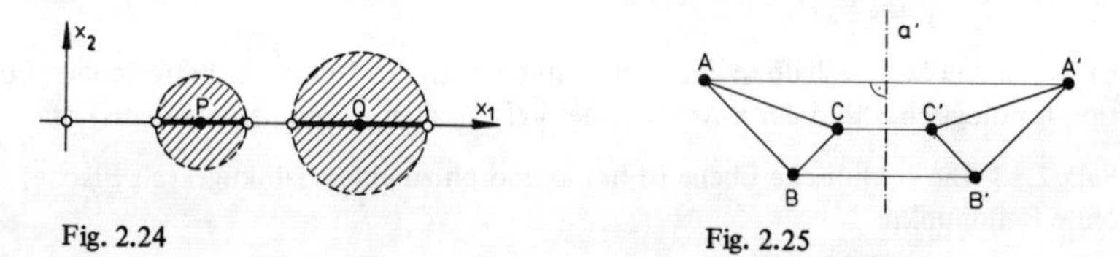

Fig. 2.24 Fig. 2.25

Satz 2.10 Jede Kongruenzabbildung des zweidimensionalen (und dreidimensionalen) Anschauungsraumes ist eine topologische Abbildung.

B e w e i s. Jede Kongruenzabbildung ist bijektiv. Wie in Fig. 2.25 für den Fall der Achsenspiegelung dargestellt, transformiert jede Kongruenzabbildung eine ϵ-Umgebung von P bijektiv eine ϵ-Umgebung von $f(P) = P'$, denn Kongruenzabbildungen sind kreistreu (kugeltreu). Damit ist eine Kongruenzabbildung in beiden Richtungen global stetig. ∎

B Zum Beweis benötigten wir, daß Kongruenzabbildungen kreistreu (kugeltreu) und bijektiv sind. Diese Eigenschaften haben auch die Ähnlichkeitsabbildungen.

Satz 2.11 Jede Ähnlichkeitsabbildung ist eine topologische Abbildung.

B e w e i s. Fig. 2.26 gibt eine Veranschaulichung für eine zentrische Streckung. Alle Überlegungen verlaufen wie beim Beweis von Satz 2.10. ∎

In Figur 2.26 zeigt es sich, daß die Zuordnung zwischen den „innen" und „außen" gelegenen Kreisbogen auch anders festgelegt werden könnte, wenn man nicht die gesamte Ebene, sondern nur die beiden Randkreise bijektiv aufeinander abbilden wollte.

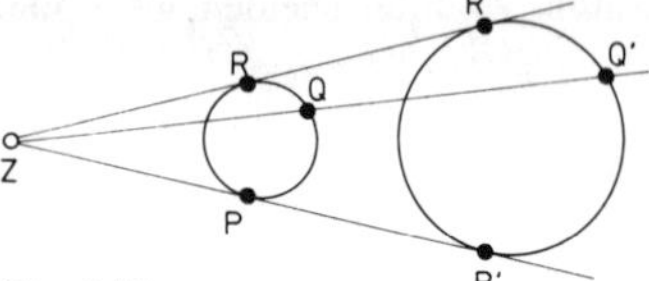

Fig. 2.26

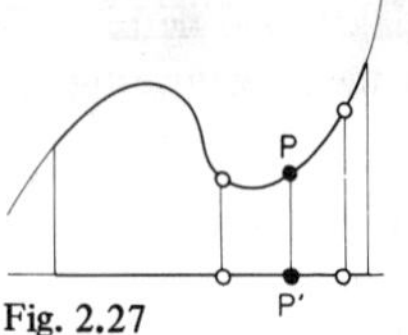

Fig. 2.27

Satz 2.12 Bijektive Parallelprojektionen und Zentralprojektionen sind topologische Abbildungen.

B e w e i s (in Fig. 2.27 für den Fall der Parallelprojektion veranschaulicht). Der Beweis ergibt sich wie bei Satz 2.11 daraus, daß ϵ-Umgebungen übertragen werden. ∎

Augabe 2.11 a) Welche der folgenden auf **R** definierten Funktionen sind topologische Abbildungen des eindimensionalen Anschauungsraumes auf sich?

1.	$x \to \sin x$	5.	$x \to x$
2.	$x \to x^2$	6.	$x \to \lvert x \rvert$
3.	$x \to x^3$	7.	$x \to \cos x$
4.	$x \to \frac{x^2}{1+x^2}$	8.	$x \to x^{10}$

b) Begründen Sie, weshalb in allen genannten Fällen der Graph der betreffenden Funktion topologisches Bild der x-Achse (eines kartesischen Koordinatensystems) ist.

Satz 2.13 Die euklidische Ebene ist homöomorph zu einer Halbkugel (als Fläche) ohne Randpunkte.

B e w e i s. Fig. 2.28 veranschaulicht den Gedankengang. Offensichtlich wird die Ebene E durch Zentralprojektion aus Z bijektiv auf die Halbkugelschale abgebildet. Bijektive Zentralprojektionen sind aber nach Satz 2.12 topologische Abbildungen. ∎

Satz 2.14 Eine offene Halbkugel ist homöomorph zu einer offenen Kreisscheibe.

B e w e i s. Aus Fig. 2.28 ist auch noch zu erkennen, daß die offene Halbkugelschale durch senkrechte Parallelprojektion in die zum Randkreis parallele Ebene E bijektiv abgebildet werden kann. Dies ist nach Satz 2.12 ebenfalls eine topologische Abbildung. ∎

B

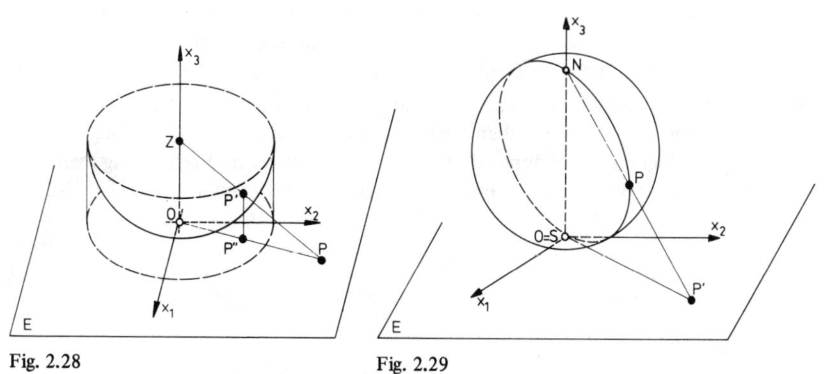

Fig. 2.28 Fig. 2.29

Satz 2.15 Die Anschauungsebene ist homöomorph zu einer punktierten Kugelfläche, d. h. einer Kugelfläche, aus der ein Punkt entfernt ist.

B e w e i s. Wir betrachten eine Kugel, von der ein Punkt (in Fig. 2.29 ist es N) entfernt wurde. Aus N kann man dann die Kugel bijektiv auf die Tangentialebene E im Gegenpunkt S von N projizieren (stereographische Projektion). Diese Zentralprojektion ist bijektiv, also topologisch. ■

Wegen der in Satz 2.7 bewiesenen Transitivität der Homöomorphie ist die Zusammensetzung von zwei (und damit von endlich vielen) topologischen Abbildungen eine topologische Abbildung. Damit folgt aus den letzten Sätzen

Folgerung 2.3 Die Anschauungsebene, offene Kreisscheiben und offene Halbkugelschalen sowie punktierte Kugelschalen sind homöomorph.

Es sei noch darauf hingewiesen, daß diese Überlegungen nur für endlich viele topologische Abbildungen gelten. Die Zusammensetzung von unendlich vielen topologischen Abbildungen muß nicht auf eine topologische Abbildung führen. Dies erkennt man leicht, wenn man versucht, eine (beliebige, dann aber feste) Translation unendlich oft nacheinander auszuführen. Jede Translation ist sicher eine topologische Abbildung. Unendlich oft ausgeführt, ergibt sich aber nicht einmal mehr eine Abbildung, weil man für keinen Punkt den Bildpunkt angeben kann.

2.4.3 Zusammenhang mit der „Gummituch-Topologie"

Wir waren im ersten Abschnitt von bestimmten Figuren im Anschauungsraum ausgegangen. Sofern sie ein- oder zweidimensional waren, dachten wir sie uns auf eine hochelastische Gummihaut gezeichnet und untersuchten Verformungen dieses Gummituchs. Jetzt können wir sagen, daß wir Teilmengen des Anschauungsraumes betrachten, die selbst metrische und damit topologische Räume sind. Die elastischen Verformungen von Figuren entsprechen damit topologischen Abbildungen, die eine Figur in eine homöomorphe Figur überführen. Wir können uns somit im folgenden mit der Gummi-

B tuch-Erklärung einer elastischen Verformung begnügen, wenn es anschaulich klar ist, daß es eine bijektive in beiden Richtungen stetige Abbildung gibt, die die beiden betrachteten Figuren aufeinander abbildet.

Die topologischen Abbildungen sind jedoch allgemeiner als die elastischen Verformungen. Zwar gehört zu jeder elastischen Verformung eine topologische Abbildung, aber nicht jede topologische Abbildung läßt sich durch eine elastische Verformung realisieren. Das zeigt das Beispiel einer Achsenspiegelung, die den Umlaufsinn (vgl. Fig. 2.25) umkehrt, und Beispiel 2.13.

3 Ebene Netze und Landkarten

A

3.1 Einführende Beispiele

3.1.1 Das Königsberger Brückenproblem

In der Stadt Königsberg fließen der Alte und der Neue Pregel zusammen. Hinter dem Zusammenfluß liegt eine Insel, und über die verschiedenen Flußarme führen mehrere Brücken, die Südteil, Ostteil, Nordteil der Stadt und die Insel miteinander verbinden.

Dem Mathematiker L. Euler wurde 1736 die Frage vorgelegt, ob es möglich sei, einen Spaziergang zu machen, bei dem man über jede der sieben damals vorhandenen Brücken genau einmal geht (Fig. 3.1).

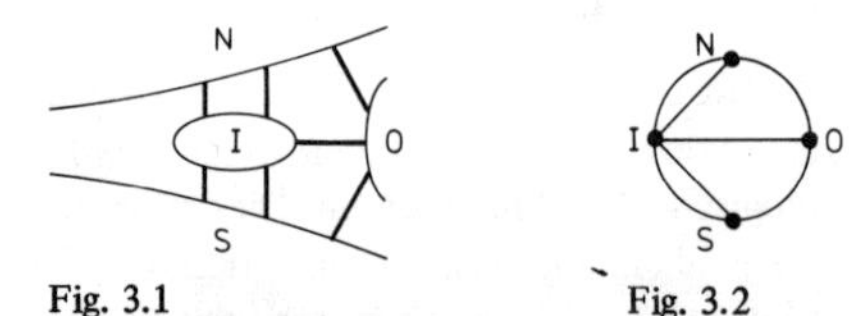

Fig. 3.1 Fig. 3.2

Zweifellos handelt es sich hier um ein topologisches Problem, denn es kommt auf die Länge der Wege, Winkel zwischen den Wegen, sogar auf die genaue Lage der Brücken nicht an. Alles, was zur Lösung des Königsberger Brückenproblems noch wesentlich ist, zeigt Fig. 3.2. In dieser abstrakten Form kann man das Problem umformulieren: Kann man alle Linien dieser Figur in einem Zug, also ohne abzusetzen, mit dem Bleistift zeichnen?

Man vermutet nach einigen Versuchen schnell, daß es nicht geht. Um zu einer Antwort zu kommen, versuchen wir es mit einem Start in O. Gleichgültig, welche Brücke wir als erste wählen, wir müssen O noch genau einmal durchlaufen, da drei Brücken von O ausgehen. Wenn O Startpunkt ist, dann ist das möglich. Wenn O aber nicht Startpunkt ist, so wird O auf einer der Brücken betreten, auf einer zweiten verlassen und über die noch verbleibende dritte Brücke notwendigerweise wieder betreten werden. Das ist nur möglich, wenn O Zielpunkt der Wanderung ist. Eine andere Möglichkeit bleibt nicht, wenn man über alle nach O führenden Brücken gehen will.

Dieselben Überlegungen, die für O gelten, lassen sich auch für S und N anstellen. Für I müssen sie leicht modifiziert werden, denn in I enden nicht drei sondern fünf Wege.

Aufgabe 3.1 Begründen Sie, weshalb I bei einem Spaziergang, der über alle Brücken genau einmal führt, nur Startpunkt oder Zielpunkt sein kann.

Zusammenfassend können wir feststellen, daß jeder der Punkte N, S, O und I nur Startpunkt oder Zielpunkt eines Spaziergangs sein kann, wenn bei dem Spaziergang über jede der sieben Brücken genau einmal gegangen werden soll. Diese Bedingung ist aber nur für höchstens zwei Punkte zu erfüllen. Also kann es keinen Spazierweg der geforderten Art geben.

3.1.2 Das Versorgungsnetz-Problem

Drei Häuser A, B und C sollen mit dem Gaswerk, dem Elektrizitätswerk und dem Wasserwerk mit Leitungen verbunden werden. Die Lage der Häuser und der Werke ist in Fig. 3.3a dargestellt. Fig. 3.3b zeigt eine Lösung des Problems. Dabei ist durch Unterbrechungen der Linien deutlich gemacht, welche der einzelnen Leitungen oben (nicht unterbrochen) und unten (unterbrochen) verlaufen sollen. Offensichtlich liegen die Leitungen von C zu den drei Werken am tiefsten, darüber die von B und ganz oben die von A.

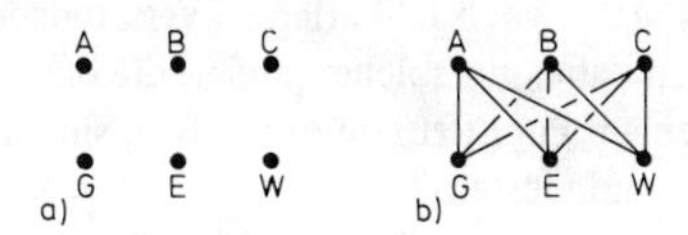

Fig. 3.3

Ist es auch möglich, die Leitungen so zu verlegen, daß es keine Kreuzungen gibt, d. h., daß alle Leitungen in einer Ebene liegen? Das Problem soll hier den Versuchen des Lesers überlassen werden. Eine Lösung wird in Abschn. 3.3.3 angegeben.

3.1.3 Das Erbteilungs-Problem

Ein König verfügt in seinem Testament, daß sein Land nach seinem Tode so an seine fünf Söhne aufzuteilen sei, daß jeder der Söhne in seinem Erbland direkter Nachbar eines jeden seiner Brüder sei. Das bedeutet, daß jedes Erbland mit jedem anderen ein Stück Grenzlinie gemeinsam haben soll. Kann die Forderung des Testaments erfüllt werden?

Wieder liegt ein topologisches Problem vor, da die Gestalt des Landes (das zusammenhängend sein soll) und auch die Gestalt der Erbländer nicht von Bedeutung ist. Es kommt allein auf die Nachbarschaftsverhältnisse an.

Fig. 3.4 zeigt nacheinander ein, zwei, drei und vier Nachbarländer. Wenn man von un-

A

wesentlichen Lagebeziehungen wie rechts oder links usw. absieht, gibt es bei bis zu drei Nachbarländern jeweils nur eine mögliche Anordnung der Länder, bei der nicht ein Land alle anderen umfaßt. Das vierte Land kann auch anders angefügt werden. Im gezeichneten Fall ist das Land 3 nicht mehr zugänglich. Es kann nicht mehr Nachbarland eines fünften Landes werden, da kein Grenzstück mehr frei ist.

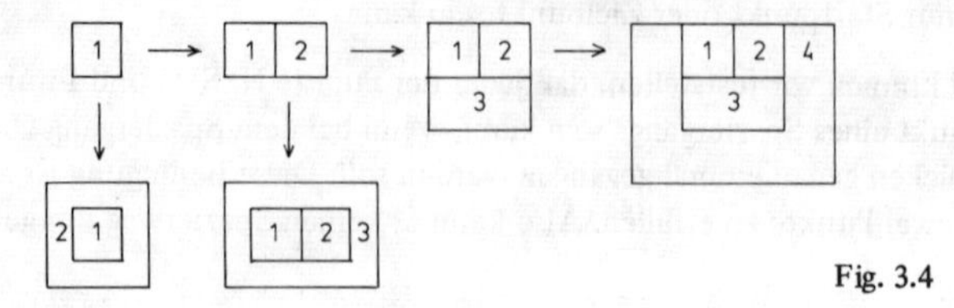

Fig. 3.4

Aufgabe 3.2 Zeichnen Sie alle noch denkbaren Möglichkeiten für die Lage des vierten Landes, wenn die Länder 1 bis 3 so liegen, wie es Fig. 3.4 zeigt. Begründen Sie dann allgemein, daß die Forderung des Testaments im Erbteilungsproblem nicht erfüllt werden kann.

3.1.4 Färbungsproblem bei Nachbarländern

Nachdem beim Erbteilungs-Problem die Ländergrenzen betrachtet wurden, sollen nun die Flächenstücke zwischen den Grenzen ins Auge gefaßt werden. Eine politische Landkarte soll gefärbt werden. Es wird gefordert, daß zwei Nachbarländer verschiedene Farben erhalten sollen. Als Nachbarländer gelten dabei nur solche Länder, die eine Grenzlinie gemeinsam haben; Länder, die nur in einem Punkt zusammenstoßen, sind keine Nachbarländer. Wieviele Farben braucht man mindestens?

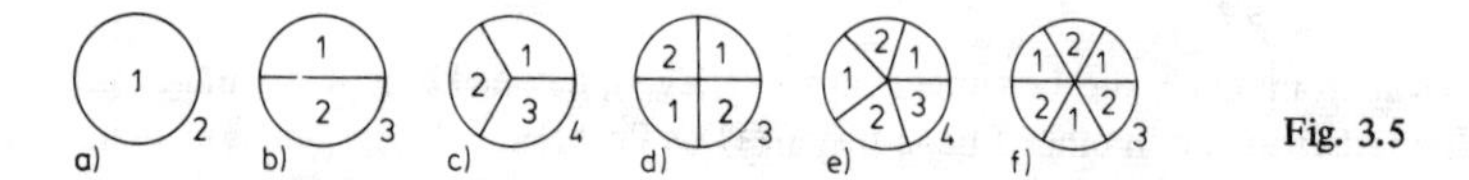

Fig. 3.5

Fig. 3.5 zeigt sechs verschiedene Landkarten, bei denen das Außengebiet auch als Land gilt. Die eingetragenen Ziffern sollen andeuten, daß das betreffende Land mit der 1., 2. usw. Farbe gefärbt wurde. Aus Fig. 3.5 ist abzulesen, daß man auf diese Weise zu keiner Landkarte kommt, die mehr als vier Farben benötigt. Eine weitere Reihe von Landkarten ist in Fig. 3.6 dargestellt.

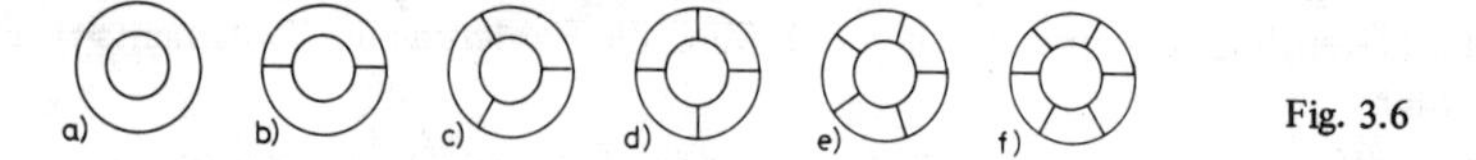

Fig. 3.6

Aufgabe 3.3 Geben Sie für die Landkarten in Fig. 3.6 jeweils an, wie viele Farben für das Färben der Karten im obigen Sinne benötigt werden.

Auf alle hier angedeuteten Arten kommt man zu keiner Landkarte, zu deren Färbung mehr als vier Farben notwendig sind. Wir können dennoch über die Maximalzahl der benötigten Farben allgemein nichts aussagen, denn die untersuchten Landkarten hatten alle spezielle Bauart. Dagegen ist durch Angabe von Beispielen eine Abgrenzung nach unten möglich. In Fig. 3.4 ist eine Landkarte mit vier Nachbargebieten gezeichnet. Für sie braucht man genau vier Farben. Es ist also zu erwarten, daß man bei beliebigen Landkarten mindestens vier Farben benötigt. Ob man damit auskommt, ist eine sehr schwierige Frage, die wir in Abschn. 3.4 weiterverfolgen wollen.

Zusammenfassung Allen Beispielen ist gemeinsam, daß es sich um Fragestellungen handelt, bei denen es auf die Gestalt der Figuren nicht ankommt, sondern nur auf die Nachbarschaftsverhältnisse oder Zusammenhangsverhältnisse. Das bedeutet, daß die Probleme ungeändert bleiben, wenn man die Figuren elastisch verzerrt, also topologischen Abbildungen unterwirft. Es handelt sich um topologische Probleme aus dem anschaulichen Bereich, deren Lösungen topologische Invarianten darstellen.

3.2 Durchlaufbare Netze

3.2.1 Beispiele und Gegenbeispiele

Wir erinnern uns an das Königsberger Brückenproblem aus Abschn. 3.1.1, das zeigt, daß es „Wegsysteme" gibt, die nicht in einem Zug durchlaufen werden können. Nun soll das Problem verallgemeinert und dann allgemein gelöst werden.

Zunächst wollen wir das Königsberger Brückenproblem modifizieren. Wie fällt die Antwort aus, wenn eine Pregelbrücke zwischen Südteil und Nordteil der Stadt hinzukommt, wie sie in Fig. 3.7a angegeben ist? Was ergibt sich, wenn dann noch die in Fig. 3.7b eingezeichnete Brücke von der Insel zum Südteil hinzugebaut wird?

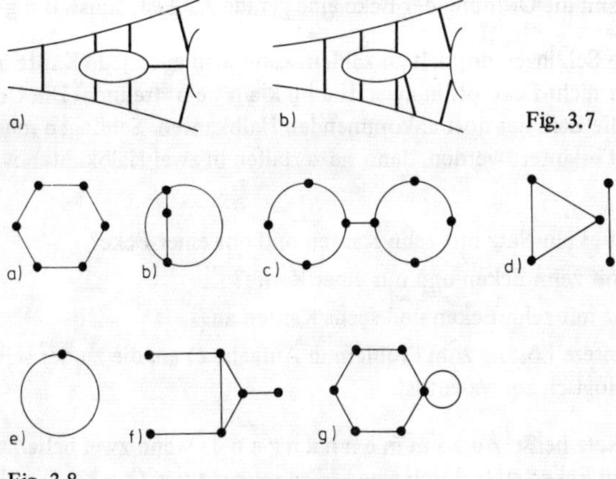

Fig. 3.7

Fig. 3.8

B **Aufgabe 3.4** a) Beantworten Sie die oben gestellten Fragen. b) Kann man die Wegsysteme in Fig. 3.8 in einem Zug durchlaufen? Ist die Wahl des Startpunktes stets frei?

Um zu einer allgemeinen Antwort auf die hier gestellten Fragen zu kommen, müssen zuerst einige Begriffe präzisiert werden.

3.2.2 Netze

Definition 3.1 Ein N e t z (**E**, **K**) besteht aus einer Menge **E** von E c k e n (Knotenpunkten) und einer Menge **K** von K a n t e n, die die Ecken verbinden. Von jeder Ecke geht mindestens eine Kante aus, jede Kante endet in Ecken.

Bemerkung Daß von jeder Ecke mindestens eine Kante ausgehen soll, unterscheidet diese Definition von einer anschaulichen Definition eines Graphen. Ferner wollen wir uns hier auf endliche Netze beschränken (vgl. z. B. [37] und [42]).

Die in Fig. 3.8 gezeichneten Wegsysteme sind im Sinne von Definition 3.1 Netze. Einige Besonderheiten, die dort auffallen, geben Anlaß zu weiteren Definitionen (vgl. Fig. 3.8e und g).

Definition 3.2 Eine S c h l i n g e (Rückkehrkante) ist eine Kante $k \in \mathbf{K}$, deren beide Endpunkte zusammenfallen.

Man kann auch sagen, daß eine Schlinge zu dem Punkt, von dem sie ausgeht, wieder zurückkehrt. Zwischen „ausgehen" und „ankommen" ist dabei kein Unterschied, da die Kanten nicht orientiert sind.

Folgerung 3.1 Kanten, die keine Schlingen sind, haben genau zwei verschiedene Endpunkte.

Definition 3.3 Die O r d n u n g einer Ecke $e \in \mathbf{E}$ in einem Netz (**E**, **K**) ist die Zahl der Kanten, die in dieser Ecke enden. Schlingen werden dabei doppelt gezählt. Eine Ecke heißt g e r a d e, wenn die Ordnung der Ecke eine gerade Zahl ist, sonst u n g e r a d e.

Bemerkung Statt die Schlingen doppelt zu zählen, kann man auch jede Kante in einem beliebigen Punkt, der nicht Ecke ist, in zwei H a l b k a n t e n trennen. Die Ordnung einer Ecke ist dann die Zahl der dort ankommenden Halbkanten. Schlingen müssen nun nicht mehr gesondert erläutert werden, denn sie zerfallen in zwei Halbkanten wie jede andere Kante auch.

Aufgabe 3.5 a) Gibt es ein Netz mit zehn Kanten und nur einer Ecke?

b) Gibt es ein Netz mit zehn Ecken und nur einer Kante?

c) Geben Sie ein Netz mit zehn Ecken und sechs Kanten an.

d) Geben Sie eine weitere Lösung zum Problem in Aufgabe c) an, die zu der schon gefundenen nicht topologisch äquivalent ist.

Definition 3.4 Ein Netz heißt z u s a m m e n h ä n g e n d, wenn zwei beliebige voneinander verschiedene Ecken stets durch einen K a n t e n z u g $(k_1, k_2, \ldots, k_n)$, also ein n-tupel von Kanten, bei denen der Endpunkt der Kante k_j Anfangspunkt der Kante k_{j+1} mit $j \in \{1, 2, \ldots, n-1\}$ ist, miteinander verbunden sind. Eine Kante k heißt Brücke, wenn ein zusammenhängendes Netz oder ein zusammenhängender Teil eines Netzes nach Entfernen von k nicht mehr zusammenhängend ist.

Definition 3.5 Ein Kantenzug, bei dem alle Kanten verschieden sind, heißt ein Weg. Ist der Anfangspunkt des Weges mit seinem Endpunkt identisch, so heißt der Weg geschlossen, sonst offen. Ein Weg, der alle Kanten $k \in \mathbf{K}$ erfaßt, heißt Euler-Weg.

Definition 3.6 Ein Netz **(E, K)** heißt durchlaufbar, wenn es in ihm einen Euler-Weg gibt.

Aufgabe 3.6 a) Geben Sie bei den Netzen in Fig. 3.8 die Eckenordnungen an.

b) Untersuchen Sie bei diesen Netzen, ob sie zusammenhängend und durchlaufbar sind.

c) Kann es durchlaufbare nicht zusammenhängende Netze geben?

d) Kann es zusammenhängende nicht durchlaufbare Netze geben?

Aufgabe 3.7 a) Beweisen Sei, daß es stets ein Netz mit m Ecken und n Kanten gibt, wenn $m \leqslant 2n$ ist $(m, n \in \mathbf{N}^+)$.

b) Beweisen Sie, daß es stets ein zusammenhängendes Netz mit m Ecken und n Kanten gibt, wenn $m \leqslant n + 1$ ist $(m, n \in \mathbf{N}^+)$.

3.2.3 Sätze über Netze; Euler-Wege

Nun sind genügend Begriffe bereitgestellt, um einfache Sätze über Netze formulieren und beweisen zu können.

Satz 3.1 In jedem Netz ist die Anzahl der ungeraden Ecken gerade.

Beweis. **1.** Der erste Beweis verläuft so, daß von den einfachsten denkbaren Netzen ausgegangen wird. An ihnen wird die Behauptung von Satz 3.1 nachgeprüft. Dann werden die Netze auf alle möglichen Arten ergänzt. Bei jeder Ergänzung wird geprüft, wie sich die Zahl der ungeraden Ecken verändert.

Das einfachste Netz, das man sich denken kann, hat nur eine Kante. Ist es eine Schlinge, so gibt es eine Ecke, und sie hat die Ordnung 2, also eine gerade Ordnung. Ist es keine Schlinge, so hat die Kante zwei Ecken, die je die Ordnung 1 haben. In beiden Fällen ist die Behauptung des Satzes richtig. Die möglichen Änderungen des Netzes und die dadurch entstehenden Änderungen in der Zahl der Ecken ungerader Ordnung sind in Tab. 3.1 zusammengestellt.

Dies sind alle möglichen Fälle der Ergänzung eines Netzes. In allen Fällen bleibt die gerade Anzahl ungerader Ecken gerade.

2. Der zweite Beweis benützt Abzählungen, um zum Ziel zu kommen. Die Anzahl der Ecken des Netzes sei m, die Anzahl der Kanten sei n. Die Ordnung der Ecke i soll mit $O(i)$ $(1 \leqslant i \leqslant m)$ bezeichnet werden. Dann gilt

B

$$\sum_{i=1}^{m} O(i) = 2n, \qquad (3.1)$$

denn jede Kante hat zwei Enden, wird also bei der obigen Summenbildung genau zweimal gezählt.

Die Summe auf der linken Seite von Gl. (3.1) setzt sich zusammen aus der Teilsumme über die Ecken i_u, die ungerade Ordnung haben – diese Ordnungen seien mit $O(i_u)$

Tab. 3.1

Ergänzung am Netz	Änderung der Anzahl der ungeraden Ecken
Einfügen einer Ecke auf einer Kante	0
Einfügen einer Schlinge an einer Ecke	0
Anfügen einer Kante an einer ungeraden Ecke	0
Anfügen einer Kante an einer geraden Ecke	+2
Verbinden zweier gerader Ecken mit einer Kante	+2
Verbinden zweier ungerader Ecken mit einer Kante	−2
Verbinden zweier verschiedenartiger Ecken mit einer Kante	0
Beginnen eines neuen Teilnetzes mit einer Kante	0 oder +2
Ausbauen des neuen Teilnetzes (wie oben)	−2, 0 oder +2
Verbinden zweier Teilnetze durch eine Kante	−2, 0 oder +2

bezeichnet – und aus der Teilsumme über die Ecken i_g, die gerade Ordnung haben – diese Ordnungen seien mit $O(i_g)$ bezeichnet. Zusammen mit Gl. (3.1) gilt somit

$$\sum_{i=1}^{m} O(i) = \Sigma\, O(i_u) + \Sigma\, O(i_g) = 2n. \qquad (3.2)$$

Auf der rechten Seite von Gl. (3.2) steht die gerade Zahl 2 n. Außerdem ist sicher die Teilsumme der Ordnungen der geraden Ecken eine gerade Zahl, da sie sich aus geraden Summanden zusammensetzt. Dann muß aber der erste Summand in der Mitte von Gl. (3.2) auch eine gerade Zahl sein. Eine Summe von ungeraden Zahlen $O(i_u)$ ist aber genau dann eine gerade Zahl, wenn die Zahl der Summanden gerade ist. Es muß also eine gerade Zahl von Ecken ungerader Ordnung geben. ■

Satz 3.2 Ein zusammenhängendes Netz ist genau dann in einem Euler-Weg durchlaufbar, wenn es nicht mehr als zwei ungerade Ecken hat.

Nach Satz 3.1 kann es kein Netz mit einer ungeraden Ecke geben. Der Satz 3.2 besagt also, daß ein Netz genau dann durchlaufbar ist, wenn es keine oder zwei ungerade Ecken hat. Diese Unterscheidung wird beim Beweis ausgenützt.

Beweis. Wir machen folgende Fallunterscheidung:

1. Das Netz hat keine ungerade Ecke.
2. Das Netz hat zwei ungerade Ecken.
3. Das Netz hat mehr als zwei ungerade Ecken.

Fall 1. Wenn das zusammenhängende Netz keine ungeraden Ecken hat, dann wählen wir willkürlich eine Anfangsecke A_0 und eine in A_0 beginnende Anfangskante a_1 aus. Die Endecke von a_1 sei A_1. Dabei ist A_1 nicht notwendig von A_0 verschieden, denn a_1 kann eine Schlinge sein. Nun wählt man A_1 als Anfangspunkt einer noch nicht durchlaufenen Kante a_2, durchläuft a_2 und kommt zu deren Endecke A_2. So fährt man fort, bis man in einer Endecke A_s keine Kante mehr findet, die noch nicht durchlaufen ist. Auf diese Weise hat man einen Kantenzug $a_1, a_2, \ldots, a_s$ erhalten, in der keine Kante mehr als einmal auftritt, d.h., es liegt ein Weg vor. Außerdem muß $A_s = A_0$ sein, denn sonst wäre die Ordnung von A_s ungerade, und es läge ein Widerspruch zur Annahme vor, daß das Netz keine ungerade Ecke enthält. Wenn der Weg $a_1, \ldots, a_s$ alle Kanten des Netzes erfaßt, dann ist für Fall 1 ein Weg durch das ganze Netz gefunden. Wenn es aber Kanten in dem Netz gibt, die noch nicht durchlaufen sind, dann gibt es darunter mindestens eine Kante, die in einer der Ecken $A_0, \ldots, A_s$ beginnt, denn das Netz ist nach Voraussetzung zusammenhängend. Diese Ecke A_j soll nun B_0 genannt werden. Eine in B_0 beginnende Kante, die noch nicht durchlaufen ist, sei b_0. Man konstruiert genau wie oben einen Weg $b_0, b_1, \ldots, b_t$, der notwendig in B_0 endet. Dann ist auch $a_1, \ldots, a_j, b_0, \ldots, b_t, a_{j+1}, \ldots, a_s$ ein geschlossener Weg. Enthält er alle Kanten des Netzes, so ist für den Fall 1 ein Weg gefunden, andernfalls fährt man wie oben fort. Da das Netz nur endlich viele Kanten enthält, ist man nach endlich vielen Schritten fertig. Auffallend war, daß Anfangsecke und Anfangskante willkürlich gewählt werden konnten.

Folgerung 3.2 Wenn ein zusammenhängendes Netz keine ungerade Ecke hat, so kann es auf einem geschlossen Weg durchlaufen werden. Die Anfangsecke und die in der Anfangsecke beginnende Anfangskante können dabei willkürlich gewählt werden. Der Weg endet stets in der Anfangsecke.

Fall 2. Das zusammenhängende Netz soll genau zwei ungerade Ecken haben. Sie seien mit A_0 und A_1 bezeichnet. Wenn man in dieses Netz eine Hilfskante a_0 mit den Endecken A_0 und A_1 einfügt, dann entsteht ein Netz, bei dem alle Ecken gerade Ordnung haben, wie man leicht aus Tab. 3.1 abliest. Dieses erweiterte Netz kann nach Folgerung 3.2 auf einem Weg durchlaufen werden, der in A_0 beginnt und a_0 als erste Kante durchläuft. Der Rest des Weges geht von A_1 aus über alle Kanten des ursprünglichen Netzes und endet in A_0. Wenn man aus diesem im Hilfsnetz geschlossenen Weg die Kante a_0 wegläßt, entsteht ein im Ausgangsnetz offener Weg, der alle Kanten des Ausgangsnetzes erfaßt und A_1 und A_0 als Anfangs- und Endecken hat. Da diese Konstruktion stets möglich ist, gilt hier

Folgerung 3.3 Wenn ein zusammenhängendes Netz (**E**, **K**) genau zwei ungerade Ecken hat, so kann es auf einem Weg durchlaufen werden. Die beiden ungeraden Ecken sind Anfangs- bzw. Endecke des Weges. Die in der Anfangsecke beginnende Anfangskante kann im allgemeinen nicht willkürlich gewählt werden.

Aufgabe 3.8 a) Begründen Sie, weshalb die Anfangsrichtung bei dem Weg in Fall 2 im allgemeinen nicht mehr willkürlich gewählt werden kann.

b) Suchen Sie in Fig. 3.9 Beispiele für Wege, die das ganze Netz durchlaufen.

B F a l l 3. Statt zu zeigen, daß ein Netz mit mehr als zwei ungeraden Ecken nicht durchlaufen werden kann, soll gezeigt werden, daß ein durchlaufbares Netz nicht mehr als zwei ungerade Ecken haben kann. Dies ist die logisch gleichwertige Kontraposition (vgl. [15, S. 31]). Dazu denken wir uns einen Weg $a_1, \ldots, a_n$, der das ganze Netz durchläuft. A_i sei eine von der Anfangsecke und Endecke verschiedene Ecke. Wenn man den Weg

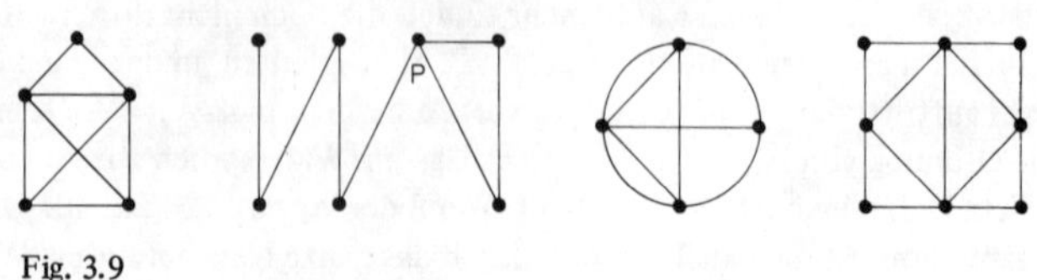

Fig. 3.9

vom Anfangspunkt zum Endpunkt durchläuft, so kommt man (mindestens einmal, eventuell sogar mehrmals) in A_i an und verläßt A_i jedesmal wieder auf einer Kante, die noch nicht durchlaufen war. Da A_i von der Anfangs- und Endecke verschieden war, gibt es gleich viele Kanten, auf denen man, wenn man den Weg durchläuft, in A_i ankommt, wie es Kanten gibt, auf denen man A_i verläßt. Die Anzahl der in A_i beginnenden Halbkanten, die mit der Ordnung von A_i übereinstimmt, ist demnach gerade. Dies gilt für alle von der Anfangsecke und der Endecke verschiedenen Ecken des durchlaufbaren Netzes. Es kann also höchstens zwei ungerade Ecken haben. ■

Satz 3.3 Hat ein zusammenhängendes Netz genau 2n ($n \in \mathbf{N}^+$) Ecken ungerader Ordnung, so gibt es n Wege in dem Netz derart, daß jede Kante zu genau einem Weg gehört. Weniger Wege dieser Eigenschaft kann es nicht geben.

B e w e i s. Wir betrachten die 2n Ecken ungerader Ordnung. Wenn man sie von 1 bis 2n willkürlich durchnumeriert und 1 mit $n + 1$, 2 mit $n + 2$ usw. durch Hilfskanten verbindet, so entsteht ein Hilfsnetz ohne ungerade Ecken. Dort existiert nach Folgerung 3.2 ein Eulerscher Rundweg. Nimmt man die n eingefügten Hilfskanten wieder weg, so entstehen aus dem Rundweg höchstens n Wegstücke, die die Ausgangsbedingung erfüllen.

Weniger als n Kantenzüge kann es aber nicht geben. Seien nämlich $K_1, \ldots, K_m$ solche Kantenzüge, die alle Kanten des Netzes überdecken, so ist jede Ecke mit ungerader Ordnung Endecke mindestens eines solchen Kantenzuges. Die Kantenzüge $K_1, \ldots, K_m$ besitzen 2m Endecken, also gilt für die Zahl der ungeraden Ecken des Netzes

$$2m = 2n, \quad \text{d.h.} \quad m = n.$$ ■

Bemerkung Da nach Satz 3.1 die Anzahl ungerader Ecken in jedem Netz gerade ist, werden mit Satz 3.3 alle zusammenhängenden Netze erfaßt.

Aufgabe 3.9 Jedes zusammenhängende Netz kann so in einem geschlossenen Kantenzug durchlaufen werden, daß dabei jede Kante genau zweimal durchlaufen wird. Beweisen Sie diese Behauptung.

B

3.2.4 Hamilton-Wege

Zu dem Problem der Euler-Wege, bei denen alle Kanten genau einmal durchlaufen werden, läßt sich eine entsprechende Aufgabe stellen: Alle Ecken eines Netzes (**E**, **K**) sollen genau einmal durchlaufen werden.

Definition 3.7 Ein geschlossener Weg, der alle Ecken $e \in \mathbf{E}$ eines Netzes (**E**, **K**) genau einmal durchläuft, heißt ein H a m i l t o n - W e g. Die mit der Anfangsecke übereinstimmende Endecke wird dabei zweimal erfaßt.

Man kann sich einen Hamilton-Weg als eine Rundreise durch verschiedene Punkte vorstellen, wobei bestimmte Verbindungen zwischen den Punkten vorhanden sind.

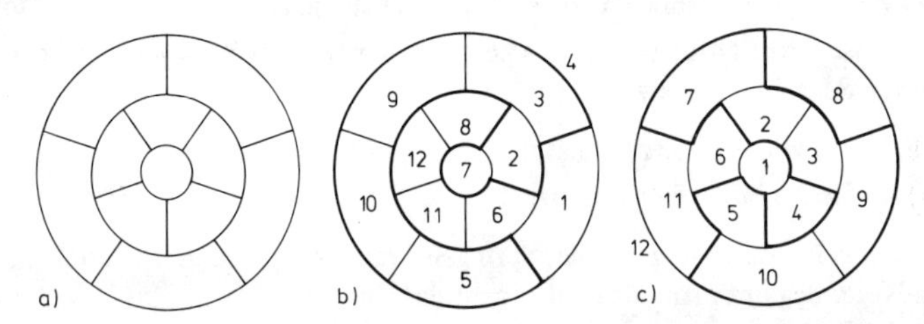

Fig. 3.10

Der irische Mathematiker Hamilton versuchte beim Dodekaedernetz (zur Bezeichnung vgl. Tab. 7.2), das aus 20 Ecken je der Ordnung 3 besteht, einen solchen Rundweg zu finden. Fig. 3.10a zeigt das Dodekaedernetz, und die Figuren 3.10b und c geben Beispiele für Hamilton-Wege an.

Obgleich das Problem der Hamilton-Wege eng mit dem der Eulerschen Wege verbunden zu sein scheint, gibt es für das Hamiltonsche Problem bisher keine allgemeine Lösung, die der des Satzes 3.2 für Euler-Wege entspricht. Hinreichende Bedingungen für die Existenz von Hamilton-Wegen sind jedoch bekannt (vgl. [11] und [31]).

Aufgabe 3.10 a) Begründen Sie mit Hilfe der Numerierung der Flächenstücke in Fig. 3.10b und c, daß die beiden dort eingezeichneten Hamilton-Wege topologisch äquivalent sind.

b) Suchen Sie mit Hilfe der Numerierung in Fig. 3.11 einen zu dem in Fig. 3.10b angegebenen topologisch äquivalenten Hamilton-Weg.

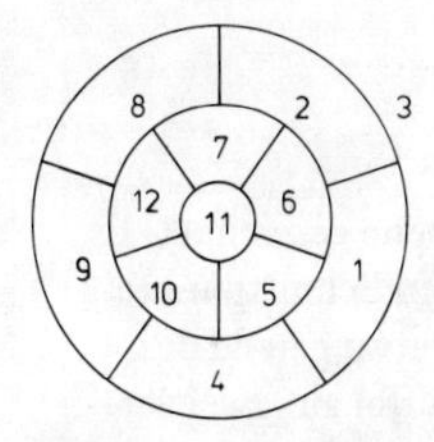

Fig. 3.11

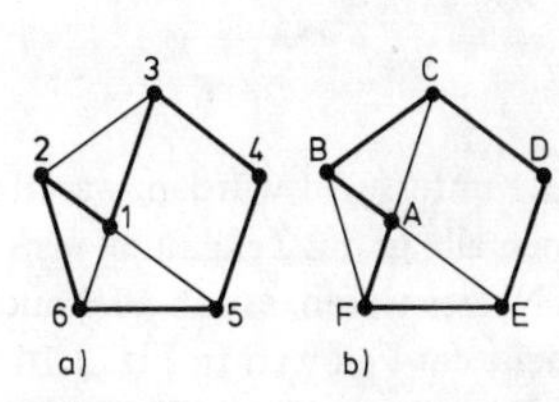

Fig. 3.12

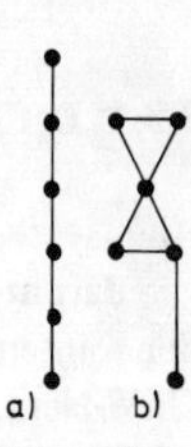

Fig. 3.13

B c) Zeigen Sie, daß die Hamilton-Wege in Fig. 3.12 topologisch nicht äquivalent sind.

d) Begründen Sie, warum in den Netzen in Fig. 3.13 keine Hamilton-Wege möglich sind.

Auch mit Euler- und Hamilton-Wegen hängt das Problem zusammen, einen Springer auf einem Schachbrett nach den üblichen Schachregeln laufen zu lassen und zu fordern, daß der Springer jedes Feld des Schachbrettes genau einmal erreicht.

Zur Lösung des Problems benötigen wir zunächst das zugehörige Netz. Es entsteht dadurch, daß jedem der 64 Schachbrettfelder eine Ecke zugeordnet wird. Eine Kante zwischen zwei Ecken wird genau dann eingezeichnet, wenn der Springer in einem Zug von dem einen zum anderen zugehörigen Feld gelangen kann. Wegen der großen Anzahl der Ecken (nämlich 64) wäre es umständlich, das Netz tatsächlich zu zeichnen. Tab. 3.2 gibt für jedes Feld die Ordnung der zugehörigen Ecken an.

Aus Tab. 3.2 ist sofort abzulesen, daß es keinen Euler-Weg des Springers auf dem oben konstruierten Schachbrett-Netz geben kann.

Aufgabe 3.11 a) Wie viele Kanten hat das oben konstruierte Netz?

b) Begründen Sie die obige Behauptung.

Wenn es auch keine Euler-Wege für das Springer- Problem gibt, so gibt es doch mehrere Hamilton-Wege. Beginnt man mit Feld 1, geht dann nach 2 usw., so gibt Tab. 3.3 zwei Lösungen des Problems.

Die Lösung von Tab. 3.3a stammt von L. Euler. Die von Jaenisch stammende Lösung in Tab. 3.3b bildet ein magisches Quadrat, denn die Zeilensummen und Spaltensummen sind alle 260 (nach [41, 3, S. 37]).

Tab. 3.2

2	3	4	4	4	4	3	2
3	4	6	6	6	6	4	3
4	6	8	8	8	8	6	4
4	6	8	8	8	8	6	4
4	6	8	8	8	8	6	4
4	6	8	8	8	8	6	4
3	4	6	6	6	6	4	3
2	3	4	4	4	4	3	2

Tab. 3.3

a)								b)							
58	43	60	37	52	41	62	35	63	22	15	40	1	42	59	18
49	46	57	42	61	36	53	40	14	39	64	21	60	17	2	43
44	59	48	51	38	55	34	63	37	62	23	16	41	4	19	58
47	50	45	56	33	64	39	54	24	13	38	61	20	57	44	3
22	7	32	1	24	13	18	15	11	36	25	52	29	46	5	56
31	2	23	6	19	16	27	12	26	51	12	33	8	55	30	45
8	21	4	29	10	25	14	17	35	10	49	28	53	32	47	6
3	30	9	20	5	28	11	26	50	27	34	9	48	7	54	31

3.3 Plättbare Netze

3.3.1 Definition

Alle Netze, die in Abschn. 3.1 untersucht wurden, waren in der Ebene gezeichnet. Es gab darunter solche, bei denen alle in der Zeichnung vorkommenden Schnittpunkte der Kanten auch Ecken des Netzes waren, es gab aber auch Netze, etwa gerade das GEW-Netz, bei denen das nicht der Fall war. In Fig. 3.14 ist ein Würfel auf zwei verschiedene Arten dargestellt. Deutet man die Bilder der Würfelecken als Ecken, die Bilder der Würfelkanten als Kanten, so liegen Netze vor. Eines davon weist Schnittpunkte der Kanten auf, die keine Ecken sind, das andere nicht.

Definition 3.8 Ein Netz (**E**, **K**) heißt plättbar, wenn es so in der Ebene gezeichnet werden kann, daß keine Schnittpunkte von Kanten $k_1, k_2 \in \mathbf{K}$ vorkommen, die nicht zugleich Ecken $e \in \mathbf{E}$ des Netzes sind.

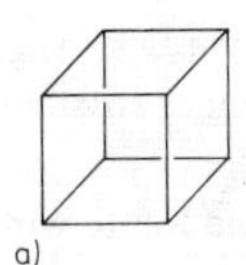

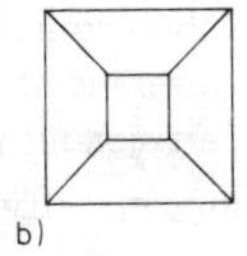

Fig. 3.14

Nun stellt sich die Frage, ob man durch topologische Verformung der Kanten stets erreichen kann, daß im Netz keine Kantenschnittpunkte vorkommen, die nicht zugleich Ecken des Netzes sind oder ob das nicht möglich ist.

Bevor wir diese Frage allgemein beantworten können, müssen wir weitere Eigenschaften von plättbaren Netzen ermitteln. Mit deren Hilfe kann man dann schnell entscheiden, ob ein vorgelegtes Netz plättbar ist oder nicht.

3.3.2 Der Satz von Euler

Bei den ebenen Netzen wurden zunächst nur die Ecken und Kanten betrachtet. Bei den in Abschn. 3.1.4 angedeuteten Landkarten-Problemen und bei der Formulierung des Erbteilungsproblems werden die Flächen zwischen den Kanten eines Netzes hinzugenommen. Solche Figuren mit Ecken, Kanten und Flächen sollen nun weiter untersucht werden.

Definition 3.9 Eine ebene Landkarte besteht aus einem plättbaren Netz. Die Kanten des Netzes heißen Grenzen, die Ebenenstücke zwischen den Kanten nennt man Länder. Die Landkarte heißt zusammenhängend, wenn das zugehörige Netz zusammenhängend ist.

Offenbar ist die neue Bezeichnungsweise völlig gleichberechtigt mit der bisherigen. Ihr einziger Vorteil besteht darin, daß sie anschaulicher ist. Ergebnisse, die für Landkarten abgeleitet werden, können aber stets sofort wieder für Netze umformuliert werden.

Satz 3.4 (Satz von Euler) Für jede ebene Landkarte mit e Ecken, k Kanten und f Flächen (Ländern), die zusammenhängend ist, gilt

$$C = e - k + f = 2.$$

Bemerkung Man nennt C die Charakteristik der Ebene.

Beweis. Wir verfahren wie beim ersten Beweis von Satz 3.1. Aus einfachen Landkarten werden auf alle denkbaren Arten kompliziertere Landkarten aufgebaut. Dabei

B wird jeweils untersucht, wie sich die Zahl der Ecken, Kanten und Flächen ändert. Zum Aufbau der Landkarten beginnen wir mit einer einzigen Kante. Ist sie eine Schlinge, so ist $e = 1$, $k = 1$ und $f = 2$, nämlich das Innere und das Äußere dieser Schlinge. Ist diese eine Kante keine Schlinge, so ist $e = 2$, $k = 1$ und $f = 1$. In beiden Fällen gilt $e - k + f = 2$.

Dann gibt es folgende Änderungsmöglichkeiten:

a) Eine Kante wird mit einer ihrer Ecken an einer schon vorhandenen Ecke angefügt. Dadurch vergrößern sich e und k je um 1, f bleibt unverändert, denn es entsteht kein neues Land und es fällt auch kein Land weg. C ändert sich nicht.

b) Eine Ecke wird auf einer schon vorhandenen Kante eingefügt. Die Kante wird dadurch in 2 Kanten aufgespalten, so daß sich e und k je um 1 vergrößern. Die Zahl der Flächen bleibt unverändert. C ändert sich nicht.

c) Eine Kante wird so hinzugefügt, daß ihre beiden Ecken mit schon vorhandenen Ecken des Netzes zusammenfallen. Dabei vergrößert sich die Zahl der Kanten um 1, die Zahl der Ecken bleibt unverändert. Für die Flächenbetrachtung müssen wir zwei Fälle unterscheiden.

1. Die neu hinzugekommene Kante hat zwei zusammenfallende Endpunkte. Dann ist die Kante eine einfach geschlossene Kurve in der Ebene und hat nach dem Jordanschen Kurvensatz ein Inneres und ein Äußeres. Das vorher vorhandene Netz liegt ganz im Inneren oder ganz im Äußeren dieser Kurve. Das jeweils andere Gebiet ist die neue Fläche. f ist also um 1 gewachsen.

2. Die neu hinzugekommene Kante hat zwei verschiedene Ecken. Diese beiden Ecken waren bereits vorher durch Kanten verbunden, denn es liegt ein zusammenhängendes Netz vor. Durch die neu hinzugekommene Kante entsteht somit ein einfach geschlossener Kantenzug, der analog zu 1. ein weiteres Land erzeugt.

In beiden Fällen ändert sich C nicht.

Da man mit den in a) b) und c) genannten Operationen alle Landkarten aufbauen kann, gilt Satz 3.4 allgemein. ■

Bemerkung Der Satz von Euler ist eine fundamentale topologische Beziehung. Er wird uns bei mehreren Sätzen für ebene Landkarten als Hilfsmittel beim Beweis dienen. Seine Bedeutung beruht darüberhinaus darauf, daß er sich auch auf allgemeine Flächen übertragen läßt (vgl. dazu Satz 7.5). Weitere Hinweise auf die zentrale Stellung des Eulerschen Satzes findet man in [34].

3.3.3 Das Versorgungsnetz-Problem

Mit Hilfe des Satzes von Euler aus Abschn. 3.3.2 soll nun das Versorgungsnetz-Problem aus Abschn. 3.1.2 geklärt werden (vgl. Fig. 3.3). Es gilt

Satz 3.5 Das GEW-Versorgungsnetz ist nicht plättbar.

B e w e i s. Wir führen den Beweis indirekt und nehmen an, daß das Netz plättbar sei. Offensichtlich ist es zusammenhängend, erfüllt also die Voraussetzungen von Satz 3.4.

Da $e = 6$ und $k = 9$ ist, folgt aus $e - k + f = 2$, daß $f = 5$ sein muß. Unter diesen fünf Flächen gibt es keine Fläche mit 2 oder 3 Grenzen. Ein Land mit zwei Grenzen würde entstehen, wenn ein Haus mit einem Versorgungswerk mit zwei Kanten (Leitungen) verbunden würde. Ein Land mit drei Grenzen könnte nur vorkommen, wenn entweder zwei Versorgungswerke oder zwei Häuser untereinander durch eine Leitung verbunden wären. Beides ist nicht zugelassen. Somit hat jedes Land mindestens vier Grenzen, und es gibt mindestens $5 \cdot 4 = 20$ Grenzen. Da andererseits jede Kante Grenze von höchstens zwei Ländern sein kann, können bei $k = 9$ Kanten höchstens 18 Grenzen vorkommen. Dieser Widerspruch zeigt, daß die Annahme falsch ist.

Damit ist bewiesen, daß es keine topologischen Abbildungen geben kann, mit deren Hilfe das GEW-Netz in ein ebenes Netz ohne Überschneidung übergeführt wird. ■

3.3.4 Das vollständige Netz von fünf Ecken

Ein weiteres einfaches Netz, bei dem sich die Frage nach der Plättbarkeit stellt, ist das vollständige Netz von fünf Ecken (Fig. 3.15). Das Netz heißt *vollständig*, weil jede der fünf Ecken mit jeder anderen Ecke durch genau eine Kante verbunden ist. Es hat folglich $\binom{5}{2} = \frac{5 \cdot 4}{1 \cdot 2} = 10$ Kanten (vgl. [43, S. 57]).

Satz 3.6 Das vollständige Netz von fünf Ecken ist nicht plättbar.

Beweis. Wir führen den Beweis wieder indirekt und nehmen an, das Netz sei plättbar. Dann folgt aus dem Satz von Euler, daß es zu den $e = 5$ Ecken und $k = 10$ Kanten $f = 7$ Flächen gibt. Da jede Ecke mit jeder anderen verbunden ist, sind die Flächen hier

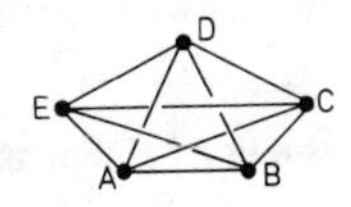

Fig. 3.15

alle Dreiecke, und es muß $3 \cdot 7 = 21$ Grenzen geben. Andererseits ist jede der 10 Kanten höchstens Grenze von zwei Ländern, also gibt es höchstens 20 Grenzen. Dieser Widerspruch löst sich, wenn wir die Annahme, das vollständige Netz von fünf Ecken sei plättbar, fallen lassen. ■

Folgerung 3.4 Da das GEW-Versorgungsnetz und das vollständige Netz von fünf Ecken nicht plättbar sind, sind die Netze, die aus diesen durch Hinzufügen von Ecken oder Kanten entstehen, ebenfalls nicht plättbar. Denn wenn ein solches Netz vorliegt, könnte man erst versuchen, das Teilnetz zu plätten, was nach Satz 3.5 und Satz 3.6 nicht möglich ist.

Bemerkung Der polnische Mathematiker *Kuratowski* konnte 1930 zeigen, daß auch die Umkehrung von Folgerung 3.4 gilt, d.h., daß jedes Netz, das nicht plättbar ist, eines der beiden oben als nicht plättbar erkannten Netze als Teilnetz enthalten muß.

B Das bedeutet, daß dies die einzigen wesentlichen nicht plättbaren Netze sind (vgl. [42, S. 113]).

Aufgabe 3.12 Prüfen Sie, ob die folgenden Netze plättbar sind.

a) Das Netz besteht aus den Ecken und Kanten eines Quaders.

b) Das Netz besteht aus den Ecken, Kanten, Flächendiagonalen und Flächendiagonalschnittpunkten eines Quaders.

c) Das Netz besteht aus den Ecken, Kanten, Raumdiagonalen und dem Raumdiagonalenschnittpunkt eines Quaders.

d) Das Netz besteht aus den Ecken, Kanten, Flächen- und Raumdiagonalen eines Quaders samt deren Schnittpunkten.

3.3.5 Das Problem der Nachbargebiete

Im Erbteilungsproblem in Abschn. 3.1.3 wurde versucht, durch Probieren fünf Nachbarländer in der Ebene zu finden. Dies ist nicht gelungen. Wir zeigen nun auf eine andere Weise als in Aufgabe 3.2, daß dies nicht möglich ist.
Wir nehmen an, daß das Problem gelöst ist und wir eine Landkarte mit fünf Nachbarländern gefunden haben. Dann ist es möglich, von jeder Hauptstadt eines jeden Erblandes aus eine Straße über das gemeinsame Grenzstück hinweg zur Hauptstadt jedes Nachbarlandes zu legen. Die Straßen kreuzen sich wegen der gemeinsamen Grenzstücke sicher nicht. Die Hauptstädte und die Straßen bilden offensichtlich ein vollständiges Netz mit fünf Ecken, das nach Satz 3.6 nicht plättbar ist. Das ist ein Widerspruch zur Annahme, das Erbteilungsproblem sei in der Ebene lösbar. Somit folgt

Satz 3.7 In der Ebene gibt es höchstens vier Nachbargebiete, die paarweise aneinandergrenzen.

Bemerkung Zum Beweis von Satz 3.7 sind wir vom Erbteilungsnetz zu einem anderen Netz übergegangen, indem wir jeder Fläche des Erbteilungsnetzes eine Ecke des neuen Netzes und jeder Ecke des Erbteilungsnetzes eine Fläche des neuen Netzes zuwiesen. Jede Kante des neuen Netzes kreuzt eine Kante des alten Netzes. Man nennt dies den Übergang zum *dualen Netz*. Dieses *Dualitätsprinzip* ist eine in der Graphentheorie häufig verwendete Beweismethode (vgl. [46]).

Eine Verallgemeinerung des Problems (Satz 3.7) auf den Raum ist leicht zu formulieren. Man sucht dann die maximale Anzahl der Nachbargebiete im Raum. Gebiete sind jetzt

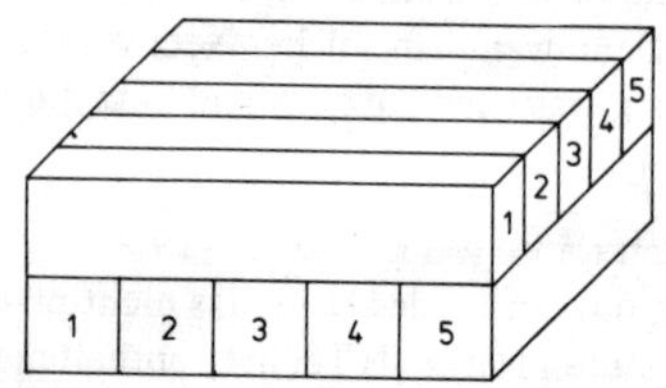

Fig. 3.16

Raumstücke und als Nachbargebiete gelten solche Raumstücke, die sich längs eines Flächenstücks (und nicht nur längs einer Strecke oder eines Punktes) berühren. Dann gilt

Satz 3.8 Für alle $n \in \mathbf{N}^+$ gibt es im Raum n Gebiete, die je zueinander benachbart sind.

B e w e i s. (vgl. [25, S. 133]). Wir denken uns zwei Sätze von je n quadratischen Säulen der Quadratkantenlänge 1 cm und der Höhe n cm über Kreuz angeordnet. Fig. 3.16 zeigt die Anordnung für n = 5. Die mit gleichen Zahlen gekennzeichneten Säulen werden zusammengefügt und stellen e i n räumliches Gebiet dar. Offensichtlich ist jedes der so entstehenden n Gebiete Nachbargebiet eines jeden der n − 1 anderen. Diese Konstruktion läßt sich für alle $n \in \mathbf{N}^+$ durchführen. ∎

3.4 Färbungsprobleme ebener Landkarten

3.4.1 Die Vierfarbenvermutung

In Abschn. 3.1.4 wurde durch Angabe von Beispielen gezeigt, daß es Landkarten gibt, zu deren Färbung man mindestens vier Farben braucht, wenn man Nachbarländer verschieden färben will. Es gab aber keine Beispiele für Landkarten, bei denen fünf Farben notwendig gewesen wären.

Vierfarbenvermutung Jede ebene Landkarte kann mit höchstens vier Farben so gefärbt werden, daß Nachbarländer stets verschiedene Farben erhalten.

Bis heute ist diese Vermutung, so einfach sie zu formulieren ist, nicht allgemein bewiesen. Für Landkarten mit beschränkter Länderzahl sind Beweise vorhanden (vgl. [32] und [42]).

3.4.2 Der Fünffarbensatz

Wenn es auch noch nicht gelungen ist, die Vierfarbenvermutung zu beweisen, so kann man doch Aussagen über die maximal erforderliche Anzahl der Farben in einem plättbaren Netz machen. Dazu leiten wir Eigenschaften von speziellen Landkarten ab.

Definition 3.10 Eine ebene Landkarte heißt r e g u l ä r, wenn jede Ecke die Ordnung 3 hat.

Aufgabe 3.13 Geben Sie eine reguläre Landkarte mit a) 3 Ländern, b) 4 Ländern, c) 5 Ländern an.

Satz 3.9 In jeder zusammenhängenden regulären brücken- und schlingenfreien ebenen Landkarte gibt es mindestens drei Länder, von denen jedes höchstens fünf Kanten hat.

B e w e i s. Wir bezeichnen die Zahl der Länder, die i ($i \in \mathbf{N}^+$) Kanten haben, mit n_i ($n_i \in \mathbf{N}$). Dann gibt es insgesamt

$$n_1 + n_2 + n_3 + \ldots = f \tag{3.3}$$

B Länder. Die Punkte auf der linken Seite von Gl. (3.3) sollen dabei andeuten, daß so lange summiert wird, bis es keine Länder mit einer entsprechenden Kantenzahl mehr gibt. Da nur endliche Landkarten untersucht werden, liegt somit stets eine endliche Summe vor.

Jede Kante der Landkarte hat, da keine Schlingen vorkommen, zwei verschiedene Ecken, und in jeder Ecke stoßen, da die Landkarte regulär ist, drei Kanten zusammen. Daher gilt

$$2 \cdot k = 3 \cdot e. \tag{3.4}$$

Jede Kante ist Grenze von genau zwei Ländern, da keine Brücken zugelassen sind. Zählen wir in jedem Land die Kanten, so wird jede Kante der Landkarte genau zweimal gezählt. Dies ergibt

$$1 \cdot n_1 + 2 \cdot n_2 + 3 \cdot n_3 + \ldots = 2 \cdot k. \tag{3.5}$$

Aus Satz 3.4 folgt nun, wenn man die dortige Gleichung mit 6 durchmultipliziert

$$12 = 6e - 6k + 6f$$

und daraus mit (3.4)

$$12 = 4k - 6k + 6f = -2k + 6f$$

oder $\quad 6f = 12 + 2k.$

Wir setzen f aus (3.3) und k aus (3.5) ein und erhalten

$$6n_1 + 6n_2 + 6n_3 + \ldots = 12 + n_1 + 2n_2 + 3n_3 + \ldots$$

$$5n_1 + 4n_2 + 3n_3 + 2n_4 + n_5 = 12 + n_7 + 2n_8 + 3n_9 + \ldots \tag{3.6}$$

Wir addieren auf der linken Seite von Gl. (3.6) den nicht negativen Term $n_2 + 2n_3 + 3n_4 + 4n_5$ und subtrahieren auf der rechten Seite den nicht negativen Term

$$n_7 + 2n_8 + 3n_9 + \ldots$$

Dadurch entsteht die Ungleichung

$$5n_1 + 4n_2 + 3n_3 + 2n_4 + n_5 + n_2 + 2n_3 + 3n_4 + 4n_5 \geqslant 12$$

oder $\quad 5(n_1 + n_2 + n_3 + n_4 + n_5) \geqslant 12.$

Division durch 5 ergibt

$$n_1 + n_2 + n_3 + n_4 + n_5 \geqslant 2{,}4.$$

Wegen $n_i \in \mathbf{N}$ ist die Summe auf der linken Seite selbst eine natürliche Zahl. Also gilt

$$n_1 + n_2 + n_3 + n_4 + n_5 \geqslant 3.$$

■

Es gibt also mindestens drei Länder, die fünf oder weniger Kanten haben. Im folgenden wird es genügen, eines dieser Länder zu betrachten.

Die Einschränkungen in Satz 3.9 sind für das Färbungsproblem nicht wesentlich. Zu jeder beliebigen Landkarte kann nämlich eine zusammenhängende reguläre schlingen-

und brückenfreie Karte angegeben werden, für welche dieselbe Anzahl von Farben erforderlich ist.

Hilfssatz 1 Es bedeutet keine Einschränkung, wenn man nur zusammenhängende Karten untersucht.

B e w e i s. Liegen nicht zusammenhängende Karten vor, so betrachtet man zunächst nur einen zusammenhängenden Teil. Diese Karte wird gefärbt. Dann liegt ganz im Inneren eines der Länder mindestens noch ein weiterer zusammenhängender Bestandteil der Landkarte. Diesen Bestandteil färbt man für sich und achtet bei der Färbung der aus beiden Bestandteilen bestehenden Landkarte nur darauf, daß das Außengebiet des zweiten Bestandteils die Farbe erhält, die es bei der ersten Färbung schon hatte. Durch Fortsetzung dieses Verfahrens kann man so alle weiteren Bestandteile der Landkarte ebenfalls färben. ■

Hilfssatz 2 Es bedeutet keine Einschränkung, wenn keine Kanten zugelassen sind, bei denen auf beiden Seiten dasselbe Land liegt.

B e w e i s. Für den Fall von Fig. 3.17a kann man diese Kante einfach weglassen, ohne daß sich an der Landkarte Wesentliches ändert. Für den Fall von Fig. 3.17b zerfällt die Karte nach Tilgung der Brücke in zwei Teile. Dies bedeutet nach Hilfssatz 1 keine Einschränkung. ■

Hilfssatz 3 Es bedeutet keine Einschränkung, wenn Ecken vom Grad 2 nicht zugelassen werden.

Fig. 3.17 Fig. 3.18

B e w e i s. Fig. 3.18 zeigt, daß das Weglassen der Ecken vom Grad 2 für die Färbung ohne Bedeutung ist, weil sich am Verlauf der Grenze zwischen den beiden betroffenen Nachbarländern nichts ändert. ■

Hilfssatz 4 Es bedeutet keine Einschränkung, wenn Ecken vom Grad größer Drei nicht zugelassen werden.

B e w e i s. Fig. 3.19 zeigt, wie man Ecken, deren Grad größer als Drei ist, durch Einfügen eines Hilfslandes H in Ecken vom Grad Drei verwandelt. Wenn dann die Karte mit dem Hilfsland gefärbt wurde, kann man nachträglich dieses Hilfsland wieder weglassen. Die Farben der anderen Länder können dabei völlig unverändert bleiben, da sie keine neuen Grenzen erhalten, sondern nur in einer Ecke zusammenstoßen. ■

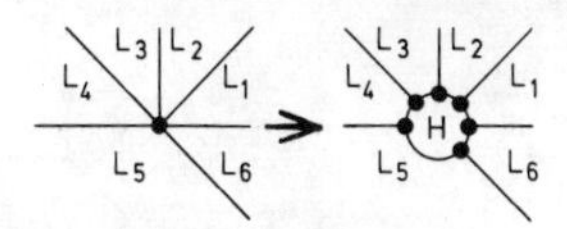

Fig. 3.19

B

Durch diese Hilfssätze ist es möglich, sich bei Färbungen auf zusammenhängende, reguläre, brücken- und schlingenlose Landkarten zu beschränken.

Satz 3.10 Jede zusammenhängende reguläre brücken- und schlingenlose Landkarte kann mit höchstens fünf Farben zulässig gefärbt werden.

B e w e i s. Wir führen den Beweis durch vollständige Induktion nach der Anzahl n der Länder.

I. Zunächst ist klar, daß jede entsprechende Landkarte mit weniger als sechs Ländern mit höchstens fünf Farben gefärbt werden kann.

II. Induktionsannahme: Die Aussage des Satzes gilt für Landkarten mit höchstens n Ländern. Dann muß gezeigt werden, daß er auch für Landkarten mit $n + 1$ Ländern gilt. Es sei eine Landkarte mit $n + 1$ Ländern vorgelegt, welche die Bedingung von Satz 3.10 erfüllt. Nach Satz 3.8 gibt es in dieser mindestens ein Land L, das höchstens fünf Kanten hat. Für L sind zunächst fünf Fälle denkbar, die man nacheinander betrachtet.

F a l l 1. Das Land L ist ein Eineck. Dies ist bei regulären Karten, wie aus Fig. 3.20 ersichtlich, nur möglich, wenn eine Schlinge vorliegt. Da Schlingen nicht zugelassen sind, kann dieser Fall nicht vorkommen.

F a l l 2. Das Land L ist ein Zweieck. Mit den Bezeichnungen aus Fig. 3.21 kann man sagen, daß $L_1 \neq L_2$ sein muß, da sonst k_1 oder k_3 eine Brücke wäre. Läßt man k_2 weg, so muß man auch noch die beiden Ecken weglassen, die sonst die Ordnung 2 hätten.

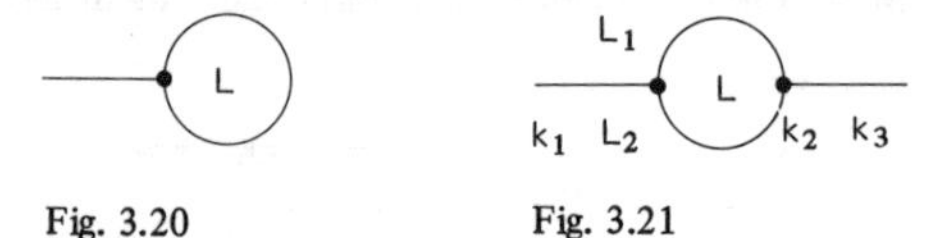

Fig. 3.20 Fig. 3.21

Die so entstehende Landkarte hat ein Land weniger und erfüllt die Bedingungen der Induktionsvoraussetzung, ist also mit höchstens fünf Farben färbbar. Wenn sie gefärbt ist, fügt man die Kante k_2 wieder ein. L_1 und L_2 sind mit zwei verschiedenen Farben gefärbt. Andere Nachbarn hat das Land L nicht. Für L stehen somit noch drei zulässige Farben zur Verfügung, d.h., auch die Landkarte mit $n + 1$ Ländern kann zulässig gefärbt werden.

F a l l 3. Das Land L ist ein Dreieck (Fig. 3.22). Die Länder L_1, L_2 und L_3 sind voneinander verschieden, da es sonst eine Brücke geben müßte. Läßt man eine Grenzkante von L, etwa k_3, sowie die dann entstehenden Ecken der Ordnung 2 weg, so entsteht eine Landkarte mit n Ländern, die nach Induktionsvoraussetzung mit höchstens fünf Farben gefärbt werden kann. Fügt man nach dem Färben k_3 wieder ein, so kann man L mit einer vierten, für L_1, L_2 und L_3 nicht verbrauchten Farbe zulässig färben.

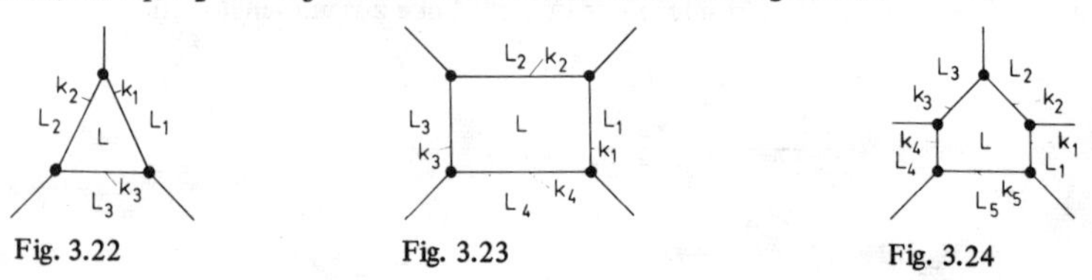

Fig. 3.22 Fig. 3.23 Fig. 3.24

B

F a l l 4. Wenn L ein Viereck ist, muß man weiter unterscheiden (Fig. 3.23). Wenn L_1, L_2, L_3 und L_4 vier verschiedene Länder sind, kann man analog vorgehen wie bisher. Für L bleibt dann eine fünfte Farbe übrig.

Wenn zwei der vier Länder gleich sind, so müssen es Länder sein, die wegen der Brükkenfreiheit keine gemeinsame Grenze haben. Es kann also etwa $L_1 = L_3$ sein (oder $L_2 = L_4$). Auf k_1 und k_3 kann man dann Hilfspunkte wählen, die durch eine Linie in $L_1 = L_3$ und durch eine Linie in L miteinander verbunden werden können. Insgesamt entsteht so eine einfach geschlossene Linie c in der Ebene. Die Länder L_2 und L_4 liegen nach dem Jordanschen Kurvensatz ganz im Inneren und Äußeren von c (oder umgekehrt), sind also auf jeden Fall verschieden. Dann löscht man die Kante k_2 und die dadurch entstehenden Punkte der Ordnung 2. Die so erhaltene Landkarte erfüllt alle Voraussetzungen der Induktionsannahme und kann somit mit höchstens fünf Farben gefärbt werden. Fügt man k_2 wieder ein, so sind für die Nachbarländer erst drei Farben verbraucht, man kann also L mit einer vierten Farbe zulässig färben.

F a l l 5. Auch für den Fall, daß L ein Fünfeck ist, ist eine weitere Fallunterscheidung notwendig (Fig. 3.24). Es kann nämlich sein, daß zwei der fünf Länder übereinstimmen oder daß alle verschieden sind. Mehr als zwei Länder können nicht übereinstimmen, da die Landkarte sonst Brücken enthielte.

Wenn z.B. $L_1 = L_3$ gilt, kann man wie in Fall 4 folgern, daß dann L_2 von L_4 und L_5 verschieden sein muß. Wieder löscht man eine der Kanten zu einem dieser Länder, färbt die Landkarte mit n Ländern zulässig und hat dann bei der Ausgangslandkarte für L noch eine fünfte Farbe zur Verfügung.

Wenn dagegen alle fünf Nachbarländer von L verschieden sind, dann können nach Satz 3.7 diese fünf Länder nicht paarweise zusammenstoßen. Es gibt also mindestens zwei Länder, es seien dies L_1 und L_3, die keine gemeinsame Grenze haben. Nun löscht man k_1 und k_3 sowie die dadurch entstehenden Ecken der Ordnung 2. Es entsteht eine Landkarte mit $n - 2$ Ländern, die die Voraussetzungen der Induktionsannahme erfüllt, also mit höchstens fünf Farben gefärbt werden kann. Fügt man die Kanten k_3 und k_1 wieder ein, so hat L fünf Nachbarländer, zu deren Färbung höchstens vier Farben benötigt werden. Für L kann eine noch verbleibende Farbe gewählt werden. ■

Da nach den Hilfssätzen 1 bis 4 die Beschränkung auf die speziellen Landkarten aus Satz 3.10 keine Einschränkung bedeutet, gilt

Satz 3.11 (F ü n f f a r b e n s a t z) Jede ebene Landkarte kann mit höchstens fünf Farben zulässig gefärbt werden.

3.5 Bäume

3.5.1 Netze ohne geschlossene Wege

Bei der Untersuchung von Netzen geht man oft so vor, daß eine bestimmte Klasse von Netzen (etwa durchlaufbare Netze oder plättbare Netze) zur Kennzeichnung anderer Netze herangezogen werden. Man fragt dann nach Beziehungen zwischen einem belie-

B big vorgegebenen Netz und dieser Klasse spezieller Netze. So hatten wir in Satz 3.3 ein beliebiges zusammenhängendes Netz in durchlaufbare Teilnetze zerlegt. Eine weitere Klasse von Netzen wollen wir nun untersuchen.

Beispiel 3.1 Ein elektrisches Verbundnetz, dem n Städte angehören, hat k Leitungen. Wie viele Leitungen müssen mindestens in Betrieb sein, wenn n Städte angeschlossen sein sollen (Fig. 3.25). Wir können dazu das Netz in Fig. 3.25b oder das (damit identische) in Fig. 3.25a hervorgehobene Teilnetz betrachten.

Definition 3.11 Ein zusammenhängendes Netz (**E**, **K**), in dem es keine geschlossenen Kantenzüge gibt, heißt ein B a u m und wird mit (**B**, **K**) bezeichnet.

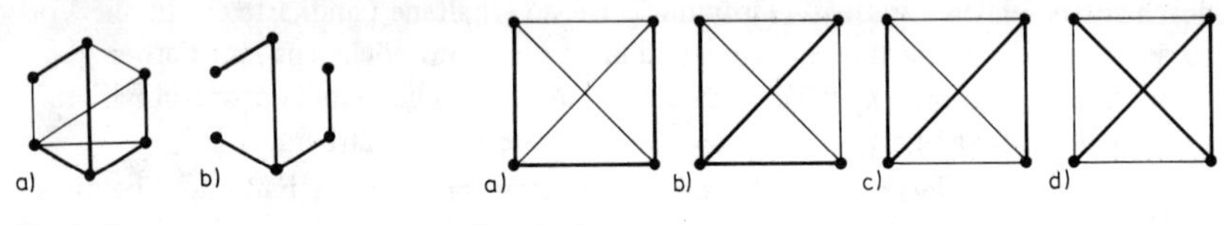

Fig. 3.25

Fig. 3.26

Definition 3.12 Ein Teilnetz (**G**, **K'**) eines Netzes (**E**, **K**), das zusammenhängend und frei von geschlossenen Wegen ist und dessen Eckenmenge **G** mit der Eckenmenge **E** übereinstimmt, heißt ein G e r ü s t des Netzes (**E**, **K**).

Folgerung 3.5 Jedes Gerüst ist ein Baum.

Diese Begriffsbildung wird uns helfen, die Frage nach der Zahl der Kanten eines Gerüstes zu beantworten.

Satz 3.12 Ein Baum mit n Ecken hat n − 1 Kanten.

B e w e i s. Da ein Baum ein zusammenhängendes plättbares Netz ist, kann jeder Baum als Landkarte mit einem Land aufgefaßt werden. Diese Landkarte erfüllt die Voraussetzungen des Satzes von Euler (Satz 3.4). Aus $f = 1$ und $e = n$ folgt, daß $k = e + f - 2 = n + 1 - 2$, also $k = n - 1$ sein muß. ■

Für Gerüste gilt nach Folgerung 3.5 der Satz 3.12 entsprechend.

Folgerung 3.6 Jedes Gerüst eines Netzes (**E**, **K**) mit n Ecken hat n − 1 Kanten.

Dennoch kann es verschiedene Gerüste eines Netzes geben. Beispiele gibt Fig. 3.26.

Aufgabe 3.14 Geben Sie für jedes der Netze in Fig. 3.27 zwei Gerüste an, die keine gemeinsame Kante haben.

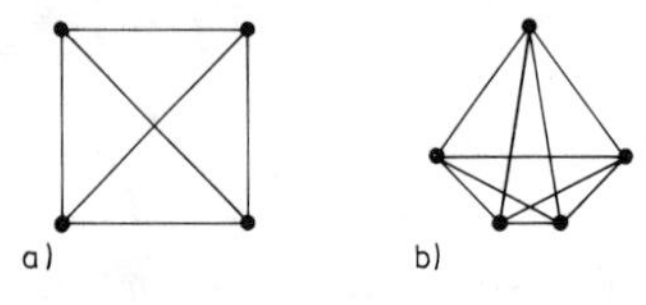

Fig. 3.27

3.5.2 Einfache Sätze über Bäume

Satz 3.13 Ein Baum (B, K) mit n Ecken hat mindestens zwei Ecken der Ordnung 1.

B e w e i s. Wir führen den Beweis indirekt und nehmen an, (B, K) hätte keine oder genau eine Ecke der Ordnung 1.
Ein Baum mit n Ecken hat nach Satz 3.12 (n – 1) Kanten. Diese (n – 1) Kanten haben 2(n – 1) Kantenenden, die an Ecken anstoßen. Wir bezeichnen die Ordnung der Ecke i mit O(i) ($1 \leqslant i \leqslant n$). Dann gilt nach Voraussetzung $\sum_{i=1}^{n} O(i) \geqslant 2n - 1$, denn höchstens eine Ecke hat die Ordnung 1, alle anderen haben eine Ordnung, die größer oder gleich 2 ist. Die Anzahl der Kantenenden muß mit der Summe der Ordnungen der Ecken übereinstimmen, da jedes Kantenende an einer Ecke anstoßen muß. Dies ist ein Widerspruch. ■

Aufgabe 3.15 Geben Sie alle topologisch verschiedenen Bäume mit 5 Ecken, von denen genau 2 (genau 3 und genau 4) die Ordnung 1 haben, an.

Satz 3.14 Ein Baum ist genau dann ein Weg, wenn die Ordnung aller Ecken höchstens 2 ist.

B e w e i s. a) Wenn der Baum ein Weg ist, dann haben Anfangsecke und Endecke die Ordnung 1, alle anderen Ecken die Ordnung 2. Diese Aussage des Satzes ist dann richtig.
b) Wir setzen jetzt voraus, daß die Ordnung der Ecken eines Baumes höchstens 2 ist. Nach Satz 3.13 gibt es mindestens zwei Ecken mit der Ordnung 1. Wir beginnen in einer dieser Ecken und gehen auf der einzig möglichen Kante zur nächsten Ecke weiter. Der Weg kann so lange in genau einer Weise fortgesetzt werden, bis man wieder in einer Ecke der Ordnung 1 (als Endecke) ankommt. Da der Baum zusammenhängend ist und der Weg sich eindeutig ergibt, hat man einen Weg konstruiert, der alle Ecken und Kanten des Baumes enthält. Der Baum ist also ein Weg und enthält genau zwei Ecken der Ordnung 1. Zu einer solchen Endecke muß man aber kommen, da der Baum sonst unendlich viele Ecken hätte. ■

Aufgabe 3.16 (nach [18, S. 65]) a) Geben Sie alle topologisch verschiedenen zusammenhängenden Netze an, die sich aus n Zündhölzern ($1 \leqslant n \leqslant 5$) legen lassen, wenn die einzelnen Zündhölzer die Kanten der Netze repräsentieren.
b) Welche Netze bleiben noch übrig, wenn man Ecken der Ordnung 2 unberücksichtigt läßt. Fig. 3.28 gibt ein Beispiel für zwei in diesem Sinne äquivalente Netze.
c) Suchen Sie für den in b) geschilderten Fall noch die verschiedenen Netze, die aus 6 Zündhölzern gelegt werden können.

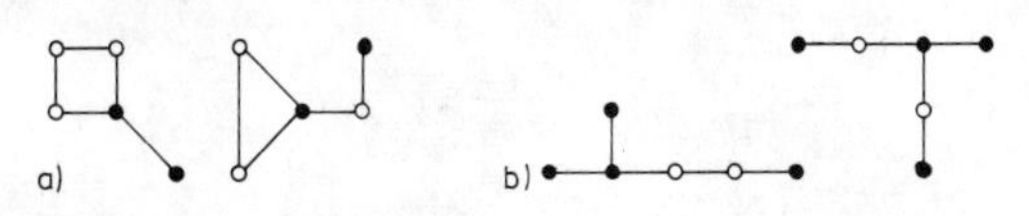

Fig. 3.28

C

3.6 Netze und Landkarten in der Schule

3.6.1 Netze

Netze, die in der Schule als Straßen- oder Leitungssysteme gedeutet werden, können wie üblich gezeichnet werden. Um bei Konstruktionsversuchen, die nicht zum Ziel führen, das frustrierende Radieren zu vermeiden ist es günstig, die Straßen (Linien) durch Schnüre oder biegsame Strohhalme zu legen. Die Straßenkreuzungen (Ecken) können mit Knetmasse realisiert werden.
Die Ordnung der Ecken wird deutlicher festgelegt, wenn man aus Pfeifenreinigern gebastelte oder im Handel gekaufte Verbindungsstücke (z. B. Orbimath) verwendet, auf die man Strohhalme aufstecken oder an die man Schnüre mit Klebefilm ankleben kann. Mit diesem Material kann man sowohl gezeichnete Netze nachbauen als auch Netze mit bestimmten Eigenschaften (Zahl bzw. Ordnung der Ecken usw.) konstruieren. Insbesondere beim Arbeiten mit flexiblen Schnüren wird deutlich, daß es nicht auf die Kongruenz der Lösung mit der Vorlage, sondern nur auf topologische Äquivalenz ankommt. Für die Lösung ist es auch ohne Bedeutung, ob die Netze plättbar sind oder nicht. Viele der hier angegebenen Aufgaben können daher auch im Zusammenhang mit räumlichen Problemen gestellt werden.

Aufgabe 3.17 Vier neue Wanderparkplätze A, B, C und D sollen untereinander durch Wanderwege verbunden werden.

a) Von A und B sollen je drei, von C zwei und von D vier Wege ausgehen.

b) Von jedem der Parkplätze sollen genau drei Wege ausgehen.

c) Kann es sein, daß von A ein, von B, C, und D je zwei Wege ausgehen?

Wenn genügend derartige Aufgaben behandelt sind und dabei Erfahrungen mit Netzen erworben wurden, dann kann auch in der Schule auf die Einkleidung in Straßen-Probleme usw. verzichtet und allgemein (abstrakt) formuliert werden.

Aufgabe 3.18 Fig. 3.29 zeigt ein Netz, von dem ein Teil von einem Stück Papier verdeckt ist (nach [19]).

a) Kann es sein, daß unter dem Papier keine Ecke mehr ist?

b) Kann dort eine Ecke der Ordnung 1 sein?

c) Können dort zwei Ecken liegen, die dieselbe Ordnung haben?

Auf noch höherer Abstraktionsstufe können Aufgaben gestellt werden, die zunächst den Zusammenhang mit Netzen nicht erkennen lassen.

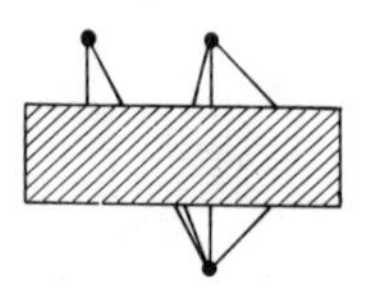

Fig. 3.29

C

Aufgabe 3.19 a) Fünf Menschen treffen nach und nach zusammen. Ein Teil davon begrüßt einander mit Handschlag. Warum muß es, in welcher Reihenfolge sie sich auch begrüßen, stets mindestens einen geben, der 0, 2 oder 4 Personen mit Handschlag begrüßt hat?

b) Sieben Klassenkameraden verabreden vor den Ferien, daß jeder an drei andere eine Ansichtskarte schreibt. Ist das durchführbar? Ist es möglich, daß jeder nur an den Klassenkameraden schreibt, von dem er auch eine Karte bekommt?

c) Kann es ein Molekül geben, das aus einem dreiwertigen, einem vierwertigen und einem fünfwertigen Atom besteht?

d) Welche großen Druckbuchstaben des Alphabets bilden dieselben Netze? Wie viele Arten von Netzen gibt es dabei?

3.6.2 Durchlaufbare Netze

Das Königsberger Brückenproblem (z. B. in [16, 3, S. 66] und [35, 6, S. 82]) oder – einfacher und den Schülern oft schon bekannt – das Haus vom Nikolaus (vgl. z. B. [24, S. 94]) aus Fig. 3.30 sind Beispiele zum Problemkreis der durchlaufbaren Netze, die in der Schule am Anfang dieses Fragenkomplexes stehen können.

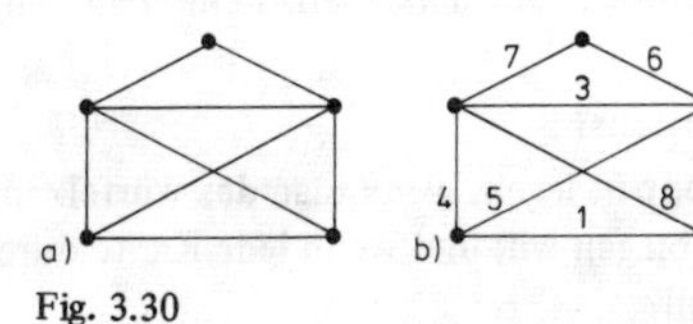

Fig. 3.30

Das Haus vom Nikolaus hat seinen Namen daher, daß man die Figur in der in Fig. 3.30b angegebenen Reihenfolge in einem Zug zeichnen und zu jeder der acht Strecken eine Silbe des Satzes „Das ist das Haus vom Ni-ko-laus" sprechen kann.

Bei der Lösung dieses und verwandter Probleme können die Schüler den Satz 3.3 vermuten und die Teilaussage, daß ein Netz durchlaufbar ist, wenn es genau zwei ungerade Ecken hat, auch ansatzweise begründen. Aufgabenbeispiele finden sich z. B. in [45, Bd. 4] und [35, 6, S. 85].

Ziel des Unterrichts soll es aber sein, daß die Schüler den Satz kennen und durch Abzählen der Ordnungen der einzelnen Ecken auch anwenden können. Dieser Problemkreis ist ein deutliches Beispiel dafür, daß Mathematik eine Tätigkeit sein soll. Wesentlich ist, daß die Schüler selbst aktiv sind und Lösungsversuche prüfen, verwerfen oder gut heißen und so Strategien entwickeln lernen.

Eng verbunden mit den Problemen der Euler-Wege sind die Probleme der Hamilton-Wege, die in Aufgaben mit Straßennetzen gestellt werden können.

Aufgabe 3.20 a) Ist es möglich, in der Stadt, deren Plan in Fig. 3.31a gezeichnet ist, die Postkästen beim Postamt P und bei A, B, C, D, E und F auf einem Rundweg zu leeren, wenn das Postauto nur auf den (dick gezeichneten) Straßen fahren darf und die

C (dünn gezeichneten) Wege in der Fußgängerzone nicht befahren darf. Das Postauto soll auch durch keine Straße zweimal fahren.

b) Ist es möglich, die oben gestellte Aufgabe zu lösen, wenn das Postauto für die gestrichelte Straße eine Sondergenehmigung zum Befahren hat?

c) Wäre es ohne Sondergenehmigung möglich, wenn die Post nicht beim Postkasten bei P, sondern bei einem anderen Postkasten liegen würde?

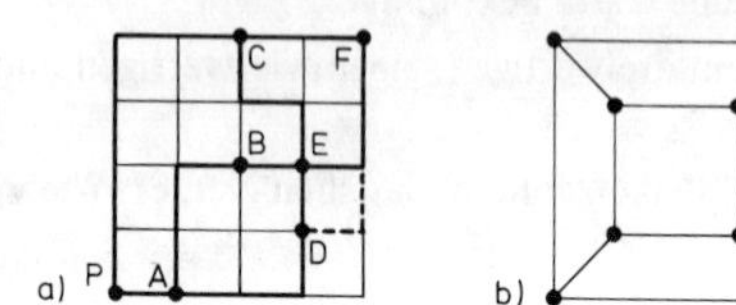

Fig. 3.31

Für die Frage der Durchlaufbarkeit eines Netzes ist es wieder ohne Bedeutung, ob das Netz in der Ebene liegt oder nicht. Da in der Schule ebene und räumliche Netze (etwa das Versorgungsnetz) stets parallel behandelt werden sollen, können auch räumliche Probleme in diesem Zusammenhang untersucht werden.

Aufgabe 3.21 a) Kann man das Kantenmodell eines Würfels, das in Fig. 3.31b als ebenes Netz dargestellt ist, aus einem einzigen Stück Draht herstellen, wenn man den Draht nur biegen darf?

b) Wie viele Drahtstücke braucht man mindestens?

c) Wie viele Kanten muß man mindestens doppelt legen, wenn man das Würfelkantenmodell doch aus einem einzigen Drahtstück biegen will und wenn jede Kante durch mindestens ein Drahtstück dargestellt werden soll?

Die Zusatzfragen b) und c) dürfen natürlich erst gestellt werden, wenn die Antwort auf die Frage a) negativ gegeben wurde. Die Überlegungen zu c) entsprechen genau dem exakten Beweis von Satz 3.3.

Aufgabe 3.22 Straßenbahnnetze werden so geführt, daß man, notfalls durch Umsteigen, von jeder Haltestelle zu jeder anderen gelangen kann. Auf keinem Streckenstück soll mehr als eine Linie verkehren. Wie viele Straßenbahnlinien braucht man mindestens für das Netz aus Fig. 3.32? Beispiele dieser Art finden sich z. B. in [35, 6, S. 90].

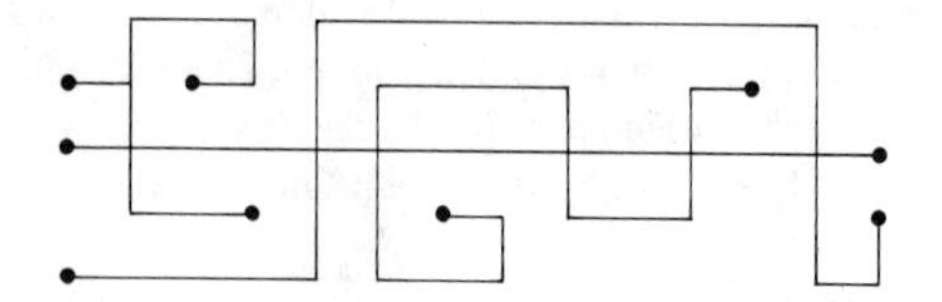

Fig. 3.32

Aufgabe 3.23 Bei einer Party sind neun Gäste um einen Tisch zu setzen. Die Monatseinkommen der Gäste sind 1000 DM, 2000 DM, 3000 DM usw. bis 9000 DM. Es sollen nie Gäste nebeneinandersitzen, deren Monatseinkommen sich um mehr als 2000 DM unterscheidet. Ist das möglich?

C

Aufgabe 3.24 Die großen Druckbuchstaben des Alphabets sollen daraufhin untersucht werden, in wie vielen Zügen sie geschrieben werden können. Welche Möglichkeiten gibt es? Vgl. dazu [45, 3, S. 80].

3.6.3 Bäume und Labyrinthe

Bäume sind als Ordnungsschemata, als Entscheidungsbäume und Rechenbäume und im Bereich der Kombinatorik und Wahrscheinlichkeitsrechnung häufig Hilfsmittel im Unterricht (vgl. z. B. [4], [16] und [45]). Hier sollen Bäume als Unterrichtsgegenstand angesprochen werden.
Um einen Weg durch das Labyrinth aus Fig. 3.33a zu finden, notiert man sich beim Durchlaufen den Plan aus Fig. 3.33b. Der so entstehende Baum ist ein topologisches Bild des Wegsystems des Labyrinths.

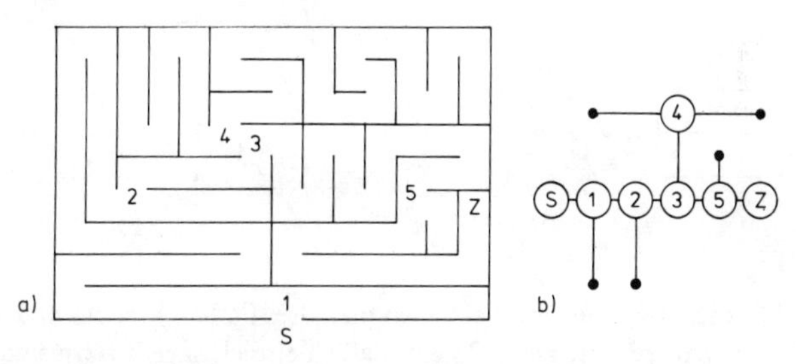

Fig. 3.33

In der Schule kann zu einem vorgegebenen Labyrinth der Baum und umgekehrt zu einem Baum ein zugehöriges Labyrinth gezeichnet werden. Wenn Schüler selbst Labyrinthe zeichnen dürfen, dann werden auch nicht zusammenhängende Exemplare wie in Fig. 3.34a und zugehörige Wegsysteme wie in Fig. 3.34b entstehen.

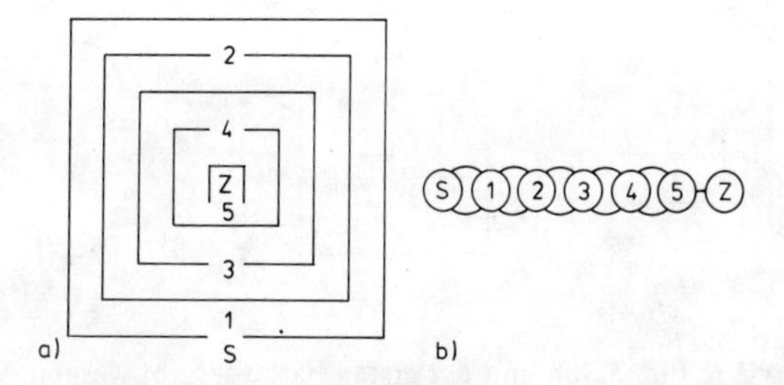

Fig. 3.34

Dies gibt Anlaß zur Abgrenzung des Baumes von anderen Netzen und zur Einschränkung der bekannten Linke-Hand-Regel. Diese Regel besagt, daß man in einem Labyrinth, wenn man am Eingang beginnt, immer zum Ziel kommt, wenn man immer mit der linken Hand an der linken Wand entlangstreift. Diese Regel gewährleistet zwar, daß man zum Ausgang (der mit dem Eingang identisch sein kann), nicht aber, daß man an jede Stelle des (nicht zusammenhängenden) Labyrinths kommt.

Aufgabe 3.25 Zeichnen Sie sämtliche Arten von Bäumen mit 3, 4 und mit 5 Ecken. Zählen Sie bei allen Arten die Zahl der Ecken und Kanten. Was ist zu vermuten?

3.6.4 Landkarten und Färbungen

Färbungen, insbesondere bei Netzen, deren Länder alle kongruent sind (endliche Ausschnitte aus Parkettierungen), machen Kindern schon in den ersten Schuljahren Freude. Die Schüler entdecken dabei, daß es Landkarten gibt, die sich mit zwei Farben färben

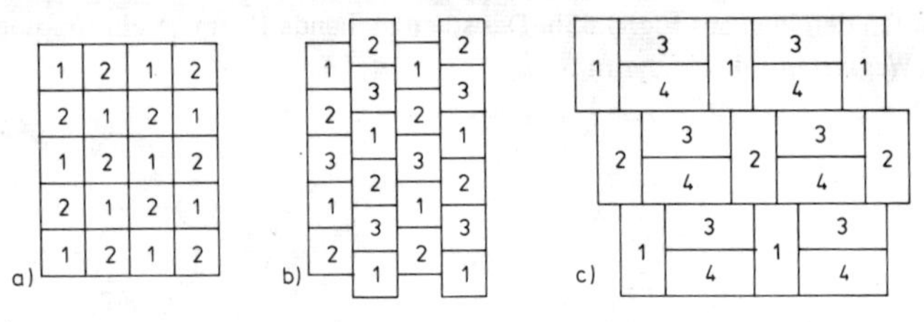

Fig. 3.35

lassen (vgl. [4, 2]), daß es solche gibt, bei denen man drei Farben braucht und solche, bei denen auch das nicht genügt. Fig. 3.35 gibt dafür Beispiele. Die Ziffern sind dabei als Kennzeichen für Farben verwendet.

Beim Färben von Landkarten ergibt sich die Frage nach der Minimalzahl der benötigten Farben. Man kann diese Frage durch allmähliches Hinzufügen von Ländern zu lösen versuchen, muß dabei aber darauf achten, daß je nach Art des neu hinzugefügten Landes die bisherige Färbung geändert werden muß. In Fig. 3.36a ist das 4. Land noch

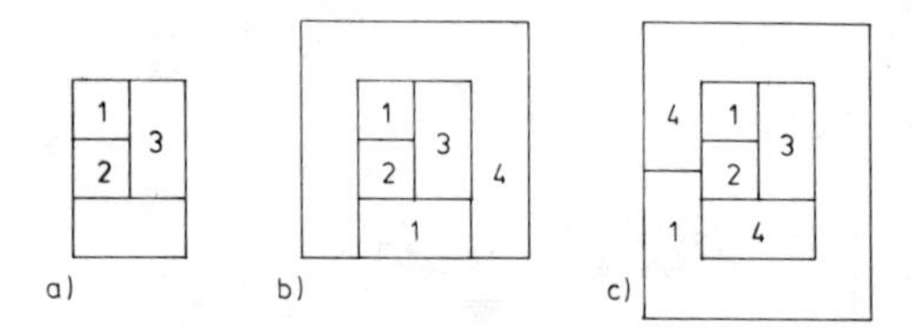

Fig. 3.36

nicht gefärbt. Es kann, wie in Fig. 3.36b, mit der ersten Farbe gefärbt werden. Wenn dann ein neues Land wie in dieser Figur hinzukommt, muß die vierte Farbe verwendet werden. Wenn zusätzliche Länder aber wie in Fig. 3.36c hinzukommen, dann muß das vierte Land die vierte Farbe erhalten, wenn man insgesamt mit vier Farben auskommen will.

Für spezielle Landkarten kann man die Zahl der Farben angeben.

C

Satz 3.17 Zum Färben von Karten mit Rand, bei der die Grenzen von Rand zu Rand verlaufen oder innerhalb der Karte geschlossene Linien sind, die sich nicht selbst überschneiden, genügen zwei Farben (Zweifarbensatz).

Beweis (durch Induktion). Man betrachtet zunächst nur den Rand ohne alle Grenzen. Dann kann man mit einer Farbe färben. Dann wird eine von Rand zu Rand verlaufende Grenze, etwa k in Fig. 3.37, eingefügt. Das Land auf einer Seite dieser Grenze färbt

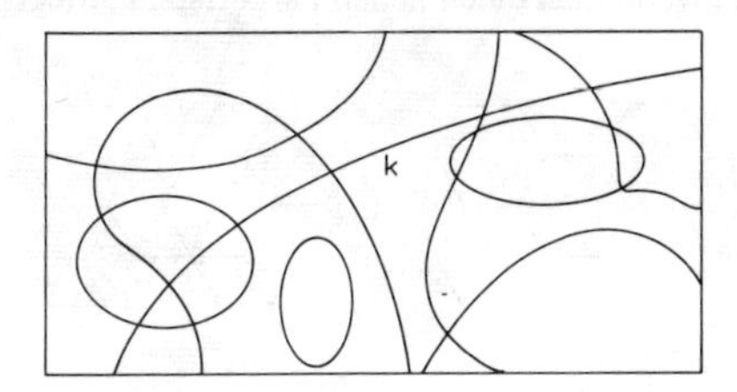

Fig. 3.37

man um, das andere beläßt man in seiner Farbe. Zwei Farben genügen. Kommt eine weitere solche Grenze hinzu, so färbt man wieder die Länder auf der einen Seite um. Die Landkarte bleibt dann stets zulässig gefärbt und immer braucht man nur zwei Farben. So fährt man fort, bis alle von Rand zu Rand verlaufenden Grenzen eingezeichnet sind. Wenn eine Grenze, die eine einfach geschlossene Kurve ist, hinzukommt, so hat sie ein Inneres, in dem wieder umgefärbt wird; außen bleiben die Farben unverändert. So behält man eine zulässig gefärbte Landkarte, für die nur zwei Farben verwendet wurden. So fährt man fort, bis auch alle Grenzen dieser zweiten Art eingezeichnet und die Karte endgültig gefärbt ist. Man kann den Beweis noch ausbauen und den Satz auch für sich selbst überschneidende Grenzen führen. ■

3.6.5 Parkettierungen

Parkettierungen, das heißt überlappungsfreie (schlichte) lückenlose Überdeckungen der gesamten Ebene mit kongruenten Figuren, scheinen zunächst ganz der euklidischen Geometrie verhaftet zu sein. Aber schon die Färbungen in Abschn. 3.6.4 haben gezeigt, daß bei Parkettierungen auch topologische Probleme auftreten. Fig. 3.38 zeigt Parkettie-

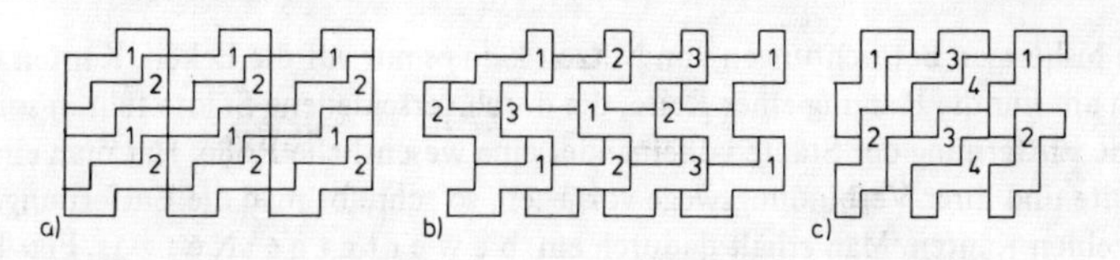

Fig. 3.38

rungen, die zu denen aus Fig. 3.35 topologisch äquivalent sind. Die Parkettsteine in Fig. 3.38 bestehen je aus sechs kongruenten Quadraten, die so angeordnet sind, daß sie sich zu einem Würfel zusammenfalten lassen. Eine solche Anordnung wird meist Würfel-

C netz genannt, doch wird dabei „Netz“ in einem anderen als dem hier üblichen Sinne gebraucht. Eine Reihe von für die Schule geeigneten Aufgaben soll den Abschluß bilden.

Aufgabe 3.26 a) Welche der Parkettierungen aus Fig. 3.38 kann man topologisch so verformen, daß Parkettierungen aus Fig. 3.39 entstehen?

b) Setzen Sie die in Fig. 3.39 angefangenen Parkettierungen fort. Wie ändern sich die Zahl der Flächen, Ecken und Kanten, wenn man einen neuen Parkettstein anfügt?

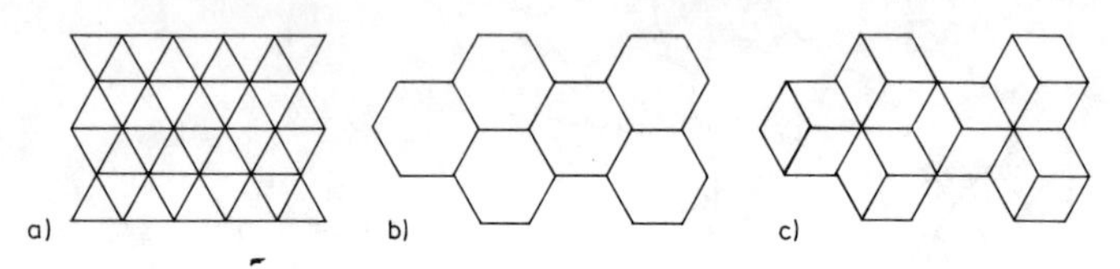

Fig. 3.39

c) Wie viele Nachbarsteine haben die Steine in Fig. 3.39, die ganz von anderen Steinen umgeben sind?

d) Wie kommt man von einem Stein zum Nachbarstein (Propädeutik des Abbildungsbegriffs)?

e) Wie viele Farben braucht man mindestens zum Färben?

f) Suchen Sie mindestens vier Zerlegungen eines Quadrats in acht deckungsgleiche rechtwinklige Dreiecke. Mit wie vielen Farben kann man jeweils zulässig färben? Lösen Sie die entsprechende Aufgabe, wenn Sie nicht von einem Quadrat, sondern von einem Rechteck, dessen Seitenlängen sich wie 2 zu 3 verhalten, ausgehen.

4 Netze mit Bewertungen

A

4.1 Beispiele für bewertete Netze

4.1.1 Einführung

Bei den bisherigen Betrachtungen von Netzen kam es nur auf die Ecken, Kanten und Flächen an. Für die Planung einer Reise, die durch verschiedene Städte führen soll, spielt die Entfernung der Städte voneinander eine wesentliche Rolle. Hat man ein Netz der Städte und ihrer Verbindungswege vorliegen, so schreibt man die Entfernungen an die einzelnen Kanten. Man erhält dadurch ein b e w e r t e t e s N e t z (s. Fig. 4.1).

Zu den rein topologischen Elementen, bei denen nur die Zusammenhangsverhältnisse wichtig sind, kommt durch die Bewertung ein metrisches Element (vgl. Abschn. 2.4). Dadurch eröffnet sich eine Vielzahl von Anwendungsmöglichkeiten bei technischen und wirtschaftlichen Problemen.

Als Bewertungen treten dabei neben der geometrischen Länge z. B. die benötigte Reisezeit, die entstehenden Fahrtkosten oder die Verkehrskapazität der Strecke auf. Im technischen Bereich können elektrische Leitungsnetze, Telefonnetze oder Produktionsvorgänge durch bewertete Netze erfaßt und auftretende Probleme gelöst werden (vgl. Abschn. 4.1.2 und 4.1.3).

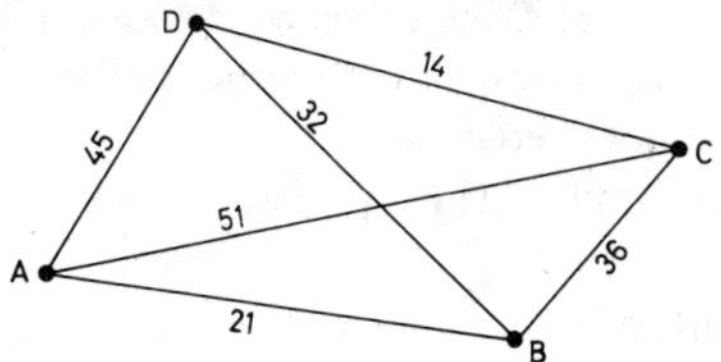

Fig. 4.1

Aus dem Studium von Netzen hat sich eine selbständige mathematische Disziplin entwickelt: die G r a p h e n t h e o r i e. Netze werden dort als Graphen bezeichnet. Werden die Kanten mit einer Orientierung versehen, so spricht man von einem gerichteten Graphen.

In speziellen bewerteten Netzen läßt sich eine Metrik erklären. Dadurch ergeben sich einfache Beispiele für topologische Räume (vgl. Abschn. 4.3).

4.1.2 Problem des minimalen Gerüsts

Beispiel 4.1 Sechs Städte sollen durch Telefonkabel verbunden werden. Die Knotenstellen befinden sich aus technischen Gründen jeweils in einer Stadt. Die Kosten für die einzelnen Ortsverbindungen wurden ermittelt. Welche Leitungen muß man legen, damit alle Städte miteinander verbunden sind und die Kosten möglichst niedrig bleiben?

Die ermittelten Daten lassen sich am besten in einem bewerteten vollständigen Netz mit sechs Ecken erfassen (Fig. 4.2a). Die Eckpunkte sind die Städte, die Bewertungszahlen sind die Kosten in einer geeigneten Einheit. Da zwischen je zwei Städten genau eine Ver-

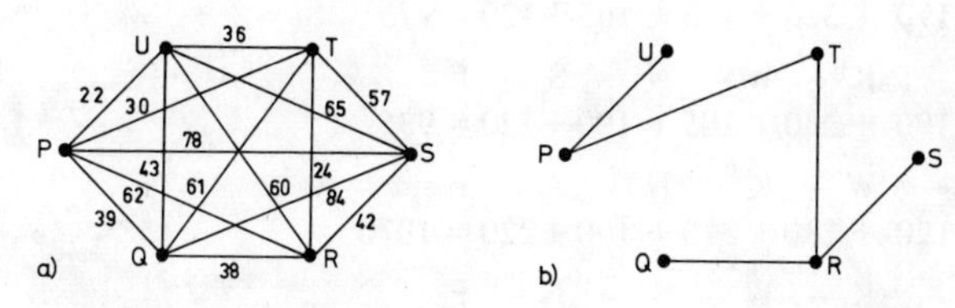

Fig. 4.2

bindung erforderlich ist, und alle Städte erfaßt werden sollen, ist ein G e r ü s t des Netzes (vgl. Definition 3.12) gesucht. Die Summe der Bewertungen soll für das Gerüst minimal sein.

Zur Lösung des Problems ordnen wir die Kanten nach ihren Bewertungen. Bei praktischen Problemen sind die Bewertungen meist paarweise verschieden. Wir erhalten

PU(22), RT(24), PT(30), TU(36), QR(38), PQ(39), RS(42), QU(43),
ST(57), RU(60), QT(61), PR(62), SU(65), PS(78), QS(84).

In eine zweite Figur, die nur die sechs Ecken enthält, zeichnen wir zunächst die billigste Verbindung ein. Das ist die Kante PU (Fig. 4.2b). Dann tragen wir die Kanten in aufsteigender Bewertung ein. Entsteht ein Kreis, so wird die entsprechende Kante weggelassen. Das Verfahren bricht ab, wenn alle Ecken erfaßt sind.
Die Reihenfolge der eingetragenen Kanten ist PU, RT, PT, (TU weglassen), QR, (PQ weggelassen) und RS.
Es ist anschaulich klar, daß durch das Verfahren ein Gerüst konstruiert wird. Daß sich immer ein minimales Gerüst ergibt, wird in Abschn. 4.2.4 bewiesen.

4.1.3 Das Rundreiseproblem

Beispiel 4.2 Ein Geschäftsreisender soll ausgehend von Frankfurt mit dem Auto die Städte Kassel, Nürnberg, Stuttgart und Würzburg besuchen und anschließend nach Frankfurt zurückkehren. Wie muß er reisen, damit die zurückgelegte Strecke möglichst kurz wird?
Das zu diesem Problem gehörige Netz ist in Fig. 4.3 dargestellt. Die Bewertungszahlen sind die Entfernungen (in km). Die Kanten FN und KS sind nicht extra eingetragen, da Würzburg verkehrsmäßig auf den Strecken Frankfurt – Nürnberg und Kassel – Stuttgart liegt.
Für die Lösung des Rundreiseproblems ist es in einfachen Fällen hilfreich, das Netz entsprechend den Entfernungen der Städte zu zeichnen. Mit Hilfe der Anschauung werden dann Reiserouten R_i aufgestellt und ihre Längen berechnet.

R_1: F – K – N – W – S – F
190 + 310 + 105 + 165 + 220 = 990

R_2: F – K – N – S – W – F
190 + 310 + 190 + 165 + 120 = 975

R_3: F – K – W – N – S – F
190 + 230 + 105 + 190 + 220 = 935

R_4: F – W – K – N – S – F
120 + 230 + 310 + 190 + 220 = 1070

R_5: F – K – W – S – N – F
190 + 230 + 165 + 190 + 225 = 1000

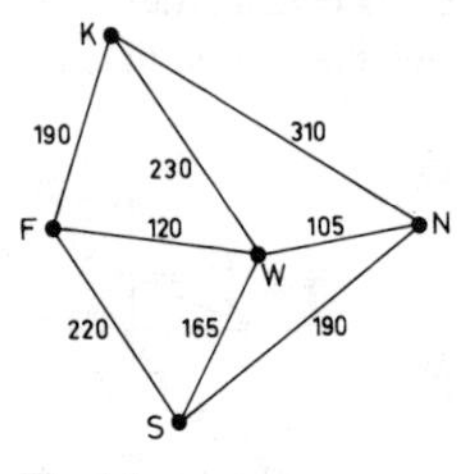

Fig. 4.3

Nach der vorhandenen Liste ist die Reise R_3 mit 935 km am kürzesten. Die Liste zeigt jedoch auch, daß es schwierig ist, die Länge einer Reise anschaulich abzuschätzen.
Um sicher zu sein, daß wir mit R_3 die günstigste Reise gefunden haben, stellen wir alle möglichen Reisewege auf.

In dem vollständigen Netz mit fünf Ecken gibt es für die Auswahl der ersten Kante 4 Möglichkeiten, nämlich FK, FN, FS, FW. Für die zweite Kante bleiben 3 Möglichkeiten (z. B. KN, KS, KW), für die dritte Kante hat man noch 2 Möglichkeiten (z. B. NS, NW). Die vierte Kante ist als Rückführung nach F eindeutig festgelegt. Wir haben demnach $4 \cdot 3 \cdot 2 \cdot 1 = 4!$ Reisewege. Da in dem ungerichteten Netz die Bewertung einer Kante für beide Richtungen gleich ist, stimmen jeweils zwei der Wege bis auf die Richtung überein, z. B. FKNWSF und FSWNKF. Insgesamt gibt es also in einem vollständigen Netz mit 5 Ecken

$$\frac{1}{2} \cdot 4 \cdot 3 \cdot 2 \cdot 1 = \frac{1}{2} \cdot 4!$$

verschiedene Rundreisen.

Allgemein gibt es in einem vollständigen Netz mit n Ecken

$$\frac{1}{2} \cdot (n-1) \cdot (n-2) \cdot \ldots \cdot 2 \cdot 1 = \frac{1}{2} \cdot (n-1)!$$

verschiedene Rundreisen.

Für das vorliegende Netz gibt es außer den fünf angegebenen noch die folgenden sieben Rundreisen:

R_6: F K S N W F (1000 km) R_{10}: F N S K W F (1160 km)

R_7: F K S W N F (1080 km) R_{11}: F N W K S F (1175 km)

R_8: F N K S W F (1215 km) R_{12}: F S K N W F (1150 km)

R_9: F N K W S F (1150 km)

Dabei stimmen wegen der speziellen geographischen Lage von Würzburg die Reisen R_5 und R_6 sowie die Reisen R_9 und R_{12} überein. Bei den Reisen R_8, R_{10} und R_{11} werden einzelne Kanten in beiden Richtungen durchfahren.

Die Tabelle aller möglichen Reisen hat mit Sicherheit ergeben, daß R_3 die kürzeste Rundreise ist.

Das Verfahren, alle Reisen durchzuprüfen, wird bei zunehmender Eckenzahl n der Netze sehr aufwendig, da die Funktion

$$n \to \frac{1}{2} \cdot (n-1)! \qquad n \in \mathbb{N}^+,$$

rasch anwächst. So würde eine elektronische Rechenanlage, die eine Reise in $n \cdot 10^{-6}$ Sekunden auswählt, berechnet und vergleicht, zur Lösung des Problems in einem Netz mit n Ecken folgende Zeiten benötigen (vgl. [23], S. 60):

Tab. 4.1

Eckenzahl n	6	10	11	12	13	14	15	16	17
Zeit t	0,001 s	4 s	40 s	8 min	2 h	1 Tag	15 Tage	8 Mon.	11 Jahre

A Damit ist das systematische Probieren nur bis n = 12 sinnvoll. Umfangreichere Probleme versucht man heute durch Näherungsverfahren oder durch schrittweise Reduktion (Verfahren von Little [23], S. 64) zu lösen. Ein zufriedenstellendes Lösungsverfahren konnte bisher nicht gefunden werden.

Der erforderliche Aufwand wäre nicht gerechtfertigt, wenn man damit nur eine optimale Rundreise für einen Geschäftsmann oder einen Politiker ermitteln könnte. Die praktische Bedeutung liegt z. B. in der Lösung des Problems, in welcher Reihenfolge man die Maschinen eines Unternehmens für die Produktion verschiedener Artikel einsetzen muß, wenn man die Umstellungskosten möglichst niedrig halten möchte. Die Artikel A_i geben die Ecken eines Netzes und die Umstellungskosten von Artikel A_j auf Artikel A_k die Bewertung d_{jk} der Kante A_jA_k. Da im Laufe eines Jahres jeder Artikel einmal produziert werden muß und der Prozeß sich jedes Jahr wiederholt, ist eine „Rundreise" durch das Netz gesucht, für die die Summe der Umstellungskosten möglichst klein ist.

Bemerkung Fordert man beim Rundreiseproblem zusätzlich, daß jede Ecke des Netzes genau einmal durchlaufen wird, so stellt jede Rundreise einen geschlossenen Hamiltonweg (vgl. Abschn. 3.2.4) dar. Gesucht ist dann der kürzeste geschlossene Hamiltonweg.

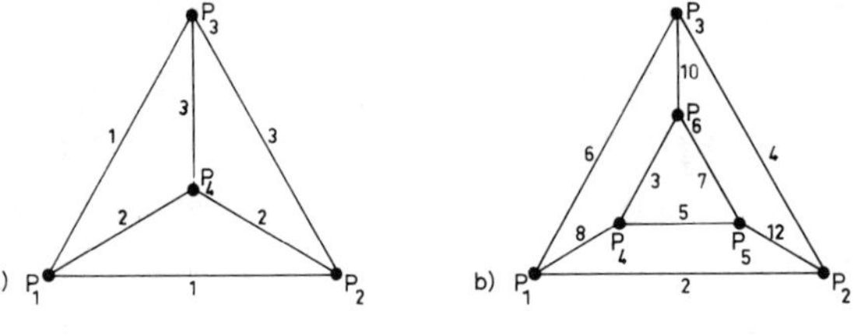

Fig. 4.4

Aufgabe 4.1 Ermitteln Sie die Längen der verschiedenen Rundreisen in den Netzen von Fig. 4.4 und geben Sie jeweils die kürzeste Rundreise an.

B

4.2 Bewertete Netze

4.2.1 Definition

Wir beschränken uns hier auf zusammenhängende und schlichte Netze, in denen es folglich keine Schlingen gibt und je zwei Ecken durch höchstens eine Kante verbunden sind.

Definition 4.1 Ein bewertetes Netz ist ein Netz (**E, K**) in dem jeder Kante $k_i \in K$ eine reelle Zahl $d_i \geqslant 0$ zugeordnet wird.

Bei Bewertungen von Netzen sind zwei Typen von Bedeutung:

Typ a. d_i bedeutet eine „Länge", z. B. geometrische Länge, Transportkosten oder Zeitaufwand.

B

Für eine Kantenmenge $F = \{k_1, k_2, \ldots, k_r\} \subset \mathbf{K}$ wird die zugehörige Länge

$$L(F) = d_1 + d_2 + \ldots + d_r = \sum_{k_i \in F} d_i$$

berechnet. Meist interessiert der Minimalwert von L(F) unter bestimmten Nebenbedingungen.

T y p b. d_i bedeutet eine „Kapazität", z. B. Verkehrsfluß, elektrische Kapazität oder Anzahl der Telefongespräche.

Für eine Kantenmenge $F = \{k_1, k_2, \ldots, k_r\} \subset \mathbf{K}$ ist

$$C(F) = \min_{k_i \in K} d_i$$

maßgebend, da der Fluß durch das Teilstück mit geringster Kapazität bestimmt ist. Meist interessiert der Maximalwert von C(F) bei bestimmten Nebenbedingungen.

Die Funktionen L und C sind monoton mit wachsendem r.

Satz 4.1 L ist monoton steigend: $F_1 \subset F_2 \Rightarrow L(F_1) \leqslant L(F_2)$.

B e w e i s. Wegen $F_1 \subset F_2$ ist $F_2 = F_1 \cup (F_2 \setminus F_1)$.

$$L(F_2) = \sum_{k_i \in F_2} d_i = \sum_{k_i \in F_1} d_i + \sum_{k_i \in F_2 \setminus F_1} d_i \geqslant \sum_{k_i \in F_1} d_i = L(F_1), \text{ da } d_i \geqslant 0. \blacksquare$$

Satz 4.2 C ist monoton fallend: $F_1 \subset F_2 \Rightarrow C(F_1) \geqslant C(F_2)$.

B e w e i s. Durch die Hinzunahme der Kanten von $F_2 \setminus F_1$ kann das Minimum der Bewertungen nur gleich bleiben oder kleiner werden. ■

Ein Sonderfall der Bewertung von Typ a liegt vor, wenn alle Kanten $k_i \in \mathbf{K}$ mit $d_i = 1$ bewertet werden. Jedes unbewertete Netz kann so a u f n a t ü r l i c h e W e i s e bewertet werden. Der Wert von L(F) ist dann einfach die Anzahl der Kanten in der Kantenmenge F.

Viele Probleme lassen sich leichter formulieren, wenn ein vollständiges Netz vorliegt. Ist ein vorliegendes bewertetes Netz nicht vollständig, so kann es leicht ergänzt werden, ohne die Lösung eines Problems zu beeinflussen.

Bei einer Bewertung mit Längen (Typ a) werden die eingefügten Kanten mit ∞ oder genügend großen Zahlen bewertet. Die eingefügten Kanten werden dann bei Minimalproblemen nie ausgewählt (Fig. 4.5).

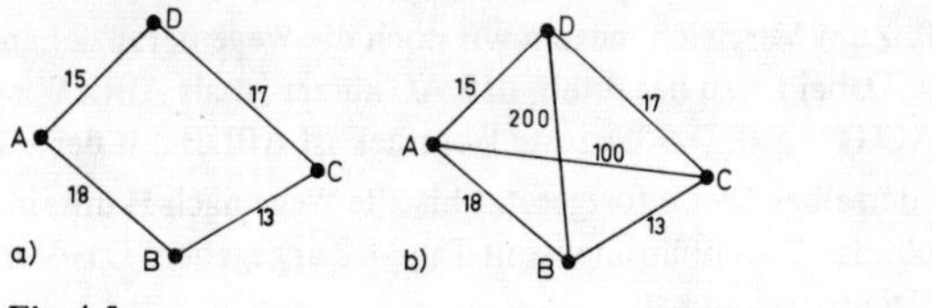

Fig. 4.5

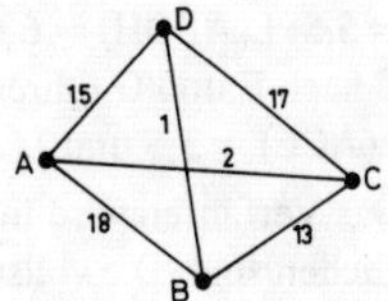

Fig. 4.6

B Bei einer Bewertung mit Kapazitäten (Typ b) werden die hinzugenommenen Kanten mit 0 oder mit genügend kleinen Zahlen bewertet. Dadurch spielen die hinzugenommenen Kanten bei Maximalproblemen keine Rolle (Fig. 4.6).

Bemerkung Bei manchen Problemen treten auch negative Zahlen als Bewertungen auf. Da die meisten der hier angegebenen Lösungsverfahren dann nicht mehr anwendbar sind, beschränken wir uns auf Netze mit nicht-negativen Bewertungen.

4.2.2 Problem des kürzesten Weges zwischen zwei Ecken

Bei der Lösung einer Labyrinthaufgabe (vgl. Abschn. 3.6.3) reicht es aus, irgendeinen Weg anzugeben, der zum Ausgang führt. Bei Problemen, die auf bewertete Netze führen, hat man meist ein Interesse, einen möglichst günstigen Weg von einer vorgegebenen Ecke zu einer anderen Ecke zu finden. Bei einem Netz mit Längenbewertung (Typ a) geht es also darum, einen kürzesten Weg zu ermitteln.

Beispiel 4.3 Eine Bergwanderung soll vom Startplatz A zur Hütte H führen. Die zur Auswahl stehenden Wege und die Bewertung (Gehzeit in Stunden) sind in Fig. 4.7 in einem Netz dargestellt. Von D nach E führt ein Sessellift. Welches ist der (in bezug auf die Gehzeit) kürzeste Weg von A nach H?

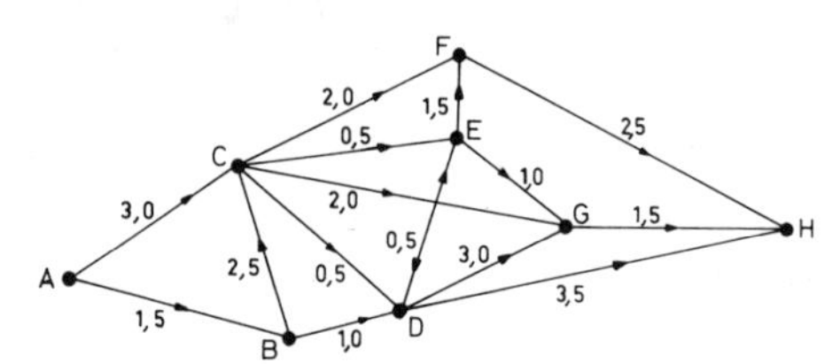

Fig. 4.7

Zur Lösung des Problems gehen wir schrittweise vor, indem wir von A ausgehend in Richtung auf H vorrücken und dabei immer den kürzesten Wegabschnitt wählen.

1. Schritt. Wir ermitteln die Nachbarecken von A und die zugehörigen Weglängen. Es ergibt sich: L(AB) = 1,5; L(AC) = 3,0. Das kürzeste Wegstück ist AB mit der Länge 1,5.

2. Schritt. Die Nachbarecken von B sind C und D mit L(ABC) = 1,5 + 2,5 = 4,0; L(ABD) = 1,5 + 1,0 = 2,5. Die Ecke D kann auch über C erreicht werden mit L(ACD) = 3,0 + 0,5 = 3,5. Das kürzeste Wegstück ist ABD mit der Länge 2,5.

3. Schritt. Die Nachbarecken von D sind E, G und H mit L(ABDE) = 3,0; L(ABDG) = 5,5; L(ABDH) = 6,0. Zum Vergleich müssen wir noch die Wege heranziehen, die über C nach E und G führen. Dabei ist zu beachten, daß AC kürzer ist als ABC. Wir erhalten L(ACE) = 3,5 und L(ACG) = 5,0. Das kürzeste Wegstück ist ABDE mit der Länge 3,0.

Das Verfahren wird in derselben Weise fortgesetzt bis alle Wege nach H miteinander verglichen sind. Die vollständige Durchführung ist in Tab. 4.2 angegeben. Das Verfahren bricht ab, da H keine Nachbarecken hat.

Tab. 4.2

Schritt	Ecke	Nachbarn	Wege und Weglängen
1	A(0)	B, C	L(AB) = 1,5; L(AC) = 3,0
2	B(1,5)	C, D	L(ABC) = 4,0; L(ABD) = 2,5; L(ACD) = 3,5
3	D(2,5)	E, G, H	L(ABDE) = 3,0; L(ABDG) = 5,5; L(ABDH) = 6,0; L(ACE) = 3,5; L(ACG) = 5,0
4	E(3,0)	F, G	L(ABDEF) = 4,5; L(ABDEG) = 4,0; L(ACF) = 5,0; L(ACG) = 5,0
5	G(4,0)	H	L(ABDEGH) = 5,5; L(ABDH) = 6,0; L(ACFH) = 8,5
6	H(5,5)	–	–

E r g e b n i s: Der kürzeste Weg von A nach H ist ABDEGH. Man benötigt für ihn 5,5 Stunden.

Das oben beschriebene Verfahren verfolgt immer die kürzesten Wegstücke, die von A ausgehen. Es hat von selbst zum Ziel H geführt. Das liegt in der Bauart des vorliegenden Netzes begründet. Wenn wir an Stelle von H das Ziel F ansteuern, so läuft der berechnete Weg am Ziel vorbei. Aus den Spalten „Nachbarn" und „Wege und Weglängen" in der Tabelle kann der kürzeste Weg von A nach F jedoch herausgelesen werden. Er lautet ABDEF und hat die Länge 4,5.

Aus diesen Überlegungen erkennt man, daß dieses Verfahren nur dann direkt zum Ziel führt, wenn die Zielecke auf dem vom Start ausgehenden Weg mit den jeweils kürzesten Teilstücken liegt. Im allgemeinen Fall genügt es nicht, nur diesen einen Weg zu verfolgen. Man muß vielmehr alle von A ausgehenden Wege verfolgen und jeweils den kürzesten für jede Ecke des Netzes ermitteln. Dieses allgemeinere Problem wird im nächsten Abschnitt gelöst.

4.2.3 Kürzeste Wege von einem Punkt aus

Durch geringfügige Abänderung des in Abschn. 4.2.2 beschriebenen Verfahrens können wir in einem bewerteten Netz die kürzesten Wege von einer beliebigen Ecke aus berechnen. In der Literatur findet man es unter dem Namen V e r f a h r e n v o n D i j k s t r a (vgl. [23]) oder V e r f a h r e n v o n D a n t z i g (vgl. [37] und [7]).

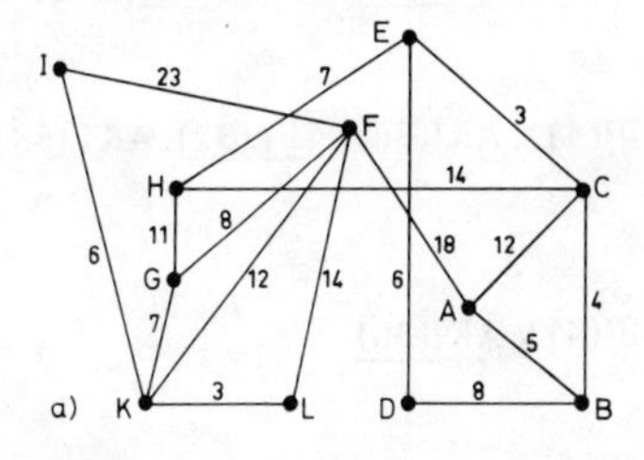

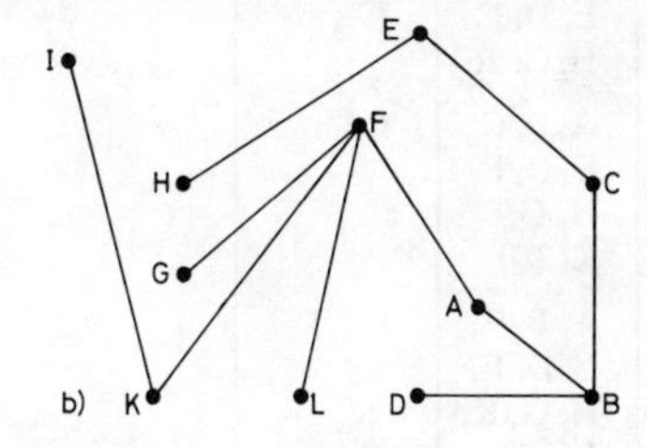

Fig. 4.8

Beispiel 4.4 In dem in Fig. 4.8a vorgelegten bewerteten Netz mit n = 11 Ecken sollen die kürzesten Wege von der Ecke A aus ermittelt werden.

Die Lösung erfolgt wieder schrittweise. Vor dem k-ten Schritt ($k \leqslant n$) werden drei Eckenklassen notiert: E_k enthält die Ecken, für die man die kürzesten Wege schon kennt; die Nachbarn von Ecken aus E_k liegen in N_k; R_k enthält die restlichen Ecken. Bei jedem Schritt wird diejenige Ecke aus N_k ermittelt, die den kürzesten Abstand von A hat. In Tab. 4.3 ist für jede Ecke von E_k der kürzeste Abstand von A in Klammern notiert. Für jeden Weg ist die Länge in Klammern angegeben. Der kürzeste Weg ist jeweils durch Unterstreichung hervorgehoben. Das Ergebnis ist in Fig. 4.8b angegeben.

Wir stellen fest:

a) Bei jedem Schritt ergibt sich für eine Ecke des Netzes der kürzeste Weg. Es ist keine Abänderung von schon ermittelten Wegen erforderlich. Das Verfahren ist deshalb nach $n - 1 = 10$ Schritten beendet.

Tab. 4.3

k	E_k	N_k	R_k	Wege und Weglängen
1	A(0)	B, C, F	D, E, G, H, I, K, L	AB(5); AC(12); AF(18)
2	A, B(5)	C, D, F	E, G, H, I, K, L	ABC(9); ABD(11); AC(12); AF(18)
3	A, B, C(9)	D, E, F, H	G, I, K L	ABD(13); ACE(12); AF(18); ACH(23)
4	A, B, C, E(12)	D, F, H	G, I, K, L	ABD(13); AED(18); AF(18); ACH(23); AEH(19)
5	A, B, C, E, D(13)	F, H	G, I, K, L	AF(18); AEH(19); ACH(23)
6	A, B, C, E, D, F(18)	G, H, I, K, L	–	AFG(26); AEH(19); AFI(41); AFK(30); AFL(32)
7	A, B, C, E, D, F, H(19)	G, I, K, L	–	AFG(26); AGH(30); AFI(41); AFK(30); AFL(32)
8	A, B, C, E, D, F, H, G(26)	I, K, L	–	AFI(41); AFK(30); AGK(33): AFL(32)
9	A, B, C, E, D, F, H, G, K(30)	I, L	–	AFI(41); AKI(36); AFL(32); AKL(33)
10	A, B, C, E, D, F, H, G, K, L(32)	I	–	AFI(41); AKI(36)

b) Die kürzesten Wege zu den einzelnen Ecken treten nach ihrer Länge geordnet auf.

c) Die kürzesten Wege von A aus bilden einen Baum, der alle Ecken des Netzes erfaßt, also ein Gerüst des Netzes.

Diese Ergebnisse erhalten wir für jedes bewertete zusammenhängende Netz. Dies soll im folgenden bewiesen werden.

Wir zeigen zunächst, daß das Verfahren von Dijkstra stets in der angegebenen Weise zum Ziel führt.

Satz 4.3 Das Verfahren von Dijkstra ist ein Algorithmus, der bei jedem Schritt einen kürzesten Weg von einer festen Ecke $A = Q_0$ eines bewerteten zusammenhängenden Netzes mit n Ecken zu einer anderen Ecke liefert. Die kürzesten Wege ergeben sich geordnet nach wachsender Länge.

B e w e i s. Wir führen den Beweis durch vollständige Induktion. Die Induktionsbehauptung lautet: Nach k Schritten $(k \leqslant n)$ sind die kürzesten Wege zu k von Q_0 verschiedenen Ecken geordnet nach wachsender Länge ermittelt.

I. Für $k = 1$ gilt die Behauptung. Es ist $E_1 = \{Q_0\}$. Im ersten Schritt wird die kürzeste Kante ausgewählt, die von Q_0 ausgeht. Ihren Endpunkt nennen wir Q_1. Der Weg Q_0Q_1 ist der kürzeste Weg, der von Q_0 ausgeht, da jeder andere Weg eine Kante k_i mit $L(k_i) \geqslant L(Q_0Q_1)$ enthält.

II. Induktionsannahme: Nach $k-1$ Schritten sind die kürzesten Wege zu den $k-1$ Ecken $Q_1, Q_2, \ldots, Q_{k-1}$ bekannt; geordnet nach steigender Länge. Nach Konstruktion gilt

$$\bigwedge_{Q_i \in E_{k-1}} \quad \bigwedge_{P_r \in N_{k-1} \cup R_{k-1}} \qquad L(Q_0Q_i) \leqslant L(Q_0Q_{k-1}) \leqslant L(Q_0P_r) \tag{4.1}$$

Es ist $E_k = \{Q_0, Q_1, \ldots, Q_{k-1}\}$. Im k-ten Schritt besteht N_k aus den Nachbarecken $N_{k1}, N_{k2}, \ldots, N_{kr}$ der Ecken von E_k, die nicht zu E_k gehören. Die kürzeste Bahn $Q_0Q_iN_{kj} (1 \leqslant i \leqslant k-1; 1 \leqslant j \leqslant r)$ wird ausgewählt. Die Ecke N_{kj} wird Q_k genannt. Kommen mehrere Wege gleicher Länge vor, so wird einer willkürlich ausgewählt. Wir zeigen durch indirekten Beweis, daß Q_0Q_k ein kürzester Weg von Q_0 nach Q_k ist. Dazu nehmen wir an, Q_0Q_k ist nicht der kürzeste Weg von Q_0 nach Q_k. Dann gibt es einen Weg $(Q_0Q_k)'$ mit

$$L(Q_0Q_k)' < L(Q_0Q_k). \tag{4.2}$$

Wegen $Q_0 \in E_k$ und $Q_k \in N_k$ gibt es auf dem Weg $(Q_0Q_k)'$ eine Ecke $Q_i \in E_k$, deren Nachfolger P_j in N_k liegt. Damit gilt

$$L(Q_0Q_k)' \geqslant L(Q_0P_j) \geqslant L(Q_0Q_k). \tag{4.3}$$

Das ist ein Widerspruch zur Annahme (4.2).

Ebenso findet man, daß jeder andere Weg von Q_0 zu einer Ecke $P_s \in N_k \cup R_k$ mindestens die Länge von Q_0Q_k hat.

Nach Konstruktion ist

$$E_k = E_{k-1} \cup \{Q_k\} \text{ und } N_k \cup R_k = (N_{k-1} \cup R_{k-1}) \setminus \{Q_k\}.$$

B Somit gilt

$$\bigwedge_{Q_i \in E_k} \bigwedge_{P_r \in N_k \cup R_k} L(Q_0Q_i) \leqslant L(Q_0Q_k) \leqslant L(Q_0P_r) \qquad (4.4)$$

Die Beziehung (4.4) stellt die Induktionsannahme (4.1) für k anstelle von k − 1 dar. ■

Aufgabe 4.2 Geben Sie für die Ecke K des Netzes in Fig. 4.8a die kürzesten Wege an. Vergleichen Sie die sich ergebenden Wege mit denen in Fig. 4.8b.

Aufgabe 4.3 Zeigen Sie an einem einfachen Beispiel, daß das Verfahren von Dijkstra nicht anwendbar ist, wenn es in einem Netz auch negativ bewertete Kanten gibt.

Aufgabe 4.4 Bei einem Spiel liegt der in Fig. 4.9a gezeichnete Spielplan vor. Beim Start darf man sich entscheiden, ob man nach S_1 oder S_2 vorrücken will. An jeder Station S_i ($i = 1, \ldots, 8$) liegt ein Kärtchen, auf dem ein Zufallsexperiment (z. B. Würfeln oder Ziehen aus einer Urne) angegeben ist. Der Spieler muß dieses Zufallsexperiment durchführen. Ist der Ausgang günstig, so darf er in Pfeilrichtung nach freier Wahl vorrücken. Gewonnen hat, wer zuerst in Z ankommt. Die Kärtchen können ausgetauscht werden, um verschiedene Spielsituationen zu schaffen (nach: Mathematisches Labor, Kombinatorik und Wahrscheinlichkeit, Spielanleitung S. 13, Stuttgart).

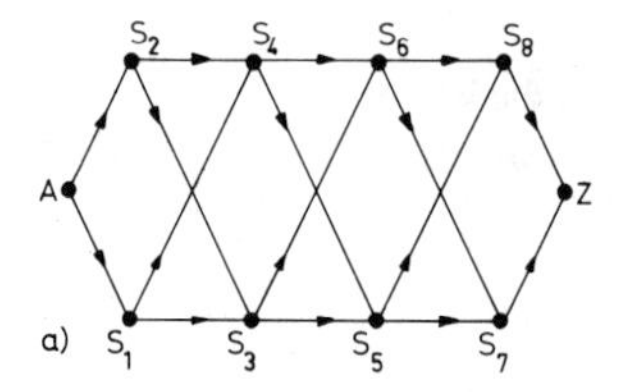

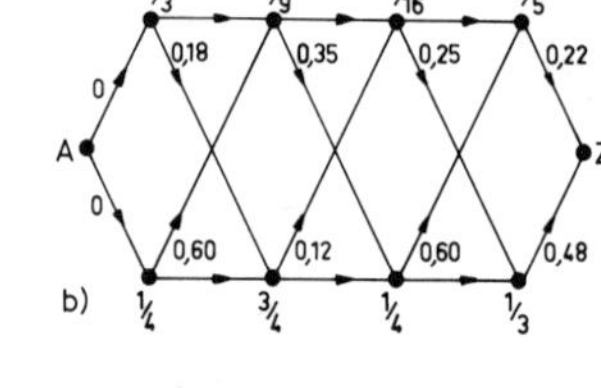

Fig. 4.9

Wir wollen für eine bestimmte Spielsituation mit Hilfe einer geeigneten Bewertung des Netzes eine Gewinnstrategie berechnen. Dazu sind in Fig. 4.9b die Erfolgswahrscheinlichkeiten P_i für die einzelnen Stationen angegeben. Da die einzelnen Experimente unabhängig sind, werden die Wahrscheinlichkeiten auf jedem Weg von A nach Z multipliziert.

a) Zeigen Sie, daß eine Bewertung der von S_i ausgehenden Kanten mit $\log_{10}(1/p_i)$ das Spiel richtig erfaßt.

b) Wann bekommt eine Kante die Bewertung 0, wann die Bewertung ∞?

c) Geben Sie den kürzesten Weg von A nach Z an und zeigen Sie, daß er eine Gewinnstrategie darstellt.

A n m e r k u n g. Im Spiel sind die Wahrscheinlichkeiten und Bewertungen nicht bekannt. Sie müssen beim Spielen erfaßt werden.

Es bleibt noch zu zeigen, daß die gefundenen kürzesten Wege ein Gerüst des Netzes bilden.

Satz 4.4 In einem bewerteten zusammenhängenden Netz bilden die von einer festen Ecke Q_0 ausgehenden kürzesten Wege zu den anderen Ecken ein Gerüst.

B e w e i s. a) Das Teilnetz der kürzesten Wege erfaßt alle Ecken. Nach Voraussetzung gibt es zu jeder von Q_0 verschiedenen Ecke einen kürzesten Weg. Zwischen je zwei Ecken des Netzes gibt es also stets einen Weg.
b) Das Teilnetz der kürzesten Wege ist ein Baum, enthält also keinen Kreis. Denn nehmen wir an, es gibt einen Kreis, so liegt in dem Kreis mindestens eine Ecke Q_i, zu der es zwei verschiedene Wege von Q_0 aus gibt. Das ist ein Widerspruch zur Konstruktion des Teilnetzes.

Aus a) und b) folgt, daß das Teilnetz ein Gerüst ist. ■

Die Aussage von Satz 4.4 ist unabhängig von dem Verfahren, nach dem die kürzesten Wege ermittelt werden. Ist der kürzeste Weg zu einer Ecke Q_j nicht eindeutig bestimmt, so wird einer der Wege willkürlich ausgewählt. Im folgenden ist darauf zu achten, daß für alle Wege, die über Q_j führen, das gewählte Stück Q_0Q_j verwendet wird.

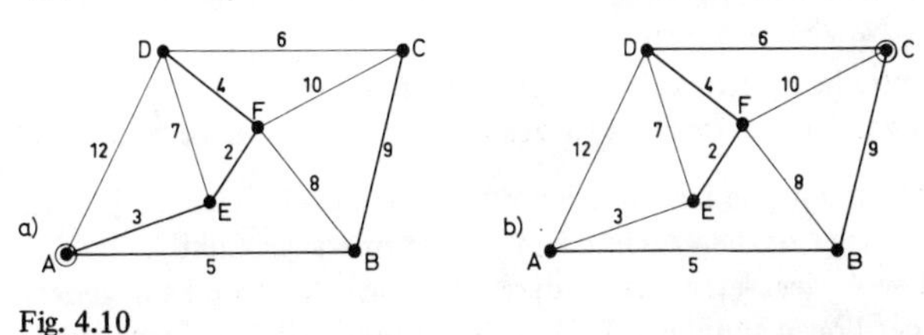

Fig. 4.10

Für verschiedene Bezugsecken eines Netzes ergeben sich in der Regel verschiedene Gerüste. In die Netze in Fig. 4.10 sind die Gerüste für die Bezugsecken A und C eingezeichnet. Das durch A festgelegte Gerüst enthält die Wege ABC und AEFD; das Gerüst zur Ecke C enthält die Wege CDFE und CBA (oder CD, CFE und CBA, da CF und CDF gleich lang sind). Beide Gerüste weisen den Weg ABC als kürzeste Verbindung zwischen A und C auf.

Nimmt man als kürzeste Verbindung zwischen C und F stets den Weg CDF, so gilt eine entsprechende Aussage für die Gerüste zu zwei beliebig ausgewählten Ecken.

Wir vereinbaren, daß bei verschiedenen kürzesten Wegen zwischen zwei Ecken in einem Netz immer derselbe Weg gewählt wird.

Aufgabe 4.5 Ermitteln Sie für das Netz (**E**, **K**) in Fig. 4.10 die Gerüste für die Bezugsecken B, D, E und F. Bestätigen Sie, daß jeweils zwei der Gerüste die kürzeste Verbindung ihrer Bezugsecken gemeinsam haben.

Satz 4.5 In einem ungerichteten bewerteten Netz haben die Gerüste aus den kürzesten Wegen bezüglich der Ecken P und Q die kürzeste Verbindung zwischen P und Q (und eventuell noch andere Kanten) gemeinsam.

B e w e i s. Nach Vereinbarung werden bei verschiedenen kürzesten Verbindungen zwischen zwei Ecken stets dieselben Wege gewählt. Nehmen wir an, die Verbindung von P nach Q im Gerüst zu P unterscheide sich von der Verbindung von Q nach P im Gerüst zu Q. Sind die verschiedenen Wege gleich lang, so wurde die Vereinbarung über die Auswahl des Weges nicht beachtet. Sind die Wege verschieden lang, so ist der längere Weg

B nicht die kürzeste Verbindung, da in dem ungerichteten Netz jeder Weg in beiden Richtungen gleich lang ist. Das ist ein Widerspruch zur Konstruktion der Gerüste. ■

Für ein ungerichtetes bewertetes Netz (**E**, **K**) kann man den kürzesten Weg zwischen zwei Ecken P und Q auch durch ein Analogieverfahren lösen. Man knüpft dazu aus nicht dehnbaren Fäden ein dem Netz **E** entsprechendes Modell. Die Längen der Fadenstücke werden proportional zu den Bewertungen der Kanten genommen, die sie repräsentieren. Die kürzeste Verbindung zwischen P und Q erhält man, wenn man das Modell in den entsprechenden Knoten P′ und Q′ festhält und so weit wie möglich auseinanderzieht. Die straff gespannten Fäden bilden eine kürzeste Verbindung zwischen P′ und Q′, die in das Netz eingezeichnet werden kann. Eventuell muß man dabei aus mehreren Faden-Wegen einen Weg auswählen.

Dieses Analogieverfahren führt stets zum Ziel, da jeder kürzesten Verbindung im Netz (**E**, **K**) auch ein gespannter Fadenweg im Modell entspricht. Es ist nur für positiv bewertete ungerichtete Netze anwendbar.

Es gibt auch praktische Probleme, bei denen es nicht auf die kürzesten, sondern auf die längsten Bahnen von einer Ecke eines Netzes zu einer anderen Ecke ankommt.

Beispiel 4.5 (Planung eines Bauvorhabens) (nach [37], S. 128) Die einzelnen Arbeitsgänge ergeben zusammen mit dem Ausgangspunkt A und dem Endpunkt B die Ecken A_i des Netzes, das in dieser Art auch Netzplan genannt wird. Die Bewertung der Bögen gibt den erforderlichen Zeitaufwand an. Dabei wird mit $k_i \geqslant 0$ die Zeitspanne bezeichnet, nach der mit der Aktivität A_i begonnen werden kann; $\ell_j \geqslant 0$ ist der Zeitaufwand für die Aktivität A_j und $m_{ij} \geqslant 0$ gibt an, welche Zeit nach Beginn der Aktivität A_i vergangen sein muß, bevor mit A_j begonnen werden kann. Die

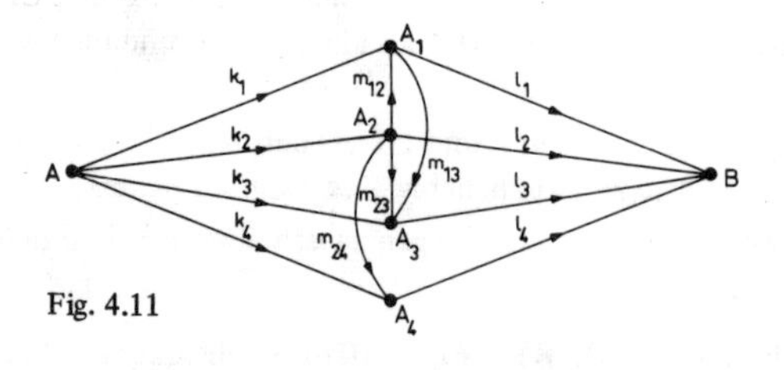

Fig. 4.11

Länge eines Weges von A nach B gibt die Zeitdauer für die Ausführung der Aktivitäten an, die auf diesem Weg liegen. Da alle Aktivitäten ausgeführt werden müssen, gibt der längste Weg von A nach B an, welche Zeitspanne mindestens erforderlich ist, um das ganze Vorhaben durchzuführen. Eventuelle Verzögerungen wirken sich vor allem auf dieser längsten Bahn aus. Sie wird deshalb kritische Bahn genannt.

4.2.4 Minimalgerüste

Das Problem der kürzesten Wege und das Problem des Minimalgerüsts (vgl. Abschn. 4.1.2) in einem bewerteten Netz sind ähnliche Fragestellungen. Sie unterscheiden sich

B

jedoch in einem wesentlichen Punkt. Die kürzesten Wege laufen von einer festen Ecke aus und das Gerüst ist von der gewählten Ecke im Netz abhängig. (Man spricht von einem Problem im Kleinen.) Beim Minimalgerüst wird keine Ecke vorher ausgewählt, und das Gerüst ist eine Eigenschaft des Netzes als Ganzem (man spricht von einem Problem im Großen).

Definition 4.2 Gegeben ist ein zusammenhängendes Netz **(E, K)**, bei dem jede Kante $k_i \in \mathbf{K}$ mit einer Länge $d_i \geqslant 0$ bewertet ist. Ein Gerüst mit den Kanten $k_1, k_2, \ldots, k_r$ heißt Minimalgerüst, wenn $\sum_{i=1}^{r} d_i$ minimal ist.

Satz 4.5 In einem vollständigen Netz **(E, K)** mit n Ecken ($n \in \mathbb{N}$), dessen Kanten paarweise verschieden bewertet sind, erhält man nach folgendem Verfahren das eindeutig bestimmte Minimalgerüst **(E, V)**: Man nimmt für k_1 die kürzeste Kante, für k_2 die kürzeste der restlichen Kanten, für k_3 die kürzeste der dann noch verbleibenden Kanten, ohne daß ein Kreis entsteht usw. Das Verfahren bricht nach $n - 1$ Schritten ab.

Beweis. Wir konstruieren die Kantenmenge $\mathbf{V} = \{k_1, k_2, \ldots, k_{n-1}\}$ nach dem angegebenen Verfahren. Da keine Kreise auftreten dürfen, ergeben sich bei n Ecken genau $n - 1$ Kanten, die zu einem Gerüst gehören.

Unter den endlich vielen Gerüsten des Netzes gibt es sicher mindestens ein minimales Gerüst, da die Kanten verschieden bewertet sind. Wir nehmen an, daß die Kantenmenge $W = \{\ell_1, \ell_2, \ldots, \ell_{n-1}\}$ zu diesem Minimalgerüst gehört und zeigen, daß dann $\mathbf{V} = W$ gilt. Der Beweis wird indirekt geführt: Wir nehmen an, es sei $\mathbf{V} \neq W$. Dann können die Kanten k_i und ℓ_j nicht paarweise übereinstimmen. Es sei k_r die erste Kante aus **V** mit $k_r \notin W$. Wir bilden $W \cup \{k_r\}$. Da W zu einem Baum gehört, enthält $W \cup \{k_r\}$ einen Kreis. In diesem Kreis gibt es eine Kante ℓ_s, die nicht zu **V** gehört, da **V** ebenfalls zu

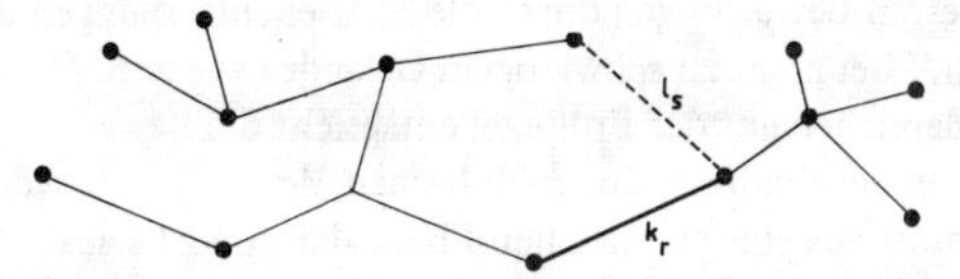

Fig. 4.12

einem Baum gehört. Wir entfernen ℓ_s aus W und fügen dafür k_r ein. Es entsteht ein Gerüst $W' = (W \setminus \{\ell_s\}) \cup \{k_r\}$. Nach Auswahl von k_r ist $L(k_r) \leqslant L(\ell_s)$. Das Gerüst W' hat also eine kleinere Gesamtlänge als das Minimalgerüst W. Das ist ein Widerspruch. ■

Bemerkungen a) Ist das vorliegende bewertete Netz nicht vollständig, so kann es durch Einfügen genügend groß bewerteter Kanten ergänzt werden. Das Minimalgerüst wird dann nicht beeinflußt.

b) Gibt es in dem vorliegenden Netz verschiedene Kanten mit gleicher Bewertung, so kann dies zwar durch geringfügige Abänderung der Bewertungen behoben werden. Es ist aber möglich, daß dadurch das Minimalgerüst beeinflußt wird. Das ist genau dann der Fall, wenn einige der Kanten mit geänderter Bewertung zum Gerüst benötigt werden, andere nicht (vgl. Aufgabe 4.7).

B c) Sind in einem Netz mit n Ecken ($n \in \mathbb{N}^+$) alle Kanten mit 1 bewertet, so ist jedes Gerüst ein Minimalgerüst und hat die Gesamtlänge $n - 1$. Das Problem des Minimalgerüstes kann in solchen Netzen nicht sinnvoll gestellt werden.

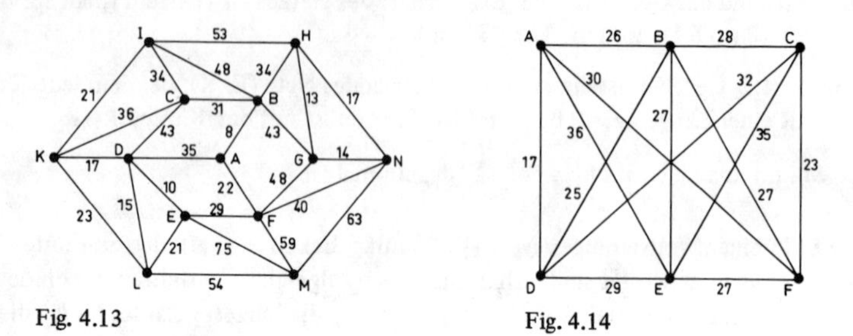

Fig. 4.13 Fig. 4.14

Aufgabe 4.6 Ermitteln Sie das Minimalgerüst für das Netz in Fig. 4.13 und das von A ausgehende Gerüst der kürzesten Wege.

Aufgabe 4.7 In dem Netz in Fig. 4.14 treten mehrere Kanten mit der gleichen Bewertung auf. Geben Sie alle möglichen Minimalgerüste an.

4.3 Metrische und topologische Strukturen in bewerteten Netzen

A

4.3.1 Einführung

Bei dem einführenden Beispiel zum Rundreiseproblem (Abschn. 4.1.3) wurde ein Netz (Fig. 4.3) zugrundegelegt, dessen Bewertungen durch die Straßenentfernungen der Städte untereinander gegeben sind. Bei nicht zu schwierigem Gelände (wie z. B. Gebirge oder Seen) und nicht zu großen Bereichen auf der Erdkugel entspricht die Bewertung in etwa den geradlinigen Entfernungen der Städte in der euklidischen Metrik. Das bewertete Netz stellt also einen Ausschnitt aus einer metrischen Ebene dar und ist selbst ein endlicher metrischer Raum (vgl. Abschn. 2.4.1).

Die M e t r i k wird dabei durch eine Abbildung festgelegt, die je zwei Punkten P und Q einer Menge M eine reelle Zahl $d(P, Q) \geqslant 0$ zuordnet mit folgenden Eigenschaften: Für alle $P, Q, R \in M$ gilt

(M1) $d(P, Q) = 0$ genau dann, wenn $P = Q$,

(M2) $d(P, Q) = d(Q, P)$ Symmetrie

(M3) $d(P, Q) + d(Q, R) \geqslant d(P, R)$ Dreiecksungleichung.

Dies sind die Metrik-Axiome aus Definition 2.9.

Man kann nun untersuchen, ob ein beliebiges bewertetes Netz einen metrischen Raum bildet. Dabei liegt es nahe, zwei Ecken P und Q des Netzes die Länge L(P, Q) des kürzesten Verbindungsweges von P nach Q zuzuordnen. Es ist also stets $d(P, Q) = L(P, Q)$

A

und d(P, P) = 0. Wegen d(P, Q) ⩾ 0 müssen wir uns auf nichtnegativ bewertete Netze beschränken.

Wir wollen nun für die Netze in Figur 4.15 nachprüfen, ob die drei Metrik-Axiome erfüllt sind.

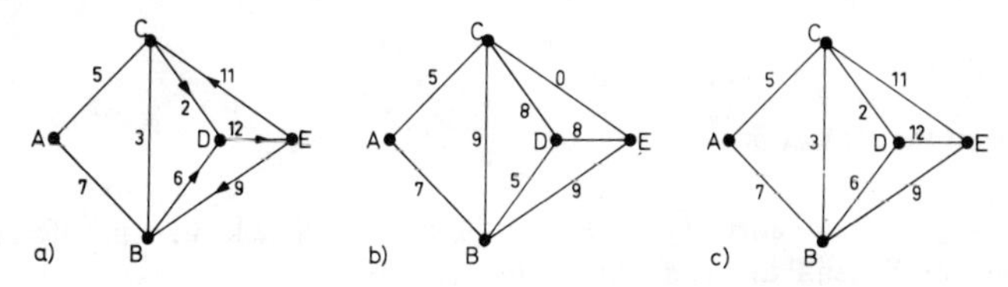

Fig, 4.15

In dem gerichteten Netz in Fig. 4.15a ist der Weg von B nach E verschieden vom Weg von E nach B. Die Längen sind d(B, E) = 18 und d(E, B) = 9. Es ist also d(B, E) ≠ d(E, B). Die Symmetrie ist nicht erfüllt, und die Bewertung des Netzes legt keine Metrik fest.

Im Netz von Fig. 4.15b ist die Kante CE mit 0 bewertet. Damit ist das Metrik-Axiom (M1) verletzt. Man erkennt dies deutlicher, wenn man dieses Axiom durch logische Kontraposition auf die folgende äquivalente Form bringt:

(M1)′ d(P, Q) ≠ 0 genau dann, wenn P ≠ Q.

Man erkennt sofort, daß die Metrik-Axiome (M1) und (M2) im Netz von Fig. 4.15c erfüllt sind.

Betrachten wir die Dreiecksmasche BCD, so gilt L(BCD) = L(BC) + L(CD) = 5 und L(BD) = 6. Das scheint ein Widerspruch zur Dreiecksungleichung zu sein. Dabei wurde aber übersehen, daß den Ecken B und D nicht die Bewertung der Kante BD zugeordnet wird, sondern die Länge des kürzesten Weges von B nach D. Es ist also d(B, D) = 5 und die Dreiecksungleichung gilt.

Wir stellen die Entfernungen der Ecken des Netzes in Fig. 4.15c in Tab. 4.4 zusammen.

Tab. 4.4

	A	B	C	D	E
A	0	7	5	7	16
B	7	0	3	5	9
C	5	3	0	2	11
D	7	5	2	0	12
E	16	9	11	12	0

Will man alle möglichen Fälle für die Dreiecksungleichung nachprüfen, so muß man die drei Variablen P, Q und R unabhängig voneinander durch die fünf Eckennamen A bis E ersetzen. Das sind $5^3 = 125$ Möglichkeiten (vgl. [43], S. 52). Läßt man die trivialen Fälle weg, in denen eine Ecke mehrfach auftritt, so bleiben immer noch 5 · 4 · 3 = 60 Fälle. Man hat hier ein ähnliches Problem vorliegen wie beim Nachprüfen der Transiti-

A

vität von Relationen $(xRy \wedge yRz \Rightarrow xRz)$ oder der Assoziativität bei Verknüpfungen $[a \circ (b \circ c) = (a \circ b) \circ c]$. Im nächsten Abschnitt wird diese Frage allgemein gelöst.

Aufgabe 4.8 Zeigen Sie für das Netz in Fig. 4.15c, daß die Dreiecksungleichung für alle Wege von B nach C gilt.

B

4.3.2 Bewertung als Metrik

In einem mit positiven Längen bewerteten ungerichteten Netz kann man aufgrund von Satz 4.5 je zwei Ecken P und Q die Länge des kürzesten Verbindungsweges als reelle Zahl $d(P, Q) \geqslant 0$ zuordnen. Die Beispiele in Abschn. 4.3.1 lassen vermuten, daß dadurch eine Metrik festgelegt wird.

Satz 4.7 Sei $\mathbf{E}$ die Eckenmenge eines positiv bewerteten, ungerichteten Netzes $(\mathbf{E}, \mathbf{K})$ und $d : \mathbf{E} \times \mathbf{E} \to \mathbf{R}_0^+$ die Abbildung, die jedem Paar von Ecken $(P, Q) \in \mathbf{E} \times \mathbf{E}$ die Länge $d(P, Q)$ des kürzesten Verbindungsweges von P nach Q zuordnet. Dann ist $(\mathbf{E}, d)$ ein metrischer Raum.

B e w e i s. Wir müssen zeigen, daß die drei Metrik-Axiome erfüllt sind.

a) Wegen der Einschränkung auf positive Bewertungen gilt für zwei verschiedene Ecken P und Q stets $d(P, Q) \geqslant 0$. Damit gilt Axiom (M1).

b) Aus Satz 4.5 folgt, daß für zwei Ecken P, Q stets $d(P, Q) = d(Q, P)$ gilt. Also ist die Symmetrie erfüllt.

c) Zum Nachweis der Dreiecksungleichung wählen wir drei beliebige Ecken $P, Q, R \in \mathbf{E}$ und betrachten den kürzesten Weg W von P nach R.

1. F a l l. Q liegt auf W. Dann ist $d(P, Q) + d(Q, R) = d(P, R)$, denn jedes Teilstück eines kürzesten Weges ist ebenfalls ein kürzester Weg.

2. F a l l. Q liegt nicht auf W. Dann ist nach Konstruktion des kürzesten Weges $d(P, Q) + d(Q, R) \geqslant d(P, R)$. Das Gleichheitszeichen gilt genau dann, wenn Q auf einem nicht ausgewählten kürzesten Weg von P nach R liegt.

Da es keine weitere Möglichkeit für die Lage von Q gibt, gilt die Dreiecksungleichung allgemein. ■

Die Aussage von Satz 4.7 ermöglicht es auf einfache Weise, Beispiele für metrische Räume in Form von bewerteten Netzen anzugeben. Wir zeichnen diese Netze als Punkte und Linien in der Ebene. Durch die willkürliche Bewertung mit positiven reellen Zahlen erhält man jedoch metrische Zusammenhänge, die sich mehr oder weniger von der „natürlichen Metrik" unterscheiden.

Es ist nun interessant, metrische Begriffe der ebenen Geometrie (z. B. Kreis, gleichseitiges Dreieck, Raute oder Mittelsenkrechte) auf bewertete Netze zu übertragen. Dabei muß man jedesmal eine geeignete Definition des betrachteten Begriffs wählen, die ausschließlich längen-metrische Elemente enthält. Die Begriffe Gerade und Winkel sind meist nicht verfügbar. Als Figur wird deshalb eine Eckenmenge mit der kennzeichnenden Eigenschaft verstanden.

Beispiel 4.6 In dem metrischen Raum (**E**, d), der durch das bewertete Netz in Fig. 4.16 festgelegt ist, sollen alle konzentrischen Kreise um die Ecke A, die Mittelsenkrechte zu CF sowie einige gleichseitigen Dreiecke und Rauten angegeben werden.

Es ist zweckmäßig, zuerst eine Entfernungstabelle (Tab. 4.5) aufzustellen, in der die Längen der kürzesten Wege zwischen je zwei Ecken erfaßt werden. Die Tabelle enthält wegen Metrik-Axiom (M1) in der Diagonalen lauter Nullen und ist wegen Metrik-Axiom (M2) symmetrisch.

Tab. 4.5

	A	B	C	D	E	F	G	H	I	K	L	M	N
A	0	1	2	1	2	1	4	3	2	4	3	4	3
B	1	0	2	2	3	2	3	2	3	5	4	5	4
C	2	2	0	2	4	3	5	4	3	5	5	6	5
D	1	2	2	0	3	2	5	4	1	3	4	5	4
E	2	3	4	3	0	1	5	5	4	4	1	3	3
F	1	2	3	2	1	0	4	4	3	5	2	3	2
G	4	3	5	5	5	4	0	1	2	4	5	3	2
H	3	2	4	4	5	4	1	0	1	3	6	4	3
I	2	3	3	1	4	3	2	1	0	2	5	5	4
K	4	5	5	3	4	5	4	3	2	0	3	5	6
L	3	4	5	4	1	2	5	6	5	3	0	2	3
M	4	5	6	5	3	3	3	4	5	5	2	0	1
N	3	4	5	4	3	2	2	3	4	6	3	1	0

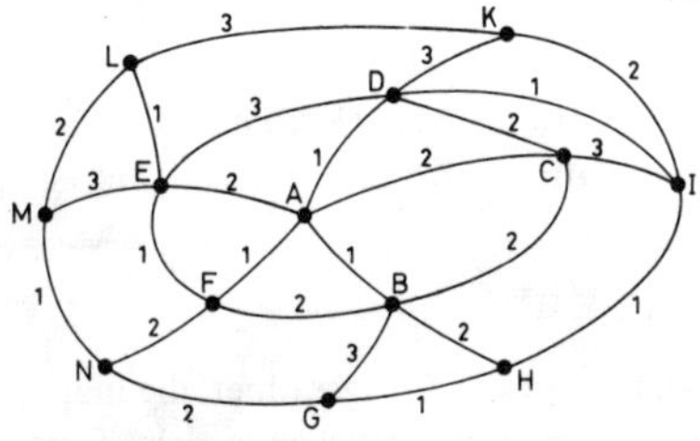

Fig. 4.16

a) Eine Kreislinie ist die Menge aller Ecken des Netzes, die von einer festen Ecke M den gleichen konstanten Abstand r haben:

$k(M; r) = \{P | P \in \mathbf{E} \wedge d(P, M) = r\}$. Es ergibt sich

$k(A; 1) = \{B, D, F\}$; $\quad k(A; 2) = \{C, E, I\}$;

$k(A; 3) = \{H, L, N\}$; $\quad k(A; 4) = \{G, K, M\}$

und $\quad k(A; 0) = \{A\}$.

Die Kreise mit $r \neq 0$ enthalten zufällig jeweils drei Ecken.

b) Die Mittelsenkrechte zu QR enthält alle Punkte, die von Q und R gleich weit entfernt sind: $m_{QR} = \{P | P \in \mathbf{E} \wedge d(P, Q) = d(P, R)\}$. Man erhält $m_{CF} = \{B, D, H, K\}$.

c) Ein gleichseitiges Dreieck ist ein Punktetripel PQR mit paarweise gleichem Abstand: $d(P, Q) = d(Q, R) = d(R, P)$. Beispiele dafür sind die Tripel BCD (Seitenlänge $a = 2$) und AHN ($a = 3$).

d) Eine Raute ist ein Punktequadrupel PQRS mit den gleichen Abständen $d(P, Q) = d(Q, R) = d(R, S) = d(S, P) = a$. Man findet die Raute AHKL mit $a = 3$ und der einen Diagonalen AK.

Das Beispiel macht deutlich, daß die betrachteten elementargeometrischen Begriffe ausschließlich unter dem Aspekt des Abstandes der Ecken gesehen werden und alle anderen

B Eigenschaften – wie z. B. die Winkeleigenschaften oder Diagonalen – teilweise oder ganz verloren gehen.

Das Beispiel zeigt aber auch, daß die Betrachtungen in frei erfundenen Netzen mit vielen Ecken nicht ohne einigen Aufwand durchgeführt werden können, da jede Entfernung gesondert ermittelt werden muß. Andererseits ist eine gewisse Eckenzahl notwendig, um interessante Aufgabenstellungen zu ermöglichen. Wir werden in Abschn. 4.3.3 Beispiele für homogene Netze kennenlernen, bei denen man sich bei der Eckenzahl nicht zu beschränken braucht.

Aufgabe 4.9 Geben Sie für das Netz in Fig. 4.16 die konzentrischen Kreise um die Ecke I, die Mittelsenkrechten zu NK, BD und EM sowie gleichseitige Dreiecke mit den Seitenlängen 3, 4 bzw. 5 an.

Aufgabe 4.10 Geben Sie – falls möglich – eine rein längen-metrische Definition der Begriffe Parallele, Quadrat, Parallelogramm, gleichschenkliges Dreieck, Spiegelung an einer Geraden, Halbdrehung und zentrische Streckung.

Nach Satz 2.8 wird in jedem mit positiven Zahlen bewerteten Netz $(\mathbf{E}, d)$ durch die Metrik eine Topologie erzeugt. Grundlage dafür sind die offenen Kreisscheiben (ϵ-Umgebungen)

$$U(M; \epsilon) = \{P | P \in \mathbf{E} \wedge d(P, M) < \epsilon\} \qquad \text{mit } \epsilon \in \mathbf{R}^+.$$

Jeder Ecke $P \in \mathbf{E}$ werden als Umgebungen die Teilmengen von $\mathbf{E}$ zugeordnet, die mindestens eine offene Kreisscheibe um P enthalten. Wir wollen untersuchen, welche Topologie dadurch in einem Netz induziert wird. Als Beispiel verwenden wir das Netz von Fig. 4.16. Die offenen Kreisscheiben um A sind die Punktmengen, die durch die oben berechneten Kreise um A festgelegt sind. Da nur natürliche Zahlen als Bewertungen und Abstände auftreten, genügt es, wenn wir $\epsilon \in \mathbf{N}^+$ wählen.

a) Offene Kreisscheiben um A:

$$U(A; 1) = \{P | P \in \mathbf{E} \wedge d(P, A) < 1\} = \{A\} \qquad U(A; 2) = \{A, B, D, F\}$$
$$U(A; 3) = \{A, B, D, F, C, E, I\} \qquad U(A; 4) = \{A, B, D, F, C, E, I, H, L, N\}$$
$$U(A; 5) = \mathbf{E}.$$

b) Umgebungen von A sind alle Teilmengen von $\mathbf{E}$, die A enthalten, denn $\{A\}$ ist eine offene Kreisscheibe. Da jede Umgebung von A durch eine Teilmenge von $\mathbf{E} \setminus \{A\}$ festgelegt ist, gibt es in diesem Netz mit insgesamt 13 Ecken genau $|P(\mathbf{E} \setminus \{A\})| = 2^{12}$ Umgebungen von A. Diese Anzahl gilt für jede Ecke des Netzes.

c) Es ist unmittelbar einsichtig, daß die Umgebungsaxiome (U1), (U2) und (U3) (vgl. Definition 2.1) gelten. Für eine Veranschaulichung von Axiom (U4) wählen wir als Umgebung von A die Menge $U = \{A, B, C, D\}$. Wir stellen fest, daß U auch Umgebung von B, C und D ist, da die offenen Kreisscheiben $U(B; 1) = \{B\}$; $U(C; 1) = \{C\}$ und $U(D; 1) = \{D\}$ Teilmengen von U sind. In diesem Beispiel ist also $V = U$.

d) Die inneren Punkte einer Teilmenge $T \subset \mathbf{E}$ sind alle Punkte von T, da für $P \in T$ die offene Kreisscheibe $\{P\}$ eine Teilmenge von T ist.

Die äußeren Punkte einer Teilmenge $T \subset \mathbf{E}$ bilden die Komplementmenge $\mathbf{C}(T)$, da für jeden Punkt $Q \in \mathbf{C}(T)$ die offene Kreisscheibe $\{Q\}$ in $\mathbf{C}(T)$ liegt. Für $T = \{A, C, D, E, I, K, L\}$ z. B. ist die Menge der äußeren Punkte $\mathbf{C}(T) = \{B, F, G, H, M, N\}$.

e) Ein Randpunkt einer Teilmenge $T \subset \mathbf{E}$ ist nach Definition 2.5 ein Punkt R, für den in jeder Umgebung U(R) sowohl Punkte von T als auch Punkte von $\mathbf{C}(T)$ liegen. Solche Punkte gibt es in **E** nicht, da für jeden Punkt $R \in \mathbf{E}$ die einelementige Menge $\{R\}$ eine Umgebung ist, die entweder zu T oder zu $\mathbf{C}(T)$ gehört.

Dieser Sachverhalt wird besonders deutlich, wenn man nicht positive ganze Zahlen als Radien für offene Kreisscheiben wählt. So lautet z. B. für $U(A; \epsilon = 2{,}5)$ die Menge der inneren Punkte $\{A, B, D, F, C, E, I\}$ und die Menge der äußeren Punkte $\{G, H, K, L, M, N\}$. Die Randpunkte erwartet man anschaulich für $d(A, P) = 2{,}5$. Es ist aber

$$\{P | P \in \mathbf{E} \wedge d(A, P) = 2{,}5\} = \emptyset.$$

Die aus der gewöhnlichen euklidischen Geometrie übernommene Unterteilung in

$\{P | P \in \mathbf{E} \wedge d(A, P) < 3\}$ als innere Punkte,

$\{P | P \in \mathbf{E} \wedge d(A, P) > 3\}$ als äußere Punkte

und $\{P | P \in \mathbf{E} \wedge d(A, P) = 3\}$ als Randpunkte

ist in der im Netz vorliegenden Topologie nicht zutreffend.

f) Jede Teilmenge $T \subset \mathbf{E}$ ist offen, da sie nur aus inneren Punkten besteht. Da T auch Komplementärmenge einer offenen Menge bezüglich **E** ist ist T abgeschlossen. In der im Netz erklärten Topologie ist deshalb jede Teilmenge offen-abgeschlossen (vgl. Abschn. 2.3.2).

g) Wie wir festgestellt haben, ist für jeden Punkt $P \in \mathbf{E}$ die einelementige Teilmenge $\{P\}$ eine Umgebung. Das bedeutet, daß jeder Punkt P ein isolierter Punkt ist, und das bewertete Netz (**E**, d) führt auf die diskrete Topologie (vgl. Beispiel 2.5). Es gibt also weder Randpunkte noch Häufungspunkte.

Führt man entsprechende Betrachtungen in einem anderen oder anders bewerteten Netz (**E**, **K**) durch, so stellt man fest, daß die offenen Kreisscheiben von der Bauart des Netzes und der Bewertung abhängen. Die induzierte Topologie ist jedoch stets dieselbe, da sie auf den einelementigen Teilmengen $\{P\} \subset \mathbf{E}$ aufbaut. Damit ist jede Teilmenge $T \subset \mathbf{E}$ mit $P \in T$ auch Umgebung von P und wir erhalten die diskrete Topologie. Sie enthält als System offener Mengen die Potenzmenge $\mathbf{P}(\mathbf{E})$. Wir fassen zusammen in

Satz 4.8 Die von der Metrik eines positiv bewerteten Netzes (**E**, d) induzierte Topologie ist stets die diskrete Topologie.

Die einfachste Metrik, die eine diskrete Topologie erzeugt, ist die diskrete Metrik mit $d(P, Q) = 1$ für $P \neq Q$ (vgl. Beispiel 2.5). Sie ist in einem vollständigen Netz realisiert, in dem jede Kante mit 1 bewertet ist. Damit wird deutlich, daß bewertete Netze für topologische Untersuchungen nur sehr bedingt geeignet sind. Dagegen liefern sie einfache und anschauliche Beispiele für metrische Räume.

B

4.3.3 Taximetrik

Ein besonderes Interesse bei metrischen Untersuchungen bewerteter Netze verdienen regelmäßig aufgebaute und einheitlich mit 1 bewertete Netze, die sich über die ganze Ebene fortsetzen lassen. Bei ihnen fällt die Berechnung einer Entfernungstabelle weg, da Abstände durch einfaches Abzählen von Kanten ermittelt werden können. Dadurch vereinfacht sich die Bestimmung von Entfernungen so stark, daß die Eckenmenge nicht beschränkt zu werden braucht.

Als solche Netze kommen grundsätzlich alle Parkettierungen der Ebene in Frage (vgl. Abschn. 3.6.5). In Fig. 4.17 sind einige Beispiele angegeben.

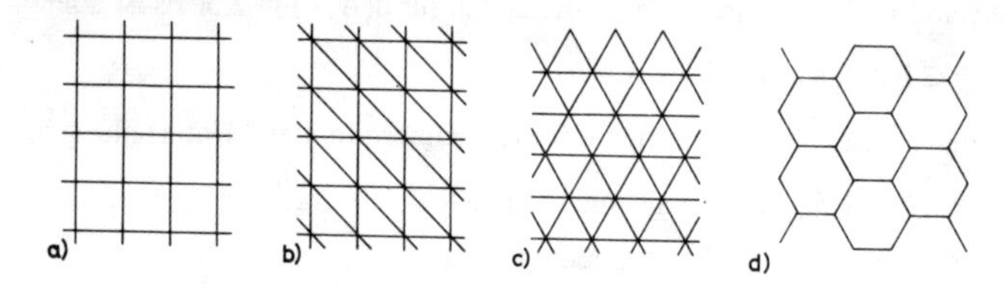

Fig. 4.17

Als erster hat sich G. Papy (in [27]) mit einem solchen Netz im Zusammenhang mit metrischen Fragen beschäftigt. Er interpretiert Fig. 4.17a als eine fiktive Stadt Orthopolis, in der alle Alleen in Nord-Süd-Richtung und alle Straßen in Ost-West-Richtung verlaufen. Einbahnstraßen gibt es keine. Als Entfernung von zwei Punkten der Stadt wird die kleinste Anzahl von erforderlichen Teilstrecken zwischen zwei Kreuzungen genommen. Sie wird Taxidistanz genannt, denn es ist ungeschriebenes Gesetz in Orthopolis, daß ein Taxifahrer stets eine kürzeste Strecke fährt. In der Regel gibt es mehrere kürzeste Wege zwischen zwei Punkten. Sie unterscheiden sich nicht in der Anzahl der Allee- und Straßenstücke, sondern nur in der Reihenfolge, in der diese Stücke durchfahren werden (Fig. 4.18).

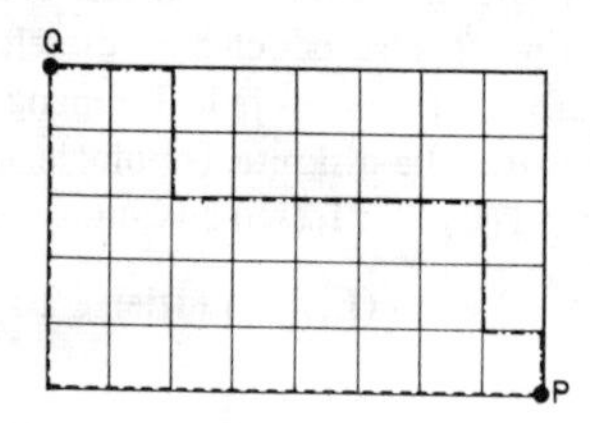

Fig. 4.18

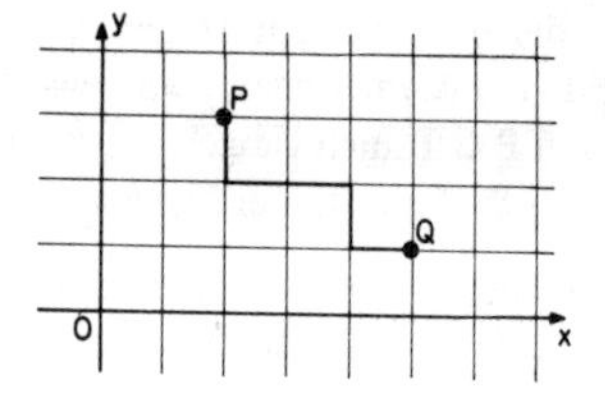

Fig. 4.19

Der Taxisdistanz liegen die kürzesten Wege im bewerteten Orthogonalnetz zugrunde. Nach Satz 4.7 bildet die Taxidistanz eine Metrik, die sog. Taximetrik. Nach Einführung eines kartesischen Koordinatensystems läßt sie sich koordinatenmäßig durch

$$t(P, Q) = |x_Q - x_P| + |y_Q - y_P|$$

B

beschreiben. So ergibt sich z. B. für die Punkte P(2; 3) und Q(5; 1) die Taxidistanz

$$t(P, Q) = |5 - 2| + |1 - 3| = 3 + 2 = 5 \qquad \text{(Fig. 4.19)}.$$

Wenn man einen direkten Vergleich der Taximetrik mit der gewöhnlichen euklidischen Metrik in der Ebene anstrebt, verdichtet man das diskrete Netz und fordert (als Axiom), daß durch jeden Punkt der Stadt (Ebene) genau eine Allee und genau eine Straße geht. Damit geht die Taximetrik in die auf der ganzen Ebene $\mathbf{R}^2$ definierten Metrik

$$t(P, Q) = |x_Q - x_P| + |y_Q - y_P| \qquad \text{für } P, Q \in \mathbf{R}^2$$

über, die aus theoretischer Sicht der Ausgangspunkt der Überlegungen von Papy sind (vgl. Beispiel 2.15).

Wir beschränken uns hier auf die Taximetrik im Orthogonalnetz **E** und untersuchen, wie einige elementargeometrischen Figuren aussehen.

a) Kreis $k(M; r) = \{P | P \in \mathbf{E} \wedge |x_P - x_M| + |y_P - y_M| = r\}$. Es ergeben sich Punktmengen in der Form von auf der Spitze stehenden Quadraten (vgl. Aufgabe 2.9). Wir nennen sie t-Kreise (Fig. 4.20a).

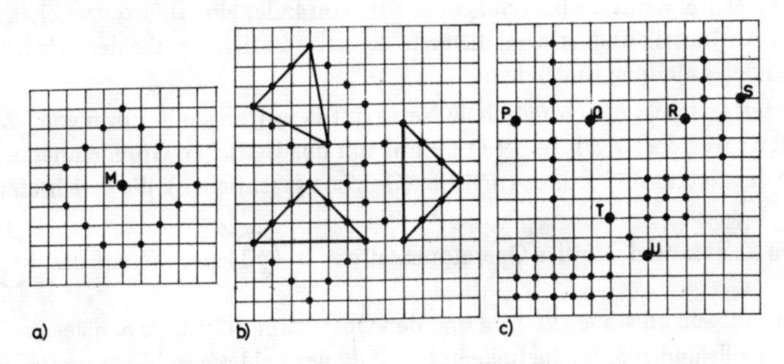

Fig. 4.20

b) Gleichseitige Dreiecke können sehr unterschiedlich aussehen (Fig. 4.20b). Nimmt man zwei Ecken eines t-Kreises als Ecken A, B des Dreiecks, so kann als Ecke C ein beliebiger Punkt auf der AB gegenüberliegenden Seite des t-Kreises gewählt werden.

c) Die erstaunlichsten Ergebnisse erhält man bei den Mittelsenkrechten. Sie können gerade oder geknickte „Punktlinien", Punkthaufen oder leere Mengen sein (Fig. 4.20c).

Aufgabe 4.11 Ermitteln Sie im Orthogonalnetz mit der Taximetrik folgende Figuren:

a) die Mittelsenkrechte zu AB mit A(3; 0) und B(0; 5);

b) die Mittelsenkrechte zu CD mit C(0; 0) und D(4; 4);

c) gleichseitige Sechsecke mit der Seitenlänge a = 6.

Aufgabe 4.12 Geben Sie an, für welche Lagen der Punkte A und B sich als Mittelsenkrechte von AB a) eine gerade Punktlinie, b) eine geknickte Punktlinie, c) ein Punkthaufen und d) die leere Menge ergibt.

B **Aufgabe 4.13** Wir bezeichnen die euklidische Metrik mit d und die Taximetrik mit t. Zeigen Sie, daß für die Punkte P(x; y) eines t-Kreises um den Ursprung O(0; 0) mit dem Radius $r \in \mathbf{N}^+$ gilt:

$$\frac{\sqrt{2}}{2} \cdot r \leqslant d(x, y) \leqslant r.$$

Aufgabe 4.14 Ermitteln Sie für das Dreiecksnetz in Fig. 4.17c mit der Kantenbewertung 1 (Taximetrik in Tri-Polis) Kreise, gleichseitige Dreiecke und Mittelsenkrechte. Welche verschiedenen Fälle können jeweils eintreten?

C

4.4 Didaktische Bemerkungen

Betrachtet man die Schulbücher, so stehen bisher bei der Behandlung topologischer Fragestellungen das Studium von Netzen und die damit verbundenen Anzahl- und Wegeprobleme im Mittelpunkt. Dabei schlägt der Satz von Euler eine Brücke zwischen Geometrie und Arithmetik und ist wohl die erste derartige Beziehung, die der Schüler mit entsprechender Anleitung finden kann.

Nur vereinzelt treten in der Grundschule Netze mit Bewertungen in Form von Zahlenfeldern oder Zahlengittern mit quadratischen Grundeinheiten auf. Die Ecken des Netzes sind Zahlen (meist in Kästchen geschrieben), die gerichteten und bewerteten Kanten sind additive Operatoren, also z. B. →(+3)→ nach rechts und ↑(+5)↑ nach oben. Ausgehend von einer Zahl und den Operatoren sollen die Schüler das Zahlengitter vervollständigen. Ist die linke untere Zahl des Feldes gegeben, so treten nur Additionen auf. Ist eine Zahl in der Mitte des Feldes gegeben, so treten auch die Umkehroperationen ←(−3)← und ↓(−5)↓ auf. Der Übergang von einer Zahl zu einer anderen ist im Netz auf verschiedenen Wegen möglich und läßt sich durch Verkettung der Operatoren beschreiben. Da ein solches „Rechengitter" dem Zahlenumfangbereich, den die Schüler kennen, leicht angepaßt werden kann, ist es in verschiedenen Klassenstufen einsatzfähig.

Als Sonderfall kann das Gitter der Zahlen 1 bis 100 angesehen werden, bei dem mit 1 begonnen wird und die Operatoren →(+1)→ nach rechts und ↑(+10)↑ nach oben lauten. Zusätzlich können die Operatoren ↗(+11)↗ nach rechts oben und ↖(+9)↖ nach links oben samt ihren Umkehroperationen betrachtet werden. Durch verschiedene Fragestellungen kann man so den Schülern „den Aufbau des Zahlensystems transparent werden lassen, das Denken in dekadischen Analogien fördern und durch Erfahrung mit einem weiteren

Typ von Operationen eine breite Fundierung des Verknüpfungsbegriffs ermöglichen" ([4], Bd. 3, LA, S. 241). Entsprechende Netze mit multiplikativen Operatoren als Bewertungen werden als Übungsaufgaben zur Multiplikation und in der Teilbarkeitslehre in den Klassen 5 und 6 eingesetzt. Sie heißen dort *Vielfachennetze* oder *Teilergraphen* und können zur Bestimmung des ggT und des kgV zweier Zahlen verwendet werden.

Auch zur Behandlung von *kombinatorischen Aufgaben* sind bewertete Netze geeignet. Man muß sich dafür jedoch auf einigermaßen homogen aufgebaute Netze beschränken, also z. B. Quadratgitter mit gleich bewerteten Kanten oder Rechteckgitter mit verschiedenen Bewertungen der Kanten in den beiden Richtungen. In einem solchen Netz gibt es verschiedene Wege zwischen zwei Ecken mit unterschiedlicher Länge. Interessant sind vor allem die kürzesten Wege. Sowohl im homogenen Quadratnetz als auch im Rechtecknetz gibt es mehrere kürzeste Wege für nicht benachbarte Ecken. Ihre Anzahl hängt von den Anzahlen x und y der Netzabschnitte in den Hauptrichtungen ab und ist $\binom{x+y}{x} = \binom{x+y}{y}$. Auf diese Weise können die bei Termumformungen auftretenden Binomialkoeffizienten schon in der Grundschule durch Abzählen und später durch kombinatorische Überlegungen vorbereitet werden.

Die eigentliche didaktische Begründung der Behandlung von bewerteten Netzen im Mathematikunterricht ergibt sich aus der Möglichkeit, die oftmals abrupt nach dem sechsten Schuljahr abbrechenden Untersuchungen von Netzen auf einer anderen Ebene fortzusetzen und neue, wirklichkeitsnahe Probleme für das *Sachrechnen* in der Hauptschule oder die *praktische Mathematik* in Realschule und Gymnasium zu erschließen. Dabei wird die Bewertung selbst noch nicht thematisiert. Praktische Fragestellungen wie das Minimalnetz bei Telefonverbindungen, das Rundreiseproblem oder das Problem des kürzesten Weges bleiben im Vordergrund. Für Aufgabenbeispiele wird auf die vorangehenden Abschnitte verwiesen. Nachdem ein bewertetes Netz als geeignetes Instrument zur Beschreibung eines solchen Problems erkannt worden ist, läßt sich die Aufgabe innerhalb des Netzes formulieren und präzisieren (Mathematisierung der Umwelt). Für die Lösung steht den Schülern an erster Stelle das systematische Probieren zur Verfügung, das sich bei Wegeproblemen und Minimalgerüsten zwanglos zu einer Lösungsstrategie verfeinern läßt. Es ist in der Sekundarstufe I sicher noch zu früh, allgemeine Beweise für die Durchführbarkeit der Algorithmen zu erarbeiten. Wohl aber können die Schüler zum Begründen ihres Vorgehens angehalten werden (Argumentieren).

Ein spezielles Anwendungsbeispiel für kürzeste Wege in bewerteten Netzen ist die theoretische Ermittlung von Erfolgsstrategien bei Spielen mit Zufallversuchen als Stationen (man vergleiche hierzu z.B. Aufgabe 4.4). Die Kantenbewertung mit log $(1/p_i)$ stellt eine praktische Anwendung des ersten Logarithmengesetzes dar. Damit ist auch die Klassenstufe gekennzeichnet, in der solche Probleme angegangen werden können. Es sei noch bemerkt, daß das Vorgehen bei der Bewertung in Analogie steht zur Längenmessung in der projektiven Geometrie, bei der der Logarithmus eines Doppelverhältnisses verwendet wird.

C Ein anderer didaktischer Aspekt liegt in der Untersuchung der Bewertung selbst. Diese nur für die höheren Klassenstufen geeignete Fragestellung liefert einfache Kontrastbeispiele zur gewöhnlichen euklidischen Metrik und gestattet es, durch Verfremdung bekannte Begriffe wie Kreis und Mittelsenkrechte zu problematisieren. Dadurch können spezifische Verhältnisse in der euklidischen Metrik einsichtig gemacht werden, ähnlich wie die Struktur des Dezimalsystems erst durch die Behandlung von nicht-dezimalen Systemen deutlich wird.

Ein sehr schönes Beispiel in dieser Richtung ist die von Papy (vgl. [27]) angegebene Taximetrik in Orthopolis (vgl. Abschn. 4.3.3). Die Frage nach Kreisen, Mittelsenkrechten usw. kann man dabei in eingekleideter Form stellen. Aus der Verdopplung des Kilometerpreises ab einer bestimmten Entfernung vom Stadtzentrum entsteht das Problem, einen Kreis zu bestimmen. Der Bau eines Sportplatzes, der von zwei Schulen gleich weit entfernt sein soll, führt auf das Problem der Mittelsenkrechten. Aus dem Problem, eine Strecke für einen Staffellauf abzustecken, ergibt sich schließlich die Bestimmung gleichseitiger Dreiecke: Da in Orthopolis bei Stadtläufen auch Staffeln mit drei Läufern ausgeschrieben werden, muß man drei gleich lange Wege abstecken, die zusammen eine Runde ergeben, bei der Start und Ziel zusammenfallen.

Dieser Ansatz läßt sich leicht auf andere einfache Netze wie Dreiecksnetze übertragen. Den Schülern wird dadurch ein weiterer Bereich für selbständige Untersuchungen eröffnet.

Der Einsatz von bewerteten Netzen bei der Behandlung topologischer Strukturen als Grundstruktur neben Ordnungsstrukturen und algebraischen Strukturen ist erst gerechtfertigt, wenn die topologischen Grundbegriffe wie Umgebung, Inneres, Rand, Äußeres usw. schon an anschaulichen Beispielen wie der Ebene $\mathbf{R}^2$ oder der Zahlengeraden $\mathbf{R}^1$ eingeführt wurden. Der Grund dafür liegt darin, daß ein bewertetes Netz stets auf den Sonderfall einer diskreten Topologie führt, da für jeden Punkt P die einelementige Menge $\{P\}$ eine Umgebung ist (vgl. Abschn. 4.3.2). Dadurch wird jeder Punkt ein isolierter Punkt und jede Menge ist offen-abgeschlossen. Andererseits bieten topologische Betrachtungen in bewerteten Netzen die Möglichkeit, die natürlich vorhandene starke Kopplung an den Anschauungsraum beim Schüler zu lösen und die Tragweite der topologischen Begriffbildungen zu erproben. Dabei sind bei bewerteten Netzen noch Restbestände einer Anschaulichkeit vorhanden, die bei endlichen Mengen mit Umgebungssystemen als Beispielen für topologische Räume gänzlich verschwunden sind.

Die topologische Struktur weist als Grundstruktur einen wesentlich höheren begrifflichen Schwierigkeitsgrad auf als die Ordnungs- bzw. algebraischen Strukturen. Während bei Ordnungsrelationen einem Element gewisse andere Elemente zugeordnet werden und bei einer algebraischen Verknüpfung jedem geordneten Paar von Elementen ein Bildelement zugeordnet wird, hat man in einer Topologie jedem Element eine Menge von Mengen (Umgebungen) zuzuordnen. Um überhaupt zu tragfähigen Beispielen für Topologien zu kommen, ist es erforderlich, nicht zu weit zu elementarisieren, so daß dieses Thema für einen Leistungskurs in der Sekundarstufe II geeignet erscheint (vgl. z. B. [3]).

5 Linien im Raum und Knoten

A

5.1 Verschlingungen und Knoten mit Fäden

5.1.1 Beispiele

Beispiel 5.1 Stellen Sie sich vor, vor Ihnen liegt ein Stück Schnur, etwa 50 cm lang, gestreckt auf dem Tisch. Sie erhalten die Aufgabe, in die Schnur einen Knoten zu machen. Das Ergebnis wird so aussehen, wie es Fig. 5.1 angibt.

Fig. 5.1

Es ist bekannt, daß es auch andere Knoten gibt, die komplizierter zu schlingen sind, solche, die sich schwerer oder auch leichter wieder lösen lassen. Besonders leicht zu lösen ist die Schlaufe, mit der man üblicherweise die Schuhe bindet – sofern nicht an einer Schlaufe in der falschen Richtung gezogen worden ist.
Komplizierter erscheint es schon, einen Krawattenknoten zu binden. Wer Übung darin hat, schafft es zwar schnell. Aber dennoch ist es äußerst umständlich, verbal zu beschreiben, wie man dabei vorgehen muß. Doch lösen läßt sich der Krawattenknoten sehr leicht, und es ist auch leicht zu beschreiben, wie dies geschieht. Man zieht einfach die Schlaufe auf und der Krawattenknoten ist gelöst. Man macht also genau das, was beim Schuhknoten zu Schwierigkeiten führt.
Mathematisch spricht man in allen diesen Fällen noch nicht von einem Knoten, sondern von einer V e r s c h l i n g u n g. Ein K n o t e n liegt vor, wenn es sich um eine geschlossene Kurve handelt, realisiert etwa durch eine Schnur, deren Enden zusammengebunden wurden. Ein Knotenproblem in dieser mathematischen Bedeutung kann man durch leichte Abwandlung von Beispiel 5.1 stellen.

Beispiel 5.2 Vor Ihnen liegt ein gerades Stück Schnur. Sie sollen mit den Händen die beiden Enden der Schnur anfassen und nun, ohne eines der Enden loszulassen, einen Knoten in die Schnur machen. Die Schnur, die beiden Hände und Arme und der Körper als Verbindung bilden nun die Realisierung einer geschlossenen Linie. Das Ergebnis müßte wie in Fig. 5.2a bzw. in Fig. 5.2b aussehen. Offensichtlich kann man die beiden Realisierungen durch elastische Verformungen ineinander überführen.

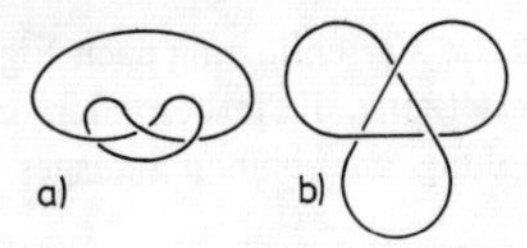

Fig. 5.2

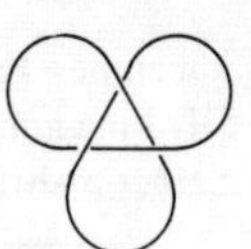

Fig. 5.3

A Falls Sie die Lösung (oder besser den Trick) nicht gleich finden, setzen Sie sich mit vor der Brust gekreuzten Armen vor die Schnur und überlegen Sie, wie Sie die Schnur anfassen müssen.

Drei Fragen schließen sich an diese Überlegungen an:

a) Wie wurde eine ursprünglich gesteckte Schnur zu der Gestalt geschlungen, die Fig. 5.1 angibt?

b) Unterscheiden sich die beiden Verschlingungen in Fig. 5.1 voneinander?

c) Unterscheiden sich die beiden Knoten aus Fig. 5.2b und Fig. 5.3 voneinander?

Die Frage a) ist am einfachsten zu beantworten. Man legt die Schnur „übereinander" und steckt ein Ende „von unten" durch die so entstandene „Schlinge". Je nachdem, wie die Schlinge lag, erhält man als Ergebnis die Verschlingung aus Fig. 5.1a oder Fig. 5.1b. Auf jeden Fall mußte zur Herstellung aber mindestens eines der Schnurenden frei beweglich sein.

Die Frage b) ist, wenn man der Anschauung traut, mit Nein zu beantworten. Wenn man die Verschlingung wieder aufknüpft und neu auf die andere Art knüpft, dann kann man die beiden Verschlingungen durch reines „Verbiegen" ineinander überführen. Bei den Knoten aus den Fig. 5.2b und Fig. 5.3 scheint man dagegen nicht ohne Aufschneiden, also Zerstören des Knotens, zur anderen Form zu kommen.

Bemerkung Oft gibt man für den Faden, mit dem man eine Verschlingung legen will, einschränkende Randbedingungen an. Man untersucht etwa einen Faden mit zwei f e s t e n E n d e n. „Feste Enden" soll bedeuten, daß die Enden eines beliebig langen Fadens irgendwo befestigt sind und somit nicht durch eine Schlinge gesteckt werden können. Verschlingungen wie in Fig. 5.1 können damit nicht ausgeführt werden.

Für die Überlegungen bei Frage a) und b) würde es genügen, wenn eines der beiden Enden des Fadens frei beweglich ist. Diese und alle anderen Verschlingungen können dann in der richtigen Reihenfolge gelegt werden. Bequemer gelingt die Realisierung allerdings, wenn beide Enden frei sind.

Die einfachste Verschlingung bei freien Enden ist aus Fig. 5.1 bekannt und heißt bei Seglern h a l b e r S c h l a g. Fügt man eine Schlinge an, so kommt man zu der Verschlingung, die in Fig. 5.4 dargestellt ist. Denkt man diese Verschlingung mit einem Seil

Fig. 5.4

realisiert und zieht das Seil an den Enden an, so hält die Verschlingung nach Fig. 5.4 besser als die nach Fig. 5.1. Eine andere Art der Fortsetzung, die insbesondere bei Seglern üblich ist, besteht in einer mehrfachen Wiederholung eines halben Schlages.

5.1.2 Ein Faden mit zwei festen Enden

A

Ein halber Schlag läßt sich mit einem Faden mit zwei festen Enden nicht legen. Dennoch sind viele Möglichkeiten der Fadendeformation möglich.

Beispiel 5.3 (H ä k e l n) Eine stark anwendungsbezogene Sonderform von Verschlingungen bildet das Häkeln. Die Fig. 5.5 zeigt das Entstehen einer Maschenkette in Einzelschritten.

a) Man legt eine Schlinge.

b) Durch die Schlinge wird eine erste Masche gezogen.

c) Durch die erste Masche wird eine zweite gezogen.

d) Ausschnitt einer so entstandenen Maschenfolge.

Die ganze Häkelarbeit ist mit einem Faden mit zwei festen Enden, der genügend lang ist, durchführbar. Ein Zug am unteren Ende würde dann jedoch alles bisher Gehäkelte wieder auftrennen. Will man dies verhindern, so muß man die letzte durchgezogene Masche durch Anlegen eines halben Schlags sichern. Dazu ist aber ein freies Ende notwendig.

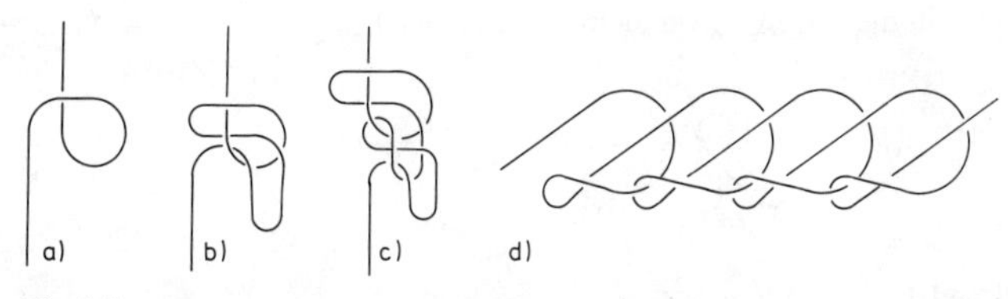

Fig. 5.5

Eine Verallgemeinerung des Häkeln ist das Klöppeln, bei dem mehrere Fäden verwendet werden. Das Stricken ist eine andere Form der Verschlingung mit einem Faden, das zu flächenhaften Mustern führt.

Nach diesem komplizierten Beispiel wollen wir einfache Verschlingungen und Knoten eines Fadens betrachten.

Die einfachste Möglichkeit der Veränderung der Lage eines Fadens ist es, eine M a s c h e (Rundtörn) zu legen. Fig. 5.6 zeigt anschaulich das Ergebnis. Hier liegt, wenn man den Faden durchläuft, nur eine Änderung der Richtung vor. Denkt man sich die Linie als Bild einer Straße (auf der Landkarte), so könnte man von einer Haarnadelkurve sprechen.

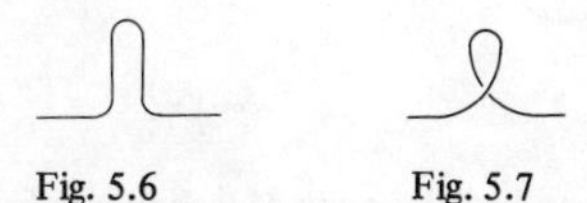

Fig. 5.6 Fig. 5.7

Die nächste Möglichkeit der Änderung ist es, eine S c h l i n g e zu legen. Fig. 5.7 gibt die Veranschaulichung. Auch hier liegt eine Änderung der Ausgangsrichtung vor, aber hier kommt eine Überkreuzung hinzu. Versucht man hier eine Deutung mit Hilfe eines Straßenverlaufs, so könnte man an eine Brückenauffahrt denken.

A

Wenn man den Faden am oberen Bogen einer Masche (in der Haarnadelkurve) ergreift und um 180° nach rechts (oder links) dreht, so erhält man die Schlingen aus Fig. 5.7. Man kann somit leicht eine Masche in eine Schlinge verwandeln. Wenn man umgekehrt bei einer Schlinge die entsprechende Bewegung ausführt, so kann man sie in eine Masche verwandeln. Damit kann man sich auf die Masche als Grundfigur beschränken. Wenn man den Faden so deformiert, daß weitere „Biegungen" hinzukommen, so ergeben sich nacheinander die Lagen aus Fig. 5.8. Geht man analog von der Schlinge aus, so kommt man zur in Fig. 5.9 dargestellten Form, die im Segelbereich eineinhalb

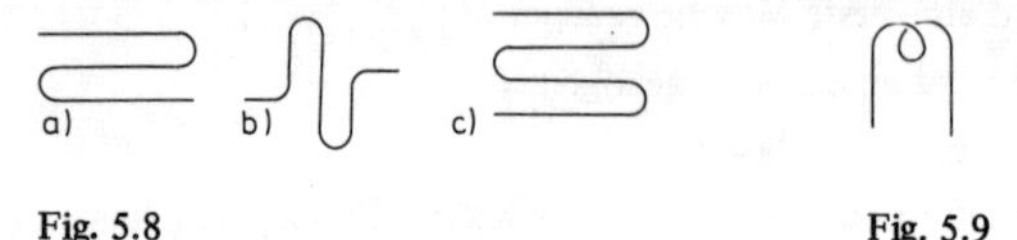

Fig. 5.8

Fig. 5.9

Rundtörn genannt wird. Als nächstes lassen sich dann zwei Schlingen nacheinander legen. Diese kann man sich auch dadurch entstanden denken, daß man die obere Hälfte einer Masche nach unten klappt. Die so entstandene Doppelschlinge läßt sich nach und nach in die Lagen umwandeln, die Fig. 5.10 zeigt.

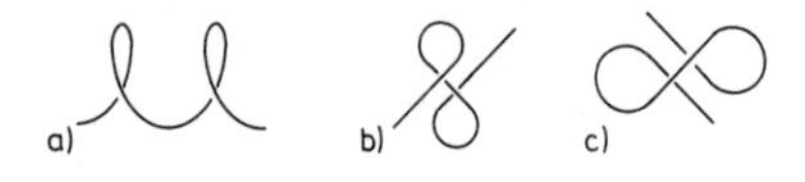

Fig. 5.10

Bezeichnet „o" oben und „u" unten, so sind in Fig. 5.10a und b Beispiele für die Oben-unten-Folge uouo und in Fig. 5.10c ist ein Beispiel für die Folge uoou dargestellt.

Aufgabe 5.1 Geben Sie alle Möglichkeiten an, wie bei zwei aufeinanderfolgenden Schlingen o und u aufeinander folgen können.

Auch Kombinationen von Maschen und Schlingen sind möglich. Der einfachste Fall ist die Kombination einer Masche mit einer Schlinge, die in Fig. 5.11 dargestellt ist. Eine Masche ist durch eine Schlinge gesteckt, eine Form, die der Segler Slipstek nennt.

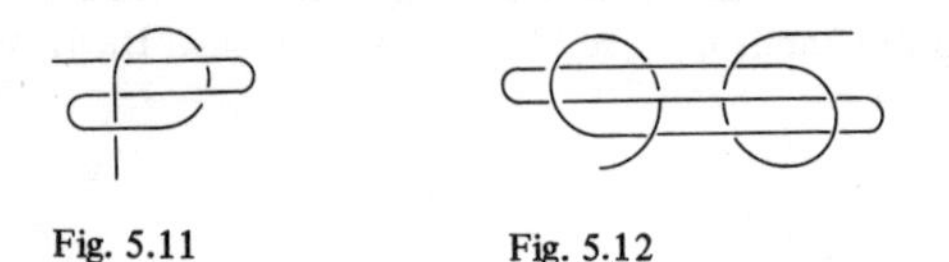

Fig. 5.11

Fig. 5.12

Entsprechend kommt man, wenn man die aufeinanderfolgenden Maschen aus Fig. 5.10b durch zwei Schlingen steckt, zum Trompeterstek, der in Fig. 5.12 dargestellt ist. Der Trompeterstek wird meist zum Verkürzen von Seilen verwendet.

Hier wurde jeweils nur eine Möglichkeit gezeichnet. Eine systematische Untersuchung führt zu einer Vielzahl von Unterfällen und sei dem interessierten Leser überlassen.

Bemerkung Man kann nachträglich die beiden festen Enden des Fadens miteinander verbunden denken. Dann sind hier die einfachsten Verschlingungen dargestellt, die mit einer geschlossenen knotenfreien Kurve zu erhalten sind. Der einfachste Prototyp dafür ist der Kreis.

5.1.3 Mehr als ein Faden

Haben Sie die Aufgabe, zwei Fäden, die mit freien Enden vor Ihnen liegen, miteinander zu verbinden (zu verknoten, wie man umgangssprachlich sagt), legen Sie vermutlich die beiden Fäden parallel nebeneinander und machen mit dem Doppelfaden einen „Knoten" nach Fig. 5.1. Wer schon einmal gesegelt hat, der weiß aber, daß man mit Tauen so kaum verfährt.

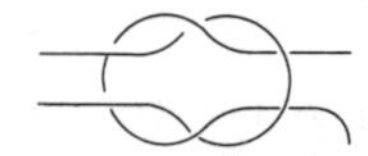

Fig. 5.13

Eine Möglichkeit, zwei Taue miteinander zu verbinden, zeigt Fig. 5.13, nämlich den sogenannten W e b e r k n o t e n. Außer diesem Weberknoten gibt es eine weitere Möglichkeit der Verbindung zweier Taue, den sogenannten W e i b e r k n o t e n. Der Weiberknoten unterscheidet sich vom Weberknoten nur durch die Folge von oben und unten beim Durchlaufen eines der Taue.

Aufgabe 5.2 a) Zeichnen Sie einen Weiberknoten

b) Begründen Sie, weshalb es keine weiteren Möglichkeiten gibt, die Folge von oben und unten zu ändern.

Gab es schon bei zwei Fäden etliche Möglichkeiten, sie zu verbinden, so wird die Zahl der Möglichkeiten mit der Zahl der Fäden rasch steigen. Es soll darum hier genügen, einige Beispiele anzugeben.

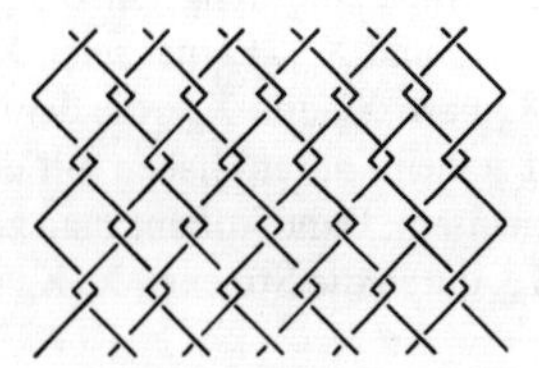

Fig. 5.14

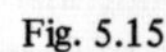

Fig. 5.15

Beispiel 5.4 Manche Zäune bestehen aus Drahtgeflecht. Eine Möglichkeit der Drahtverbindung ist in Fig. 5.14 dargestellt. Hat man dünneren Draht, so verwendet man häufig die Verbindung, die in Fig. 5.15 dargestellt ist.

Möglichkeiten, die mehrere Fäden benützen, sind außer Geflechten (Fig. 5.14 und 5.15) die Gewebe (Fig. 5.16 zeigt die sogenannte Leinenbindung, Fig. 5.17 die Körperbindung) und Gewirke (Fig. 5.18), die nur in Zeichnungen vorgestellt werden sollen, um zu zeigen, wie vielfältig die Möglichkeiten sind. Sie führen wie das Stricken auf flächenhafte Muster.

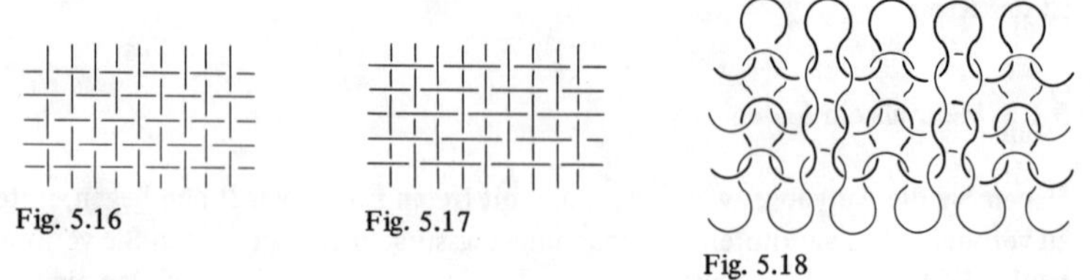

Fig. 5.16 Fig. 5.17 Fig. 5.18

5.2 Knoten

5.2.1 Definition

Ein Knoten im mathematischen Sinn ist eine geschlossene doppelpunktfreie Linie. Nach dieser Definition sind alle Knoten zu einem Kreis äquivalent. Das liegt daran, daß bei topologischen Abbildungen Zerschneiden und (nach Verformen) Verheften an derselben Stelle erlaubt ist (vgl. Abschn. 2.1.2). Will man Knoten, die z. B. in Fig. 5.2b und 5.3 dargestellt sind, weiter unterscheiden, so darf man nicht alle topologischen Abbildungen als Transformationen zulassen.

Zur Vereinfachung der Formulierungen und der Figuren können wir uns für die hier interessierenden Fälle auf geschlossene doppelpunktfreie Polygonzüge (kurz Polygone) beschränken. Ein Knoten besteht dann aus einer im Raum aufeinanderfolgenden endlichen Anzahl von Strecken. Der Endpunkt einer Strecke ist dabei zugleich Anfangspunkt der nächsten Strecke.

Aus einem geschlossenen doppelpunktfreien Polygon kann man nach folgender Vorschrift, die nur eine oder zwei der Polygonstrecken erfaßt, ein neues Polygon konstruieren (vgl. [30, S. 10]).

Definition 5.1 **a)** Die Operation K wird folgendermaßen durchgeführt: X_nX_m sei eine Strecke des Polygons P mit den Endpunkten X_n und X_m. Ferner seien X_nX_a und X_aX_m Strecken mit den Endpunkten X_n und X_a bzw. X_a und X_m, die dem Polygon P nicht angehören. Das Dreieck $X_nX_aX_m$ (samt seinen Kanten) haben mit dem Polygon P genau die Punkte der Strecke X_nX_m gemeinsam. Dann kommt man zum neuen Polygon $\overline{P}$, in dem man in P die Strecke X_nX_m durch die Strecken X_nX_a und X_aX_m ersetzt.

b) Die Operation $\overline{K}$ wird folgendermaßen durchgeführt: Im Polygon P seien die Strecken X_nX_a und X_aX_m aufeinanderfolgend. Das Dreick $X_nX_aX_m$ habe mit P genau die Punkte der Strecken X_nX_a und X_aX_m gemeinsam. Dann kommt man zum neuen Polygon $\overline{P}$, indem man in P die Strecken X_nX_a und X_aX_m durch die Strecke X_nX_m ersetzt.

Die Operationen K und $\overline{K}$ sind offensichtlich zueinander invers, d. h., eine macht die andere rückgängig.

Definition 5.2 Polygonzüge, die durch endlich viele Anwendungen der beiden Operationen K und $\overline{K}$ in zueinander kongruente Polygonzüge übergeführt werden können, heißen i s o t o p.

Da die Isotopie über die Kongruenz und mit Hilfe der Operationen K und $\overline{K}$ erklärt wurde, ist die Isotopie eine Äquivalenzrelation und führt zu einer Klasseneinteilung.

Definition 5.3 Eine Klasse isotoper Polygonzüge heißt ein K n o t e n. Ein Polygonzug dieser Klasse hießt ein R e p r ä s e n t a n t des Knotens.

Wenn keine Verwechslungen zu befürchten sind, bezeichnet man auch die Polygone selbst als Knoten.

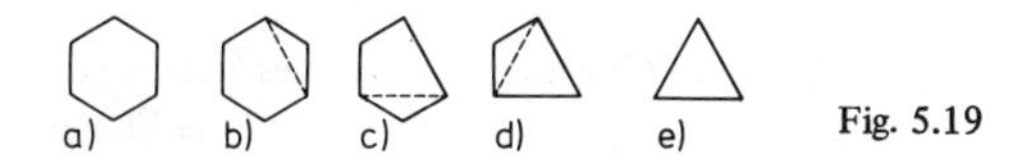

Fig. 5.19

Beispiel 5.5 In Fig. 5.19a ist ein Sechseck dargestellt, das mit Hilfe von mehrmaliger Anwendung der Operation $\overline{K}$ in ein Dreieck verwandelt wird. Entsprechend kann man jedes ebene geschlossene doppelpunktfreie Polygon in das einfachste geschlossene doppelpunktfreie Polygon, das Dreieck, verwandeln.

Bezeichnung 5.1 Die Klasse der zu einem Dreieck isotopen Polygone heißt ein K r e i s.

Sicher sind alle ebenen geschlossenen doppelpunktfreien Polygone Repräsentanten für einen Kreis, doch gibt es auch nicht ebene Repräsentanten.

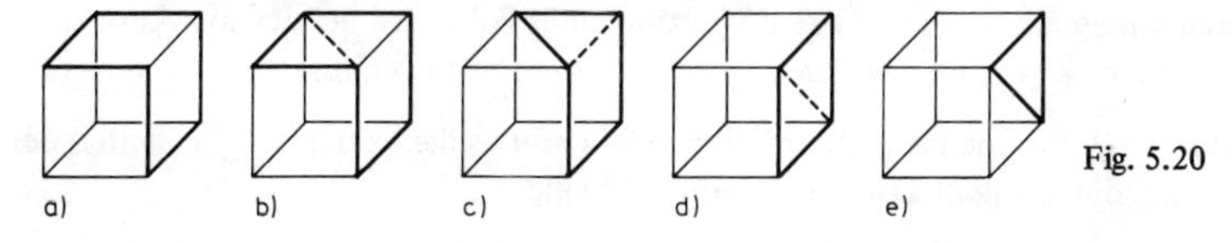

Fig. 5.20

Beispiel 5.6 In Fig. 5.20 wird dargestellt, daß ein aus sechs Würfelkanten bestehendes Polygon zu einem Dreieck isotop ist.

Auf diese Weise sind Knoten im Raum festgelegt. Für die zeichnerische Darstellung sind jedoch die Projektionen der Knotenrepräsentanten in eine Ebene günstiger. Dazu wählen wir geeignete Projektionen.

5.2.2 Knotenprojektionen

Definition 5.4 Eine Projektion eines Polygons P in eine Ebene E heißt r e g u l ä r, wenn ein Projektionsstrahl höchstens zwei Punkte des Polygons P trifft und wenn kein Doppelpunkt der Projektion Bild eines Eckpunktes von P ist.

Da es nur endlich viele Eckpunkte gibt (hier zeigt sich der Vorteil der Einschränkung auf Polygone erstmals), gibt es für jedes Polygon Richtungen, aus denen eine reguläre

B Projektion möglich ist. Es werden nämlich Projektionsrichtungen ausgenommen, die
a) mit der Richtung von Polygonstrecken übereinstimmen,
b) Treffgeraden von 3 oder mehr Polygonstrecken sind,
c) Treffgeraden von zwei Polygoneckpunkten sind,
d) Treffgeraden einer Polygonecke und einer nicht mit ihr inzidierenden Polygonstrecke sind.

Eine reguläre Projektionskurve P' mit n Doppelpunkten $D_1, \ldots, D_n$ soll nun vorliegen. Diese Doppelpunkte zerlegen P' in 2n doppelpunktfreie Streckenzüge. Wenn man jeden dieser Streckenzüge als eine Kante auffaßt, dann ist P' ein zusammenhängendes ebenes Netz mit n Punkten und 2n Kanten. Nach Abschn. 3.3.2, Satz 3.5, zerlegt dieses Netz die Ebene in $f = 2 + k - e = 2 + 2n - n = 2 + n$ Gebiete (Flächen).

Folgerung 5.1 Jede reguläre Projektion eines Polygons ist ein ebenes Netz, in dem jede Netzecke (Doppelpunkt) die Ordnung 4 hat. Gibt es n Ecken, so wird die Ebene durch das Netz in $n + 2$ Gebiete eingeteilt.

Im Gegensatz zur Würfeldarstellung in Fig. 5.20 ist bei den Projektionen, die oben definiert wurden, nicht zu erkennen, welche der beiden durch den Doppelpunkt D_i verlaufenden Strecken Bild der Strecke des Polygons P ist, die von dem Projektionsstrahl zuerst getroffen wird. Der Punkt, der zuerst getroffen wird, sei Y^i, der, der als zweiter getroffen wird, sei Y_i, kurz der oben bzw. der unten liegende Punkt genannt. Nun kann man in gewohnter Weise in der Projektion kennzeichnen, welche der beiden Bildstrecken Bild der durch Y^i verlaufenden Urstrecke ist. Die obere Bildstrecke wird durchgezeichnet, die untere unterbrochen.

Bezeichnung 5.2 Eine reguläre Projektion eines Polygons, bei der so gekennzeichnet ist, welche Strecke in den jeweiligen Doppelpunkten oben verläuft, heißt n o r m i e r t.

Beispiel 5.7 Für die Projektion in Fig. 5.21a gibt es die beiden Möglichkeiten der Normierung, die in Fig. 5.21b und c dargestellt sind.

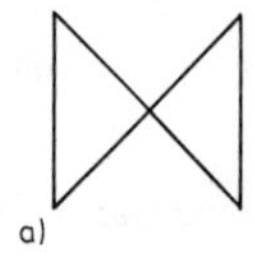

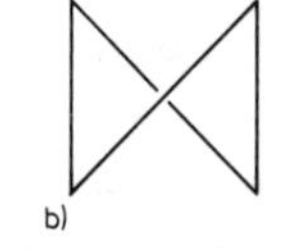

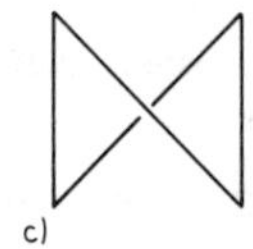

Fig. 5.21

Satz 5.1 Zwei Polygone, die dieselbe normierte reguläre Projektion haben, sind isotop, d. h., sie gehören zu demselben Knoten.

B e w e i s. Wenn die normierten regulären Projektionen P^p und Q^p der Polygone P und Q übereinstimmen, so kann man P und Q so in den Raum legen, daß sie auf demselben Projektionsprisma liegen. Insbesondere liegen die Eckpunkte P_i von P bzw. Q_i von Q auf Projektionsstrahlen (Prismenkanten).

Wir wollen zuerst den Fall betrachten, daß P und Q zwei Dreiecke sind, die wir mit $P_1P_2P_3$ bzw. $Q_1Q_2Q_3$ bezeichnen. Wir legen P und Q wie eben beschrieben in den

Raum (vgl. Fig. 5.22a) und formen Q mit Hilfe der Operationen K und $\overline{K}$ so um, daß das Ergebnis kongruent zu $P_1P_2P_3$ ist. Dazu lassen wir Q_1 fest und ersetzen zunächst $Q_1Q_2Q_3$ durch $Q_1Q_2'Q_2Q_3$ mit Q_1Q_2' parallel P_1P_2. In Fig. 5.22a sind die neu hinzukommenden Strecken gestrichelt dargestellt. Dies ist eine Anwendung der Operation K.

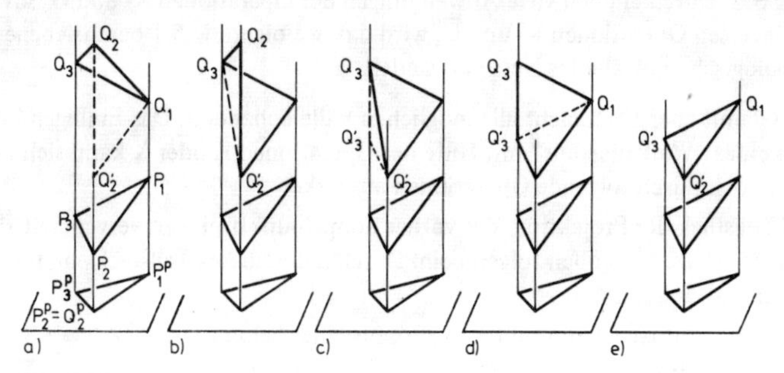

Fig. 5.22

Wir gehen nun von $Q_1Q_2'Q_2Q_3$ mit Hilfe der Operation $\overline{K}$ über zu $Q_1Q_2'Q_3$ (Fig. 5.22b). Mit einer Operation K kommen wir zu $Q_1Q_2'Q_3'Q_3$ mit Q_1Q_3' parallel P_1P_3 (Fig. 5.22c). Eine weitere Anwendung der Operation K bringt uns schließlich zu $Q_1Q_2'Q_3'$. Jetzt ist $Q_1Q_2Q_3$ isotop zu $Q_1Q_2'Q_3'$, da die Umformung nur die Operationen K und $\overline{K}$ verwendete (Fig. 5.22d). $Q_1Q_2'Q_3'$ ist zu $P_1P_2P_3$ kongruent und damit isotop, also ist $Q_1Q_2Q_3$ zu $P_1P_2P_3$ isotop (Fig. 5.22e).

Viel einfacher als diese exakte aber komplizierte Formulierung ist eine anschauliche Deutung des Übergangs von $Q_1Q_2Q_3$ zu $Q_1Q_2'Q_3'$ anhand der Figuren. Ein Punkt (hier Q_1) wird festgehalten, die anderen läßt man auf Projektionsstrahlen so lange wandern, bis die entsprechenden Verbindungsstrecken zueinander parallel sind. Dies ist möglich, so lange bei diesem Vorgang die betrachteten Verbindungsstrecken nicht andere Polygonstrecken durchdringen. Dieser Fall kann aber auch bei beliebigen Polygonen P und Q nicht eintreten, weil P und Q dieselbe Normierung der Projektion haben. ■

Unser Ziel ist es, statt der Polygone im Raum nur deren leichter zu behandelnden regulären normierten Projektionen zu betrachten. Dazu müssen wir noch untersuchen, wie die regulären normierten Projektionen von isotopen Polygonen verändert werden, wenn man bei den Polygonen eine Operation K oder $\overline{K}$ durchführt.

Wenn die Projektion $X_n'X_a'X_m'$ des bei den Operationen K und $\overline{K}$ auftretenden Dreiecks $X_nX_aX_m$ keine weiteren Punkte der Projektion enthält, kann man K' und $\overline{K}'$ für die Projektion genau so wie K und $\overline{K}$ für das Polygon definieren. Fig. 5.23a zeigt die Wirkung von K', Fig. 5.23b die von $\overline{K}'$. Gestrichelt ist jeweils das, was neu hinzugenommen wird, dünn das gezeichnet, was wegfällt.

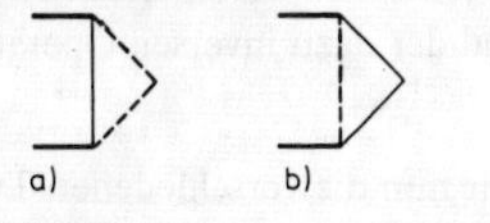

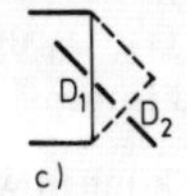

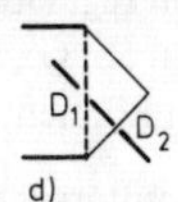

Fig. 5.23

B Wenn die Projektion $X_n'X_a'X_m'$ dagegen von den übrigen Polygonstrecken in genau zwei Doppelpunkten D_1 und D_2 getroffen wird, dann ergeben sich in der Projektion die Operationen G' (Fig. 5.23c) bzw. $\overline{G}'$ (Fig. 5.23d), die wieder zueinander invers sind.

Folgerung 5.2 Durch endlich viele Anwendungen der Operationen K' und G' sowie der dazu inversen Operationen $\overline{K}'$ und $\overline{G}'$ wird das in Folgerung 5.1 beschriebene Netz in ein topologisch äquivalentes Netz verwandelt.

Wir haben damit aber noch nicht alle möglichen Fälle behandelt. Das Einfügen bzw. Weglassen eines „Winkelhakens" mit Hilfe der Operationen K oder $\overline{K}$ kann sich in der Projektion noch durch folgende Operationen auswirken:

O_1': Ein Teilstück der Projektion, das vorher doppelpunktfrei war, verwandelt sich in eine Schlinge. Unten und oben folgen beim Durchlaufen dieses Teilstücks unmittelbar aufeinander (vgl. Fig. 5.24a).

$\overline{O}_1'$: Die zu O_1' inverse Operation des Auflösens einer Schlinge.

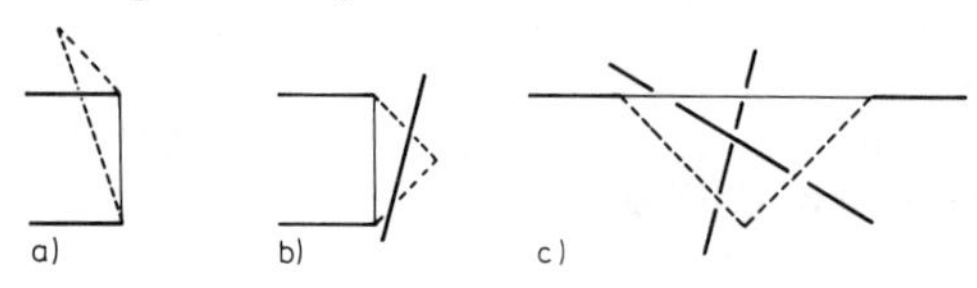

Fig. 5.24

O_2': Zwei Teilstreckenzüge der Projektion, die überschneidungsfrei sind, schieben sich so übereinander, daß in einem der beiden Teilstreckenzüge zweimal oben, im anderen zweimal unten direkt nacheinander folgt (vgl. Fig. 5.24b).

$\overline{O}_2'$: Die zu O_2' inverse Operation.

O_3': Das Hinwegschieben über einen anderen Doppelpunkt der Projektion nach Fig. 5.24c.

$\overline{O}_3'$: Die zu O_3' inverse Operation.

Damit sind alle Möglichkeiten der Änderung der Projektion erfaßt. Wir fassen das Ergebnis zusammen in

Satz 5.2 Durch (endlich oft wiederholte) Anwendung der Operationen K', $\overline{K}'$, G', $\overline{G}'$, O_1', $\overline{O}_1'$, O_2', $\overline{O}_2'$, O_3' und $\overline{O}_3'$ läßt sich jede Abänderung einer Projektion eines geschlossenen doppelpunktfreien Polygons (als Repräsentant eines Knotens) erreichen, die durch Deformation des Polygons mit K oder $\overline{K}$ bewirkt werden.

Bemerkung Die in Satz 5.2 genannten Operationen genügen auch, um die Veränderungen der Projektion zu erfassen, die durch eine Änderung der Projektionsrichtung entstehen (vgl. [30, S. 14]). Damit gilt insgesamt

Folgerung 5.3 Polygone, deren reguläre normierte Projektionen durch endlich viele Anwendungen der Operationen K', G', O_1', O_2', O_3' und der dazu inversen Operationen ineinander übergeführt werden können, sind isotop.

Statt die Knoten im Raum zu untersuchen, können wir nun die verschiedenen Typen regulärer normierter Projektionen in der Ebene betrachten. Von gleichem Typ sind dabei diejenigen Projektionen von Knoten, die durch die oben genannten Operationen ineinander übergeführt werden können.

Nun sind wir in der Lage, die einfachsten Knoten zu untersuchen.

5.2.3 Einfache Knoten

Zunächst benötigen wir ein Kriterium dafür, wann wir einen Knoten einfach nennen.

Definition 5.5 Die Ordnung eines Knotens ist die kleinstmögliche Anzahl von Doppelpunkten, die bei einer regulären normierten Projektion erreicht werden kann.

Folgerung 5.4 Der Kreis ist ein Knoten der Ordnung 0.

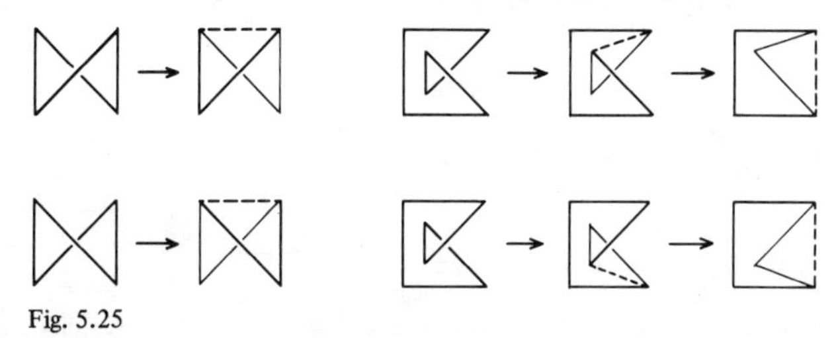

Fig. 5.25

Die einzigen Möglichkeiten für Projektionen mit genau einem Doppelpunkt gibt Fig. 5.25 an. Dort ist auch jeweils die Änderung mit Hilfe der zulässigen Operationen angedeutet.

Für Projektionen mit genau zwei Doppelpunkten ergeben sich im wesentlichen die Möglichkeiten aus Fig. 5.26. Dabei kann man sogar noch die Projektion aus Fig. 5.26a durch eine Drehung in der Ebene um 180° in die Darstellung von Fig. 5.26b überführen. Die beiden Darstellungen brauchen also nicht unterschieden zu werden. Dasselbe gilt für die Darstellungen nach Fig. 5.26c und d, die als Projektionen desselben Polygons in Gegenrichtungen aufgefaßt werden können.

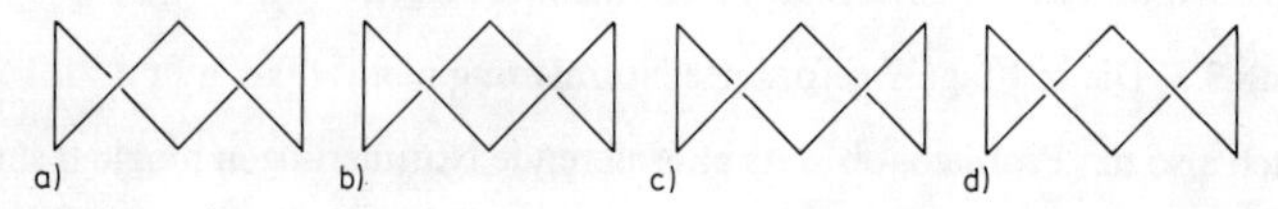

Fig. 5.26

Daß es wirklich nur die zwei in Fig. 5.26 angegebenen wesentlichen Möglichkeiten der Normierung der Doppelpunkte gibt, läßt sich auch rein kombinatorisch begründen. Auf die Gestalt der Projektion kommt es nämlich nicht an, denn wesentlich ist nur, daß es genau zwei Doppelpunkte gibt. Wenn man nun die Kurve einmal durchläuft, so kommt man an jedem Doppelpunkt genau zweimal vorbei. Einmal muß man dabei oben (mit „o" gekennzeichnet), einmal unten (mit „u" gekennzeichnet) diesen Doppelpunkt durchlaufen. Es gibt also höchstens so viele Möglichkeiten für Normierungen, wie es

Möglichkeiten gibt, zweimal „o" und zweimal „u" auf vier Plätze zu verteilen. Dafür gibt es die sechs Möglichkeiten

1. oouu   4. uoou

2. ouou   5. uouo

3. ouuo   6. uuoo.

Davon sind aber, da es nicht auf den Anfangspunkt ankommt (man kann zyklisch vertauschen) die Fälle 1, 3, 4 und 6 sowie die Fälle 2 und 5 gleichwertig.

Es genügt also, die Darstellungen aus Fig. 5.26a und c weiter zu untersuchen. Dazu dient Fig. 5.27.

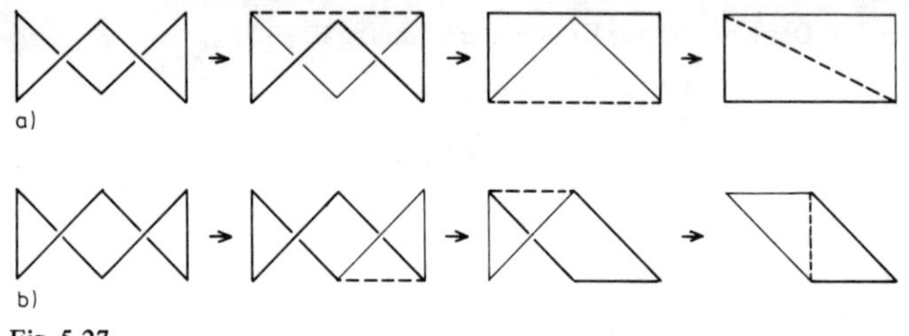

Fig. 5.27

Aufgabe 5.3 Geben Sie bei jedem Teilschritt in Fig. 5.25 und 5.27 an, welche Operation für die Projektion bzw. welche Operation im Raum angewendet wurde.

Damit ist insgesamt gezeigt:

Satz 5.3 Es gibt keine Knoten der Ordnung 1 und 2.

Dagegen sind neue Fragen aufgeworfen worden, z.B. die, ob man die angewandten Verfahren auf Knoten höherer Ordnung verallgemeinern kann. Insbesondere fragen wir:

1. Führt jedes beliebige o-u-k-tupel ($k = 2n$ bei n Doppelpunkten der Projektion) zu einer regulären Knotenprojektion?

2. Kann man eine reguläre Knotenprojektion immer so normieren, daß beim Durchlaufen stets oben und unten abwechselnd aufeinander folgen?

Bezeichnung 5.3 Die in Frage 2 geforderte Normierung nennt man *alternierend*.

Es ergibt sich also das Problem, ob stets alternierende Normierungen möglich sind.

Ehe wir diese Frage allgemein beantworten, sollen zunächst die Knoten der Ordnung 3 untersucht werden.

Um zu allen denkbaren regulären nicht normierten Darstellungen von geschlossenen Kurven mit genau drei Doppelpunkten zu kommen, gehen wir von der einen wesentlichen Darstellung einer Kurve mit zwei Doppelpunkten aus und fügen systematisch weitere Doppelpunkte hinzu. Bei Fig. 5.28a wurde bei einem der (gleichwertigen) äußeren Dreiecke an einer der (je gleichwertigen) Ecken ergänzt, bei Fig. 5.28b an einer der (gleichwertigen) Ecken des mittleren Quadrats, bei Fig. 5.28c und d wurde der neue Doppelpunkt durch zyklisches Verbinden der ganzen Figur erreicht.

Aufgabe 5.4 Begründen Sie, weshalb damit alle wesentlichen Ergänzungen erfaßt sind, insbesondere, weshalb Ergänzungen, die in das Innere der drei Teilflächen führen, keine wesentlichen (d. h. von den angegebenen verschiedenen) Ergänzungen bringen.

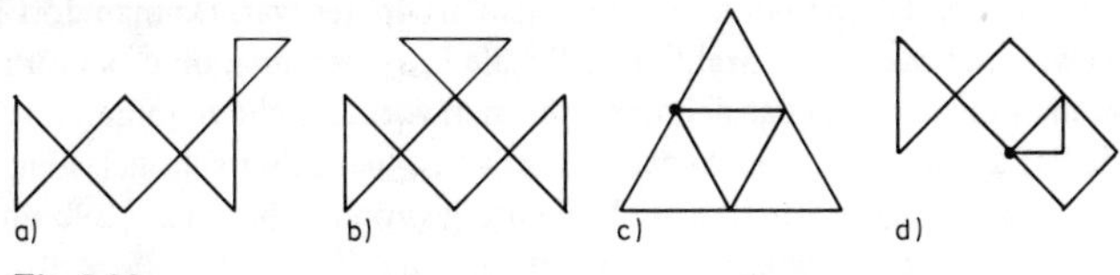

Fig. 5.28

Die Fig. 5.29 zeigt die Kurven aus Fig. 5.28 nochmals in günstigerer Anordnung. Sofort erkennt man, daß die Anordnungen nach Fig. 5.29a und b, wie immer man auch normiert, zu Kreisen umgeformt werden können.

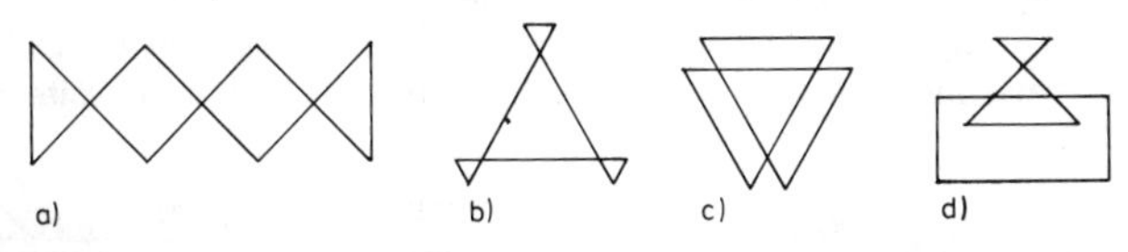

Fig. 5.29

Aufgabe 5.5 a) Begründen Sie, weshalb die Doppelpunkte in Fig. 5.29d auf zwei Geradenstücken durchlaufen werden müssen, wenn es sich um eine reguläre Projektion eines Polygons handelt.

b) Begründen Sie mit Hilfe des Ergebnisses aus Aufgabe a), daß Fig. 5.29d keine reguläre Projektion eines Polygons sein kann.

Von Interesse bleibt somit Fig. 5.29c. Analog zum Vorgehen im Fall mit zwei Doppelpunkten kann man nun versuchen, alle Normierungen dadurch zu erreichen· daß man alle Belegungen von sechs Plätzen mit drei „o" und drei „u" sucht. Dafür gibt es (vgl. [43, S. 56])

$$\frac{6!}{3!3!} = \frac{6 \cdot 5 \cdot 4}{1 \cdot 2 \cdot 3} = 20 \text{ Möglichkeiten.}$$

Aufgabe 5.6 Suchen Sie diese 20 Möglichkeiten. Begründen Sie ähnlich wie im Fall mit zwei Doppelpunkten, daß es, wenn man berücksichtigt, daß es auf den Startpunkt und die Durchlaufungsrichtung bei zyklischer Anordnung nicht ankommt,

2 Repräsentanten für die durch ououou gekennzeichnete Klasse,

6 Repräsentanten für die durch ooouuu gekennzeichnete Klasse,

12 Repräsentanten für die durch oouuou gekennzeichnete Klasse

gibt.

Aufgabe 5.7 Begründen Sie wie bei Fig. 5.29a und b, daß jeder Repräsentant der durch ooouuu gekennzeichneten Klasse der Normierungen von Fig. 5.29c zu einem Kreis verformt werden kann.

Die Reihenfolge oouuou läßt sich bei der Kurve von Fig. 5.29c nicht realisieren. Durchläuft man nämlich die Kurve, so kommt man als viertes wieder an den Doppelpunkt, an dem man als erstes war, als fünftes an den Doppelpunkt, an dem man als zweites war und als sechstes an den Doppelpunkt, an dem man als drittes war. Da man dort jeweils schon einmal war, hat man keine Wahl mehr für die Entscheidung, ob o oder u zu schreiben ist, denn man muß jeweils das nehmen, was man vorher nicht genommen hat. Dieser Zwang wurde bei der willkürlichen Angabe aller Sechstupel außer acht gelassen. Auf gleiche Art kann man begründen, daß die Reihenfolge ooouuu bei Fig. 5.29b unmöglich ist. Damit ist die Frage 1 von oben beantwortet.

Satz 5.4 Nicht jedes 2n-tupel mit n mal o und n mal u ist bei vorgegebenem Kurvenverlauf stets einer regulären normierten Projektion zuzuordnen.

Für Kurven mit drei Doppelpunkten, die als nicht zu Kreisen äquivalent erkannt sind, gibt es demnach die Normierungen aus Fig. 5.30, Die zweite Darstellung ist offensichtlich das räumliche Spiegelbild der ersten. Beide Kurven werden als Kleeblattschlingen bezeichnet. Wir wollen nur eine der beiden Darstellungen weiter untersuchen.

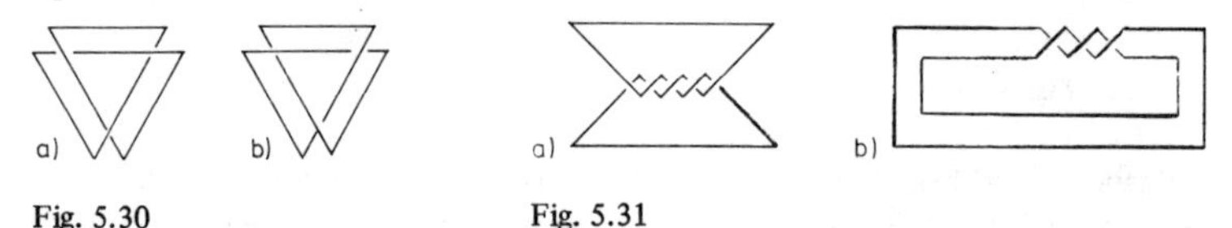

Fig. 5.30 Fig. 5.31

Aufgabe 5.8 Begründen Sie, weshalb die in Fig. 5.31 gezeichneten regulären normierten Projektionen zu Kleeblattschlingen äquivalent sind.

Aufgabe 5.9 Aus welchen „Seemannsknoten" aus Abschn. 5.1 erhält man durch Verbinden der freien Enden die Kleeblattschlingen?

5.2.4 Alternierende Normierungen

Da nicht jede Belegung von 2n Plätzen mit n mal o und n mal u zu einer normierten Projektion führt, wird die Frage 2 von oben noch bedeutsamer. Hier fällt die Antwort positiv aus.

Satz 5.5 Eine reguläre Projektion kann stets alternierend normiert werden.

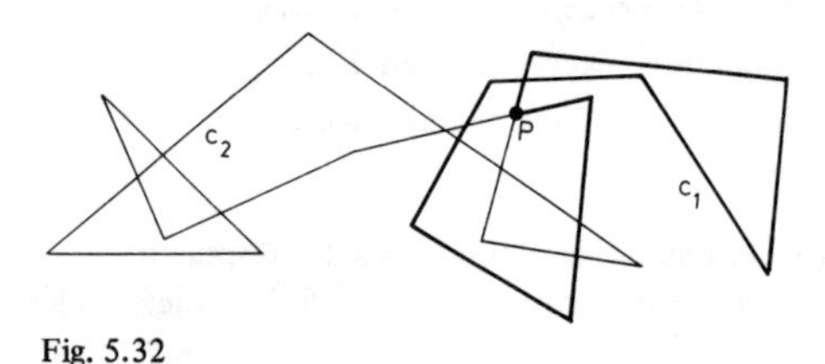

Fig. 5.32

B

B e w e i s. Wir gehen von einer Kurve c, etwa wie in Fig. 5.32, aus. Wenn man vom Doppelpunkt P ausgehend c durchläuft, kommt man nach dem Durchlaufen der Teilkurve c_1 von c wieder bei P an und durchläuft danach die Teilkurve c_2 (in Fig. 5.32 dünner dargestellt) von c, bis man wieder in P ankommt. Sowohl c_1 als auch c_2 sind für sich betrachtet geschlossene Kurven.

P ist Doppelpunkt von c, aber nicht von c_1 und nicht von c_2. Die Wahl des Doppelpunktes P auf der Kurve c war beliebig. Daher muß nun gezeigt werden, daß man, wenn man von P ausgehend c_1 durchlaufen hat und zu P zurückkehrt, eine gerade Anzahl von Durchgängen durch Doppelpunkte von c absolviert hat. Das muß nicht auch eine gerade Zahl von Doppelpunkten sein.

Alle Doppelpunkte von c_1 werden beim Durchlaufen genau zweimal passiert. Für diese Art von Doppelpunkten ergibt sich also eine gerade Anzahl von Durchgängen. Übrig bleiben die Durchgänge durch Doppelpunkte, bei denen ein Anteil von c_1, einer von c_2 stammt. Durch diese Doppelpunkte wird nur einmal durchgegangen, nämlich auf dem Anteil, der zu c_1 gehört. Damit bleibt zu zeigen, daß es eine gerade Anzahl von Doppelpunkten dieser zweiten Art gibt. Bei dieser Zählung muß P selbst unberücksichtigt bleiben, denn dort durchsetzen sich c_1 und c_2 nicht wirklich. Man kann dies auch graphisch verdeutlichen, wenn man wie in Fig. 5.33 die „Berührstelle" etwas trennt.

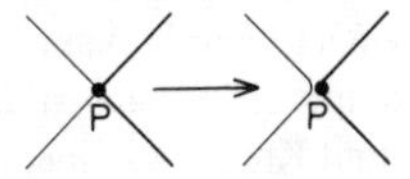

Fig. 5.33

Ähnlich verfährt man nun auch mit der Kurve c_2. Wenn man c_2 von einem Doppelpunkt P_1 von c_2 durchlaufen will, so kommt man, nachdem man ein Teilstück c_{21} von c_2 durchlaufen hat, wieder nach P_1 und durchläuft danach das Teilstück c_{22} von c_2, bis man wieder bei P_1 ist. Nun denkt man sich c_{21} wie eben, dann c_{22} in Gegenrichtung durchlaufen. Für dieses Durchlaufen ist P_1 kein echter Doppelpunkt mehr. Es liegt der gleiche Fall vor wie bei c_1 und c_2 oben in P. Auch in P_1 sollen c_{21} und c_{22} getrennt werden (wie oben in Fig. 5.33). Analog verfährt man mit allen Doppelpunkten P_i von c_2, die noch verblieben. Schließlich wird c_2 auf diese Weise zu einer geschlossenen doppelpunktfreien Kurve. Wenn man bei dem Trennen der „Berührstellen" in den Punkten P_i die Änderungen stets nur klein genug gemacht hat, haben sich dabei die Überschneidungen von c_1 und c_2 nicht geändert. Die gesuchte Anzahl dieser Überschneidungen stimmt also mit der Zahl der Überschneidungen von c_1 mit dieser ($\overline{c}_2$ genannten) doppelpunktfreien geschlossenen Kurve überein.

Die geschlossene doppelpunktfreie Kurve $\overline{c}_2$ umschließt nun nach dem Jordanschen Kurvensatz (vgl. Abschn. 2.2.2) ein Inneres und ein Äußeres. Liegt c_1 ganz im Inneren oder ganz im Äußeren von $\overline{c}_2$, so gibt es keine Schnittpunkte. Für diesen Fall ist der Satz, daß es stets alternierende Normierungen gibt, bewiesen. Wir nehmen nun an, c_1 verlaufe sowohl innerhalb als auch außerhalb von $\overline{c}_2$. Liegt P im Äußeren von $\overline{c}_2$, so gelangt man beim Durchlaufen von c_1 an einen Punkt von $\overline{c}_2$ und danach ins Innere.

B Da c_1 eine geschlossene Kurve ist, muß man, wenn man nach P zurück will, zwangsläufig wieder ins Äußere und dazu $\overline{c_2}$ ein zweites Mal treffen. Auch bei möglicherweise weiteren vorhandenen Überschreitungen treten die Gebietswechsel immer paarweise auf. Liegt P im Inneren von $\overline{c_2}$, so kann man entsprechend schließen.

Damit ist in allen Fällen gezeigt, daß es eine gerade Zahl von Durchgängen durch Doppelpunkte, gleich welcher Art, geben muß. ■

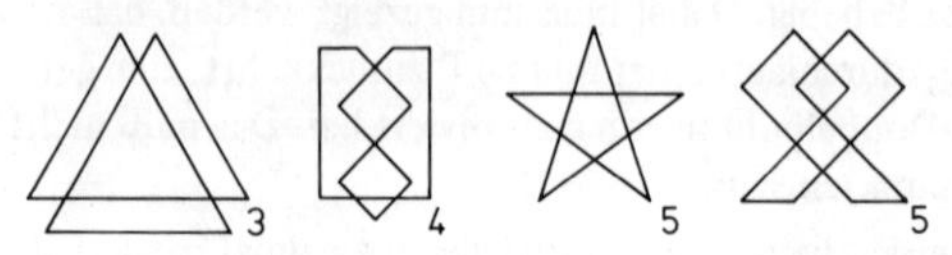

Fig. 5.34

Aufgabe 5.10 Fig. 5.34 gibt (nach [30, S. 76] und [18, S. 18]) alle wesentlichen Kurven mit 3, 4 und 5 Doppelpunkten an. Zeigen Sie, daß es in diesen Fällen alternierende Normierungen gibt. Prüfen Sie ferner, daß bei nicht alternierender Normierung die Ordnung der Knoten jeweils kleiner als die Zahl der Doppelpunkte ist. Geben Sie an, welche Operationen Sie dabei anwenden.

Genau wie bei Beispiel 5.2 durch Hinzunehmen von Armen und Körper aus dem Verschlingungsproblem von Beispiel 5.1 ein Knotenproblem gemacht wurde, kann man das Verschlingungsproblem aus Beispiel 1.4 zu einem Knotenproblem machen. Dort zeigte der Versuch, daß die Schnur zusammem mit Armen und Körper zu einem Kreis isotop war.

Aufgabe 5.11 Denken Sie sich die beiden Fadenenden in Fig. 1.4 miteinander verbunden. Zeichnen Sie die reguläre normierte Projektion dieser geschlossenen Linie und zeigen Sie, daß sie Repräsentant eines Kreises ist.

5.3 Kettenbildungen

5.3.1 Knoten und einfache Verkettungen

Das Verfahren, nach dem ein Knoten als Isotopieklasse von geschlossenen doppelpunktfreien Polygonen erklärt wurde, kann man auf Systeme von Polygonen verallgemeinern. Die einzelnen Polygone des Systems müssen untereinander paarweise punktfremd sein. Dann erklärt man Systeme von Transformationen:

K_v: X_n und X_m seien Punkte des Polygons P_k eines Systems P_i $(i = 1, \ldots, k, \ldots, r)$ paarweise punktfremder Polygone. X_a sei so erklärt, wie bei der Erläuterung von K in Definition 5.1. Dann bedeutet K_v dieselbe Änderung wie K, wenn zusätzlich beachtet wird, daß das Dreieck $X_nX_aX_m$ außer den Punkten der Strecke X_nX_m keine Punkte des Systems P_i enthält.

$\overline{K}_v$: Analog $\overline{K}$ die zu K_v inverse Operation.

Definition 5.6 Polygonsysteme, die durch (endlich viele) Anwendungen der Operationen K_v und $\overline{K}_v$ in kongruente Polygonsysteme übergeführt werden können, sind *isotop*. Eine Klasse isotoper Polygonsysteme heißt eine *Verkettung*.

Da weder K_v noch $\overline{K}_v$ ein Auftrennen von Polygonen erlaubt, gilt sicher

Satz 5.6 Die Anzahl der an einer Verkettung beteiligten Polygone ist eine isotope Invariante.

Genau wie die Definition der Isotopie übertragen sich die Eigenschaften der Projektion auf Projektionssysteme.
Die einfachsten Fälle von Verkettungen werden auftreten, wenn die Anzahl der beteiligten Polygone möglichst klein ist, wenn die Polygone Repräsentanten möglichst einfacher Knoten sind und wenn schließlich die Art der Verkettung möglichst einfach ist. Minimal in diesem Sinne sind dann zwei Kreise. Auch im Hinblick auf die Verkettung sollen zunächst nur die einfachsten Fälle untersucht werden.

Definition 5.7 Zwei Kreise heißen *verkettet* (vgl. Fig. 5.35a), wenn es keine normierte reguläre Projektion von Repräsentanten gibt, die überschneidungsfrei ist, sonst heißen sie *unverkettet* (vgl. Fig. 5.35b).

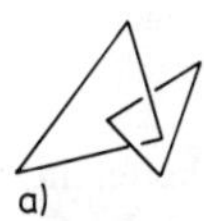

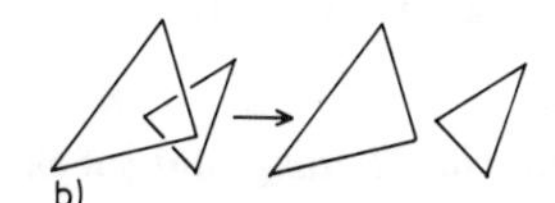

Fig. 5.35

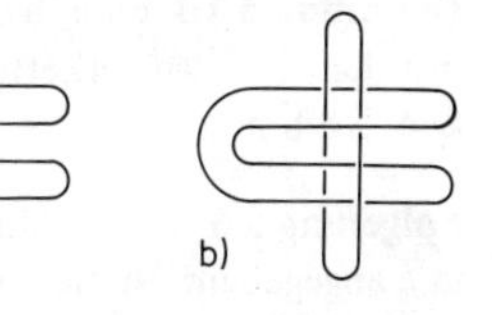

Fig. 5.36

Aufgabe 5.12 Mit welchen Operationen kann man zeigen, daß die in Fig. 5.36 dargestellten Kreise nicht verkettet sind?
Bei der Bildung komplizierterer Verkettungen sollen die einfachsten Knoten, also die Kreise, beibehalten werden, doch sollen nun mehr als zwei Kreise an der Verkettung beteiligt sein. Dies führt zu

Definition 5.8 Eine *Kette* besteht aus n ($n \geqslant 2$) numerierten derart verketteten Kreisen, daß jeder Kreis mit genau einem Kreis verkettet ist, der eine kleinere Nummer trägt. Wenn mit dem Kreis mit der Nummer $k = 1$ mehr als ein Kreis verkettet ist, so sind alle Kreise mit Nummern $k \geqslant 2$ mit diesem Kreis verkettet.

Für $n = 2$ und $n = 3$ gibt es demnach genau die Ketten aus Fig. 5.37. Dabei gibt es

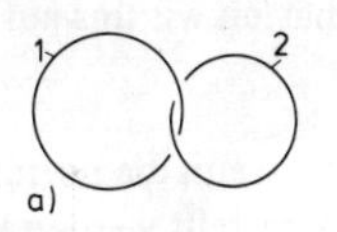

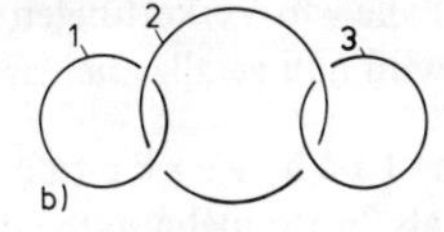

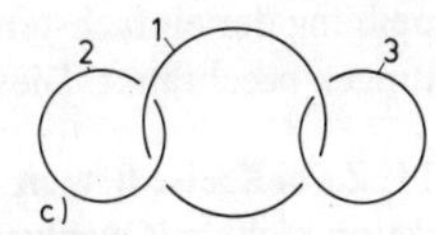

Fig. 5.37

B aber für n = 3 die beiden in Fig. 5.37b und c angegebenen wesentlich verschiedenen Numerierungen. Dieser Unterschied wird bei n = 4 in Fig. 5.38 deutlicher.

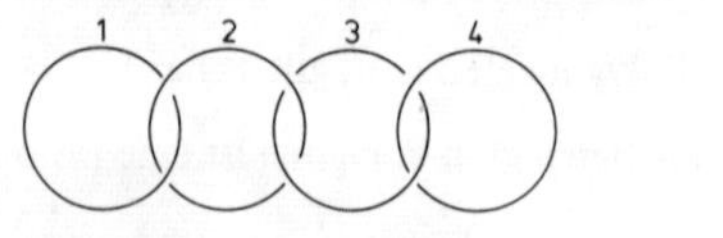

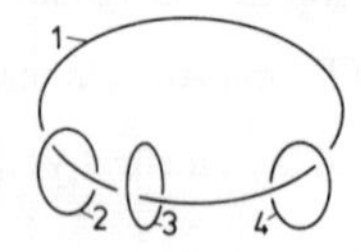

Fig. 5.38

Das gibt Anlaß zu einer Verfeinerung der Definition.

Definition 5.9 Eine Zugkette ist eine Kette, bei der für $1 < k < n$ das k-te Glied (das ist der Kreis mit der Nummer k) mit dem $(k-1)$-ten und dem $(k+1)$-ten verkettet ist, und das 1. nur mit dem 2. und das n-te nur mit dem $(n-1)$-ten Glied verkettet ist.

Folgerung 5.5 Eine Zugkette mit n Gliedern zerfällt in zwei Teilketten und das zerschnittene Glied, wenn man das k-te Glied $(3 \leqslant k \leqslant n-2)$ aufschneidet.

Bemerkung. Die Fälle $k \in \{1, 2, n-1, n\}$ sind ausgenommen, weil sie nicht unter die gewählte Definition der Kette fallen.

Definition 5.10 Eine Schmuckkette ist eine Kette, bei der mehr als ein Glied mit dem 1. Glied verkettet ist. Das 1. Glied heißt Halteglied, die folgenden heißen Schmuckglieder.

Folgerung 5.6 Die in Abb. 5.37b angegebene Numerierung führt auf eine Zugkette, die in c angegebene Numerierung auf eine Schmuckkette. Für n = 2 ist weder durch die Art der Verkettung noch durch die Numerierung eine Unterscheidung möglich. Das Beispiel n = 3 zeigt, daß die Numerierung ein wesentlicher Bestandteil der gegebenen Kettendefinition ist. Ab n = 4 sind die Unterschiede nicht nur in der Numerierung gegeben (vgl. Fig. 5.38).

Folgerung 5.7 Zerschneidet man bei einer Schmuckkette mit $n \geqslant 4$ Gliedern das Halteglied, so entstehen $(n-1)$ unverkettete Kreise (die Schmuckglieder) und das aufgeschnittene Halteglied. Zerschneidet man dagegen das k-te $(k \geqslant 1)$ Schmuckglied, so entsteht eine Schmuckkette mit $(n-1)$ Gliedern, wenn man die Glieder mit Nummern größer k entsprechend umnumeriert.

5.3.2 Mehrfache Verkettung zweier Kreise

Bei der Beschreibung der einfachsten Fälle von Verkettungen hatten wir uns auf einfache Verkettungen beschränkt. Dies wird nun verallgemeinert.

Definition 5.11 Zwei Kreise heißen n-fach verkettet, wenn die normierte reguläre Projektion nicht mit weniger als 2n Doppelpunkten dargestellt werden kann. Zwei unverkettete Kreise sind in diesem Sinn 0-fach verkettet.

Fig. 5.39 gibt Beispiele von zwei zweifach bzw. fünffach verketteten Kreisen. Auch hier ist die reguläre, nicht normierte Projektion ein Netz mit Ecken der Ordnung 2 oder 4.

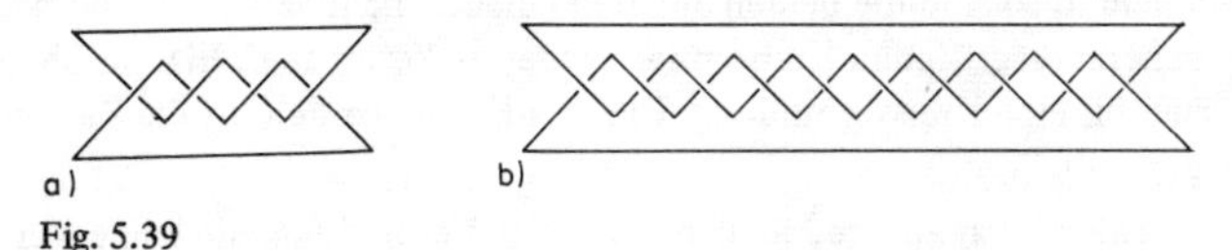

Fig. 5.39

Wenn m = 2n Doppelpunkte (d. h. Ecken der Ordnung 4) vorkommen, so folgt aus Satz 3.4 (Satz von Euler), da 2m Kanten vorkommen, daß die Zahl der Flächen sich zu

$$f = 2 + k - e = 2 + 2m - m = m + 2 = 2n + 2$$

berechnet. Färbt man das Außengebiet schwarz, so kommen noch 2n + 1 Innengebiete vor. Davon sind 2 weiß, (2n − 1) schwarz färbbar, wenn man so färben will, daß wie bei Landkarten üblich abwechselnd gefärbt ist.

Bemerkung Die Zahl der so entstehenden schwarzen bzw. weißen Gebiete kann auch als Kriterium zur Untersuchung von Knoten herangezogen werden (vgl. [30, S. 16]). Wenn man das unendliche Außengebiet stets schwarz färbt, dann kann man die weißen Gebiete als Projektion eines Bandes auffassen, dessen Rand das Polygon ist, vgl. Abschn. 6.1.3 und 6.3.3.

5.3.3 Kettenbildungen, Verkettungen und Verbindungen

Bei der Definition der Kette war die Numerierung der Kettenglieder entscheidend. Es war wesentlich, daß sich die Kreise linear ordnen ließen. Das erste Glied spielte eine Sonderrolle. Eine Verallgemeinerungsmöglichkeit wäre es, das erste Glied einer Zugkette mit dem letzten zu verketten. Hier soll gleich allgemeiner vorgegangen werden.

Definition 5.12 Eine echte *Kreisverkettung* von $n \geqslant 2$ Kreisen liegt vor, wenn jeder der n Kreise mit mindestens einem der $n - 1$ anderen verkettet ist.
Eine *Verbindung* von $n \geqslant 2$ Kreisen liegt vor, wenn man sie nicht in Verbindungen von weniger als n Kreise trennen kann, ohne einen Kreis aufzuschneiden.

Für zwei Kreise bringt diese Verallgemeinerung offensichtlich nichts Neues. Es gibt nur eine einzige echte Verkettung zweier Kreise, und sie ist auch die einzige Verbindung zweier Kreise. Für drei Kreise jedoch gibt es neue Möglichkeiten. Man kann von der Zugkette mit drei Gliedern ausgehen und die Anfangs- und Endglieder miteinander verketten. Das Ergebnis ist in Fig. 5.40a dargestellt.

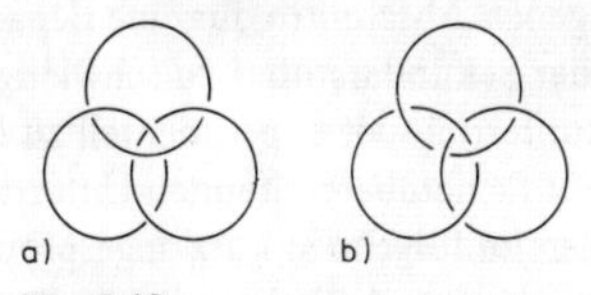

Fig. 5.40

B

Fig. 5.40b zeigt dagegen eine echte Kreisverkettung, die nicht aus einer Kette hervorgeht. Wenn man nämlich ein beliebiges Glied (einen beliebigen Kreis) dieser Kreisverkettung aufschneidet, so sind die beiden anderen Glieder nicht verkettet. Das bedeutet, daß keine zwei herausgegriffenen Kreise miteinander verkettet sind. Fig. 5.40b gibt auch ein Beispiel für eine Kreisverbindung. Die drei Kreise werden oft die Barromaeischen Ringe genannt.

Für $n = 3$ gibt es aber auch andere Möglichkeiten der Verbindung, die keine Verkettungen sind. Wie schon oben wurde auch in Fig. 5.41 von der Darstellung mit Polygonen abgewichen und die anschaulichere Art mit gekrümmten Kurven gewählt. Schneidet

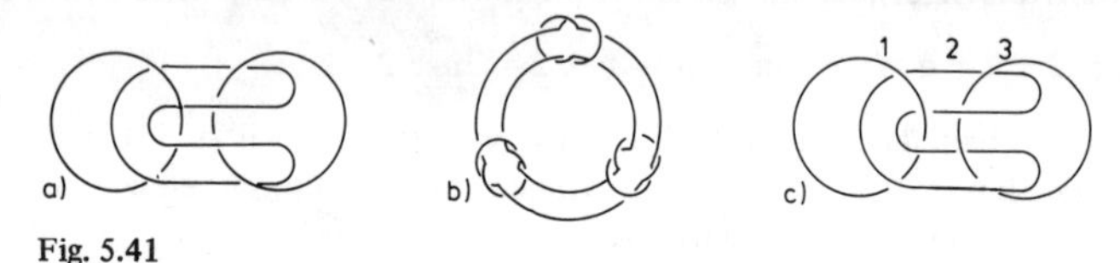

Fig. 5.41

man in Fig. 5.41a und b einen der Ringe auf, so sind die beiden anderen Ringe nicht verkettet. Bei Fig. 5.41c muß man unterscheiden. Ring 1 und Ring 2 kann man trennen, wenn man Ring 3 aufschneidet. Wenn man dagegen Ring 1 aufschneidet, dann bleiben Ring 2 und Ring 3 verkettet, und zwar zweifach nach Definition 5.11. Die Darstellungen

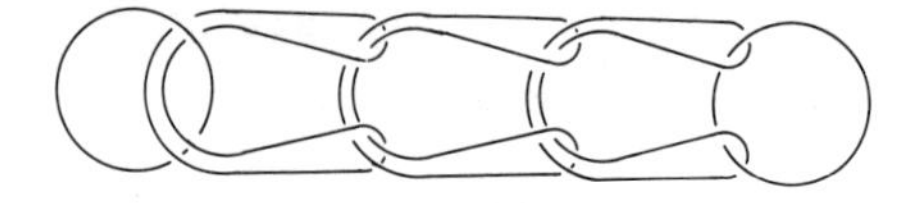

Fig. 5.42

nach Fig. 5.41 kann man auf $n > 3$ Ringe verallgemeinern, was bei den Barromaeischen Ringen nicht möglich ist. Bei dieser Fortsetzung ist auch eine Mischung der Arten von Fig. 5.41a und c möglich.

Für $n = 5$ gibt Fig. 5.42 die Verallgemeinerung von Fig. 5.41a.

C

5.4 Didaktische Hinweise

5.4.1 Vorbemerkung

Die Probleme der Knoten und Verkettungen sind, insbesondere in der auf volle Allgemeinheit bedachten Darstellung der vorangegangenen Abschnitte, für eine Behandlung im Unterricht der Primar- und wohl auch noch der Sekundarstufe I zu schwierig. Allerdings können Teilaspekte, sei es im Mathematikunterricht als experimentell zu lösende Aufgabe, sei es in anderen Fächern als Beispiel für fächerübergreifenden Unterricht, behandelt werden. Einige dieser Teilaspekte sollen im folgenden kurz angesprochen werden. Eine mögliche Erklärung für die Schwierigkeiten, die bei der Behandlung der

Knoten entstehen, ist das schlecht entwickelte räumliche Vorstellungsvermögen. Dabei muß aber darauf hingewiesen werden, daß das schlecht entwickelte räumliche Vorstellungsvermögen insbesondere bei Erwachsenen zu finden ist – bei Menschen also, die während ihrer Schulzeit wohl kaum Gelegenheit geboten bekamen, diese Fähigkeit zu entwickeln bzw. entsprechende Fertigkeiten zu üben. Wenn man solche Probleme in der Primarstufe behandelt, ist man oft erstaunt, mit welchem Geschick die Schüler die Aufgaben lösen. Dies könnte darauf hindeuten, daß die Schüler ein durchaus gutes räumliches Vorstellungsvermögen haben, daß dies aber, wenn es nicht in der Schule gebraucht und gefördert wird (was bei den heutigen Erwachsenen überwiegend der Fall war), allmählich verkümmert.

5.4.2 Oben und unten

Einfache Tätigkeiten mit Fäden können schon in den ersten Schuljahren durchgeführt werden (vgl. [10], [16], [45]).

Fäden Man legt Fäden (Seile) auf dem Boden so, daß mehrere Überschneidungen vorkommen. Zuerst stellt man die Frage, ob der Faden offen oder geschlossen ist. Hier entwickeln sich Erfahrungen zum Jordanschen Kurvensatz mit Hilfe entsprechender Aufgaben (vgl. z. B. [10], [45]), die klären sollen, ob eine Schnur (eine gezeichnete Linie, eine Mauer usw.) trennt oder nicht. Hier können sich Aufgaben zu dem Fragenkreis einfach- oder mehrfach zusammenhängend anschließen (vgl. [10]). Eine andere Möglichkeit zu entscheiden, ob ein Faden offen oder geschlossen ist, findet sich in [45]. Eine auf eine Schnur aufgezogene Perle läßt sich genau dann von der Schnur schieben, wenn sie offen ist.
Wenn die beiden freien Seilenden als Anfang und Ende gekennzeichnet sind, liegt eine Durchlaufrichtung fest. Dann können die Schüler die zugehörige o-u-Folgen ansprechen. An solchen Aufgaben sollten sich stets die Umkehraufgaben anschließen: Die Schüler sollen eine vom Lehrer vorgegebene o-u-Folge mit einem Faden (in Einzel- oder Gruppenarbeit) nachlegen.
Ein Ansatz kombinatorisch-systematischen Denkens ist im Anschluß möglich, wenn die Fäden (in regulärer, nicht normierter Darstellung) auf einem Arbeitsblatt gezeichnet sind und die Schüler angeben müssen, welche o-u-Folgen zu dieser Zeichnung gehören können. Eine vollständige Systematik für mehrere Schlingen wird in [45,5, S. 115] im 5. Schuljahr erarbeitet.

Straßen Die Verwendung von Fäden läßt zwar die Schüler selbst handeln, beschränkt aber den Bezug zur Umwelt. Man kann daher von der Faden-Realisierung abgehen. Dann bieten sich (vereinfachte) Landkarten mit Straßen und Bahnlinien an (vgl. [16], [45]), die auf die Notwendigkeit von Über- bzw. Unterführungen untersucht werden können, wenn die Forderung gestellt wird, daß das Verkehrsnetz kreuzungsfrei gestaltet werden soll. Schüler des zweiten Schuljahrs sind dabei im Unterricht (also ohne elterliche Hilfe) durchaus in der Lage, den bei einem Autobahnkleeblatt notwendigen Straßenverlauf zu erarbeiten.

C

Karton Mit der Frage nach oben und unten hängt auch zusammen, wie ein Faden unter einem Karton verlaufen kann, wenn man oben Teile des Fadens sieht, die durch Löcher nach oben kommen und dann durch andere Löcher nach unten geführt werden. Durch

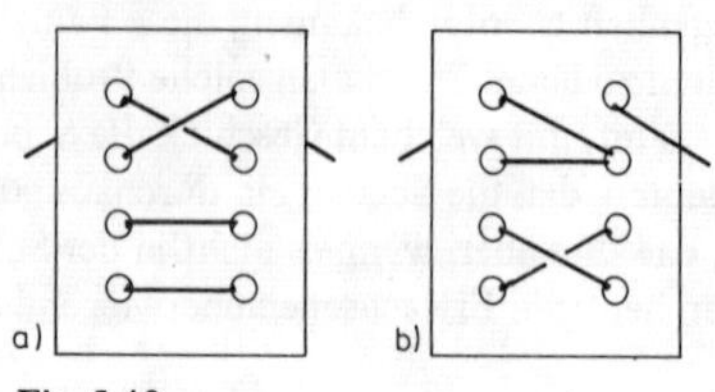

Fig. 5.43

Variation der Lochanordnung läßt sich eine Vielzahl verschieden schwerer Aufgaben finden. Als Einstieg kann die Frage dienen, wie ein Schnürsenkel unter dem Leder verlaufen kann, wenn man den Schuh nur von oben sieht (vgl. [16, 2, S. 69]).

5.4.3 Weitere Probleme

Knoten Auf die Verschlingungen, die fächerübergreifend im Zusammenhang mit Häkeln und Stricken behandelt werden können, sei hier nur hingewiesen. Die einfachen „Knoten" des täglichen Lebens bis zu Weberknoten und Weiberknoten sind aber einem Teil der Schüler oftmals bekannt und werden gerne im Gruppenunterricht gemeinsam erarbeitet. Die Knoten im mathematischen Sinn dagegen sind wesentlich schwieriger. Wenn auch eine theoretische Behandlung der Sekundarstufe vorbehalten bleiben muß, so sind doch einfache konkrete Probleme schon früh zu bewältigen. In [16, 2, S. 69] wird z. B. vorgeschlagen, die Kleeblattschlingen daraufhin zu untersuchen, ob sie sich in einen „Brezelknoten" (vgl. Fig. 5.44b) verwandeln lassen.

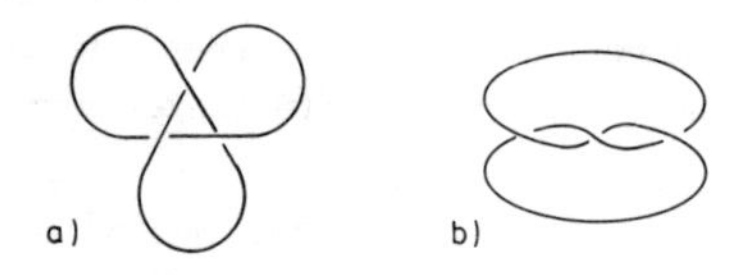

Fig. 5.44

Verkettet, nicht verkettet Im Sinne der Brunerschen Medientheorie kann man sowohl enaktiv als auch ikonisch klären lassen, ob Kreise miteinander verkettet sind oder nicht. Um Beispiele für den Unterricht bereit zu stellen, kann man Schlüsselringe miteinander verketten (vgl. [45, 1, S. 17]). Für das Erkennen, ob zwei (oder mehrere) gezeichnete Ringe verkettet sind oder nicht, brauchen Schüler oft Vorerfahrung mit realen Ringen. Dabei muß eine Strategie entwickelt werden, aus der Folge der Über- bzw. Unterführungen abzulesen, ob eine Verkettung vorliegt oder nicht. Manche Schüler nützen dabei allerdings ihr gutes räumliches Vorstellungsvermögen aus, das es ihnen gestattet, eine vorhandene Verkettung sofort zu erkennen. Als Begründung genügt es ihnen, daß sie „sehen", daß man die Ringe nicht trennen kann.

C

Auf den ästhetischen Reiz symmetrischer Darstellungen von nicht normierten regulären Knoten- oder Verschlingungsprojektionen bzw. die Möglichkeit der Deutung von be-

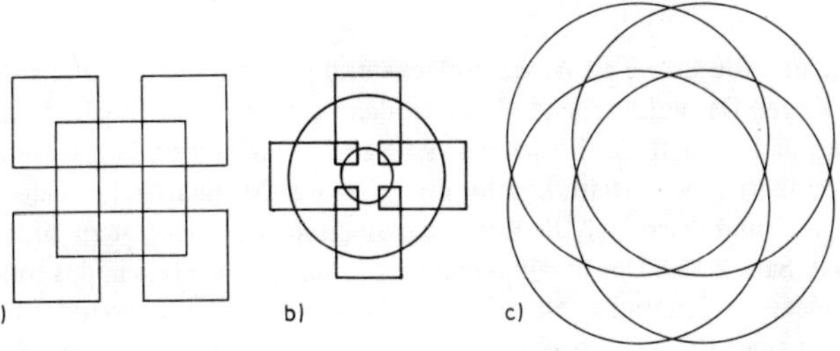

Fig. 5.45

stimmten Mustern als solche Projektionen sei nur hingewiesen. Die Beispiele in Fig. 5.45 sollen als Anregung dienen. Wie kann man normieren? Welche verschiedenen Arten von Verschlingungen liegen dann vor?

6 Topologie im dreidimensionalen Raum

A

6.1 Topologische Probleme im Anschauungsraum

6.1.1 Fortsetzung des Erbteilungsproblems

In Abschn. 3.1.3 wurde das Erbteilungsproblem angesprochen, bei dem ein einfach zusammenhängendes Land in fünf Nachbargebiete aufgeteilt werden sollte. Diese Aufgabe ist – wie in Abschn. 3.3.5 gezeigt wurde – in der Ebene nicht lösbar, da es dort höchstens vier Nachbargebiete gibt. Die fünf Söhne des Königs konnten deshalb zu keiner Aufteilung des Landes kommen, die dem Testament entsprach. Bei jedem Versuch gab es zwei Teilgebiete, die nicht aneinandergrenzten.

Schließlich kam jemand auf den Gedanken, eine Brücke zu bauen. So konnte er die beiden nicht benachbarten Teilgebiete zu Nachbarländern machen und die Forderung des Testaments erfüllen. Tatsächlich gibt es in Fig. 6.1 fünf Nachbarländer, und die

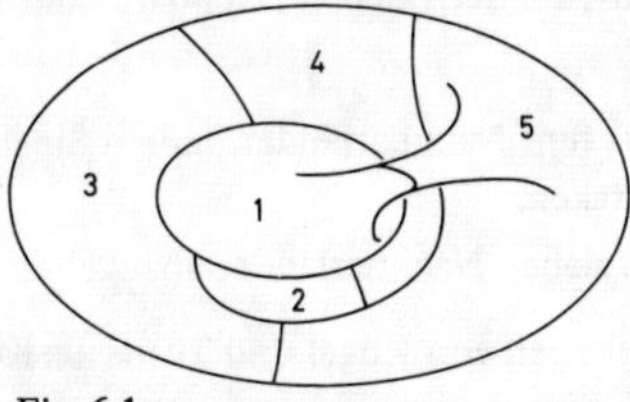

Fig. 6.1

A

Lösung scheint im Widerspruch zur Aussage von Satz 3.8 zu stehen. Dort ist jedoch vorausgesetzt, daß ausschließlich Punkte der Ebene zugelassen sind. Der Bau der Brücke führt demgegenüber stets aus der Ebene heraus, und wir haben eine räumliche Lösung des Problems vor uns.

Wir verlassen jetzt die Ebene als Ausgangsfläche und verlegen die Aufgabe auf die Oberfläche einer Kugel. Das aufzuteilende Land ist dann ein Teil einer Kugelschale, und es ist sofort klar, daß es auch hier höchstens vier Nachbarländer gibt. Selbst wenn man die gesamte Kugeloberfläche aufteilt, kommt man über vier Nachbarländer nicht hinaus. Das hat seinen Grund darin, daß die Ebene topologisch äquivalent ist zu einer punktierten Kugel (vgl. Satz 2.15). Der herausgenommene Punkt kann stets in das Innere eines Teilgebiets gelegt werden und spielt so bei der Aufteilung in Nachbarländer keine Rolle. Durch den Bau einer Brücke entsteht aus der Kugel eine Fläche, auf der es fünf Nachbarländer gibt. Diese Fläche hat somit andere topologische Eigenschaften als die Kugel und kann nicht zu ihr topologisch äquivalent sein. Man bezeichnet eine solche Kugel mit Brücke in der Topologie als eine *Kugel mit Henkel* (Fig. 6.2a). Wir denken

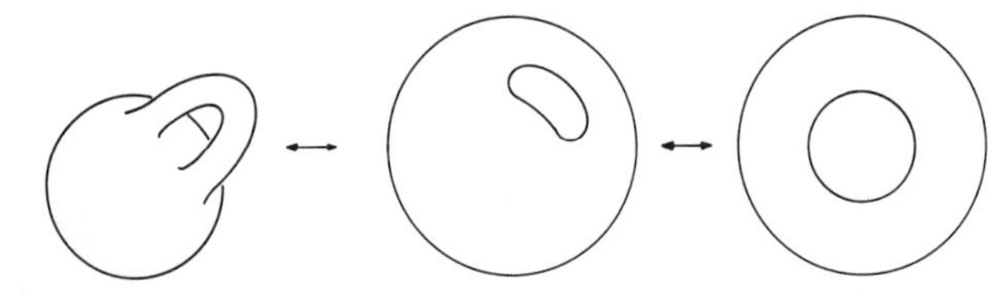

Fig. 6.2

uns ein Modell eines solchen Körpers mit einem Durchbruch aus Ton oder Plastilin hergestellt. Durch elastische Verformung, bei der nichts zerrissen oder zusammengefügt wird, können wir daraus einen überall gleich dicken Kreisring herstellen, den man *Torus* nennt (Fig. 6.2c). Die Kugel mit einem Henkel und ein Torus sind also topologisch äquivalent.

Die Begriffe Kugel und Torus werden in der Topologie in zwei verschiedenen Bedeutungen verwendet. Einmal versteht man darunter Körper, also Raumteile und spricht genauer von Vollkugel oder Volltorus. Zum andern meint man damit Flächen im Raum, also die Kugeloberfläche und die Torusoberfläche. Vollkugel und Kugeloberfläche sind natürlich topologisch gesehen verschiedene Gebilde, genau so wie Volltorus und Torusoberfläche. Da aus dem Zusammenhang stets hervorgeht, was gemeint ist, verwendet man die kürzeren Namen Kugel und Torus für beide Bedeutungen. Wir werden uns im folgenden vorwiegend mit den Flächen beschäftigen.

Bemerkung Auf dem Torus sind nicht nur fünf, sondern sieben Nachbarländer möglich (vgl. Abschn. 7.3.2).

Aufgabe 6.1 a) Zeichnen Sie auf einem Torus fünf Nachbarländer, indem Sie die Lösung des Erbteilungsproblems (Fig. 6.1) übertragen.

b) Versuchen Sie, auf einem Torus sechs bzw. sieben Nachbarländer anzugeben.

Aufgabe 6.2 Geben Sie verschiedene Realisierungen von Kugel und Torus als Körper bzw. als Flächen in der Umwelt an.

6.1.2 Geschlossene Linien auf Kugel und Torus

Bei der Untersuchung topologischer Eigenschaften von ebenen Netzen hat sich der Jordansche Kurvensatz (vgl. Abschn. 2.2) als eine fundamentale Aussage erwiesen, auf die bei Beweisen vielfach Bezug genommen wird. Wir wollen nachprüfen, ob eine entsprechende Aussage für Kugel und Torus (als Flächen) gilt. Dazu zeichnen wir einfach geschlossene Kurven auf die Flächen und betrachten die Einteilung der Fläche in Gebiete.

Aufgabe 6.3 Zeichnen Sie einfach geschlossene Kurven in möglichst verschiedenen Arten auf eine Kugel bzw. auf einen Torus. Prüfen Sie durch Färben, ob ein oder zwei Teilgebiete entstanden sind.

Auf der Kugel spielt es wie in der Ebene keine Rolle, in welcher Weise eine einfach geschlossene Kurve c gezeichnet wird. Stets erhält man zwei Teilgebiete, die durch c getrennt werden (Fig. 6.3). Nur ist es auf der Kugel nicht sinnvoll, von einem Innengebiet und einem Außengebiet zu sprechen, da beide Teilgebiete gleichberechtigte, einfach zusammenhängende Gebiete sind. In der Ebene dagegen ist nur das Innengebiet einfach zusammenhängend, während das Außengebiet zweifach zusammenhängt. Dies hängt wieder damit zusammen, daß die Ebene nur einer punktierten Kugel topologisch äquivalent ist und nicht der ganzen Kugel.

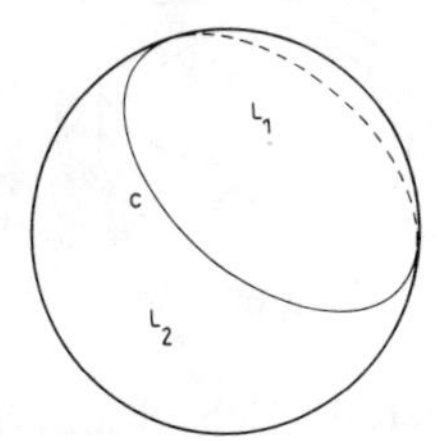

Fig. 6.3

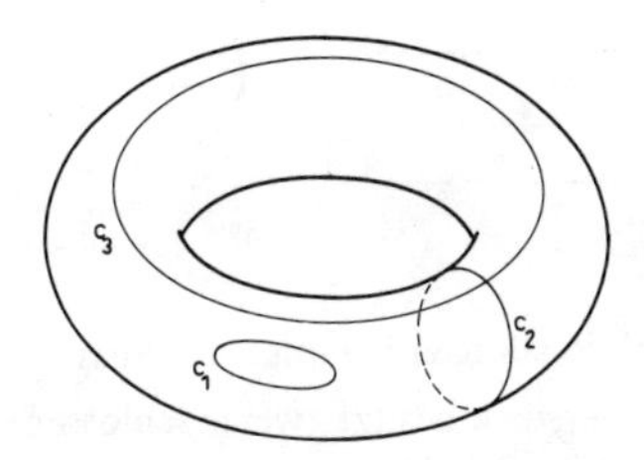

Fig. 6.4

Ganz anders liegen die Verhältnisse auf dem Torus (Fig. 6.4). Außer Kurven wie c_1, die den Torus in zwei getrennte Gebiete zerlegen, gibt es einfach geschlossene Kurven wie c_2 und c_3, die den Torus nicht zerlegen. Anschaulich bedeutet dies, daß man einen Fahrradschlauch z. B. längs einer Kurve c_3 durchschneiden kann, ohne daß er in zwei Stücke zerfällt. Beispiel 1.5 zeigte eine äquivalente Situation.

Wir erkennen daraus, daß der Jordansche Kurvensatz mit der oben angegebenen unwesentlichen Abänderung auf der Kugel gilt. Auf den Torus dagegen läßt sich der Satz nicht übertragen. Damit wird deutlich, daß Ebene und Kugel in manchen Aspekten ähnlich – nicht topologisch äquivalent – sind, während sich Ebene bzw. Kugel in ihren topologischen Eigenschaften grundlegend vom Torus unterscheiden. Es ist deshalb zu erwarten, daß die für die Ebene behandelten Probleme in Netzen auf der Kugel weitgehend zu denselben Ergebnissen führen. Für Netzprobleme auf dem Torus ist das nicht der Fall (vgl. Abschn. 7).

A **Aufgabe 6.4** Zeichnen Sie einfach geschlossene Kurven in möglichst verschiedenen Arten auf einen Doppeltorus (Fig. 6.5). Welche Kurven lassen sich auf der Fläche in einen

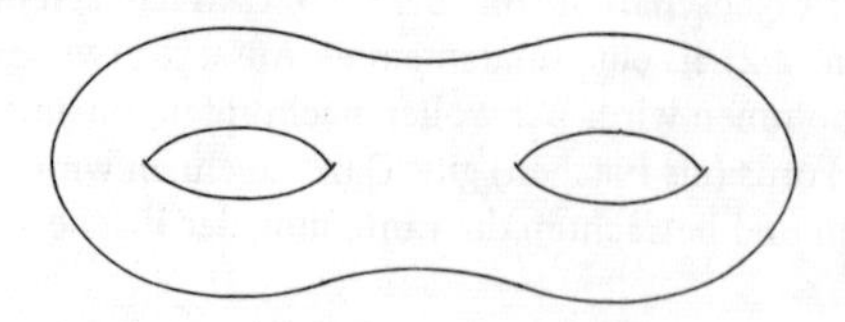

Fig. 6.5

Punkt zusammenziehen? Welche Kurven zerlegen den Doppeltorus? Welcher Unterschied ergibt sich im Vergleich zum Torus?

6.1.3 Das Möbiusband

Schneiden Sie aus Papier zwei nicht zu kurze rechteckige Streifen aus (Fig. 6.6a). Kleben Sie bei einem Streifen die schmalen Kanten zusammen ohne das Band zu verdrehen. Es entsteht ein geschlossenes Band, das als Stück eines Zylinders aufgefaßt werden kann (Fig. 6.6b). Wenn Sie beim zweiten Streifen ein Ende einmal (um 180°) verdrehen und dann die Kanten zusammenkleben, so entsteht ein M ö b i u s b a n d (Fig. 6.6c).

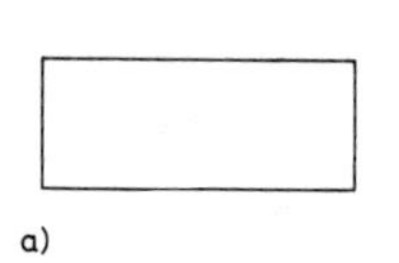

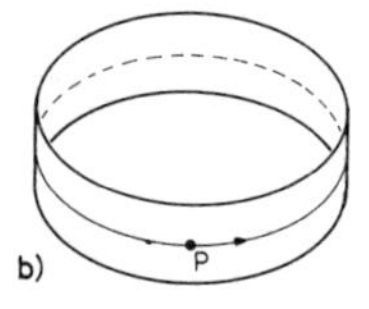

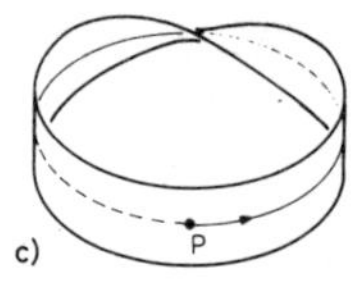

Fig. 6.6

Aufgabe 6.5 Bestätigen Sie folgende Aussagen:

a) Das Zylinderstück besitzt zwei geschlossene Randkurven, das Möbiusband besitzt nur eine geschlossene Randkurve.

b) Das Zylinderstück kann innen und außen mit zwei verschiedenen Farben angemalt werden. Wenn man das Möbiusband von einem Punkt ausgehend nach und nach färbt, so wird das ganze Möbiusband angemalt.

Die Aussage a) von Aufgabe 6.5 ist sofort einsichtig und kann durch Nachfahren der Randlinien überprüft werden.

Die Aussage b) beinhaltet, daß das Möbiusband nur eine Seite hat und man zwischen innen und außen nicht unterscheiden kann.

Markieren wir auf dem Möbiusband einen Punkt P und lassen einen Käfer entlang der Mittellinie c des Bandes krabbeln, so gelangt er nach einem Umlauf wieder an die Stelle P. Er befindet sich jedoch auf der anderen Seite des Papiers in bezug auf eine kleine Umgebung von P. Nach einem weiteren Umlauf kommt der Käfer wieder auf seinen Startplatz P. Auf dem Zylinderband kommt der Käfer nach einem Umlauf wieder auf derselben Seite zur Stelle P, und er kann ohne Überschreiten des Randes nicht auf die andere Seite des Papiers gelangen.

A

Das Möbiusband ist ein Beispiel für eine *einseitige Fläche*, die nur eine Randkurve besitzt. Das Zylinderband ist eine *zweiseitige Fläche* mit zwei Randkurven. In Kugel und Torus kennen wir zweiseitige Flächen ohne Randkurven. Man nennt sie *zweiseitige geschlossene Flächen*.
Damit ergibt sich natürlich die Frage, ob zwischen Anzahl der Randkurven und der Einseitigkeit oder Zweiseitigkeit einer Fläche ein Zusammenhang besteht.

Für zweiseitige Flächen können wir leicht eine Antwort geben. Trennt man aus einer zweiseitigen geschlossenen Fläche, also einer Kugel oder einem Torus, ein einfach zusammenhängendes Flächenstück heraus, so entsteht eine zweiseitige Fläche mit einer Randkurve. Da dieser Vorgang wiederholt durchgeführt werden kann, können wir für alle $n \in \mathbf{N}$ zweiseitige Flächen mit n Randkurven herstellen.

In entsprechender Weise kann man aus dem Möbiusband einseitige Flächen mit n Randkurven ($n \in \mathbf{N}^+$) erzeugen. Es bleibt also nur noch der Fall einseitiger Flächen ohne Rand, also einseitiger geschlossener Flächen. Beispiele für solche Flächen werden wir in Aufgabe 6.10 in Abschn. 6.2.3 kennenlernen.

Aufgabe 6.6 a) Schneiden Sie ein Möbiusband längs seiner Mittellinie auf. Was entsteht?

b) Zeichnen Sie auf einem Möbiusband mit der Breite b eine Kurve im Abstand b/3 vom Rand. Schneiden Sie das Band längs dieser Kurve auf. Was entsteht?

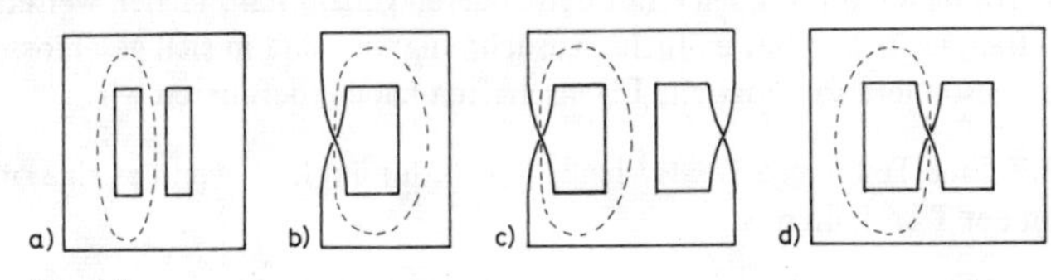

Fig. 6.7

Aufgabe 6.7 a) Geben Sie für jede Fläche in Fig. 6.7 an, ob sie einseitig oder zweiseitig ist und wie viele Randkurven sie hat.

b) Was ergibt sich, wenn man die Fläche längs der gestrichelt gezeichneten Kurve aufschneidet?

B

6.2 Geschlossene und berandete Flächen

6.2.1 Definition und topologische Äquivalenz von Flächen

In den vorangegangenen Abschnitten haben wir die Oberflächen von Kugel und Torus und die Ebene als Flächen bezeichnet. Es handelt sich dabei um Teilmengen M des Anschauungsraumes $\mathbf{R}^3$, die in der Umgebung jedes Punktes den Charakter einer Haut (wie z. B. ein Luftballon) haben. Man sagt deshalb, sie sind zweidimensional. Als Umgebungen eines Punktes $P \in M$ nehmen wir dabei die Spuren der Umgebungen von P in der natürlichen Topologie des $\mathbf{R}^3$, die durch die euklidische Metrik induziert wird (vgl.

B

Abschn. 2.4.2). Ist also U(P) eine Umgebung von P in $\mathbf{R}^3$, so ist U(P) $\cap$ M eine Umgebung von P in M. Den Flächencharakter können wir exakt dadurch erfassen, daß wir die Umgebungen jedes Punktes von M mit offenen Kreisscheiben vergleichen.

Definition 6.1 Eine zusammenhängende Teilmenge **F** des Anschauungsraumes $\mathbf{R}^3$ heißt eine Fläche (Mannigfaltigkeit der Dimension 2), wenn jeder Punkt P $\in$ **F** mindestens eine Umgebung besitzt, die zu einer offenen Kreisscheibe homöomorph ist.

Beispiel 6.1 Nach dieser Definition sind Kugel, Torus, Zylinder sowie die Ebene $\mathbf{R}^2$ und jede offene Kreisscheibe Beispiele für Flächen (Fig. 6.8). Eine Kugel und eine Berührebene bilden zusammen keine Fläche, da die Umgebung des Berührpunktes P zweiblättrig ist (Fig. 6.9) und somit eine topologische Abbildung auf eine offene Kreisscheibe nicht existiert.

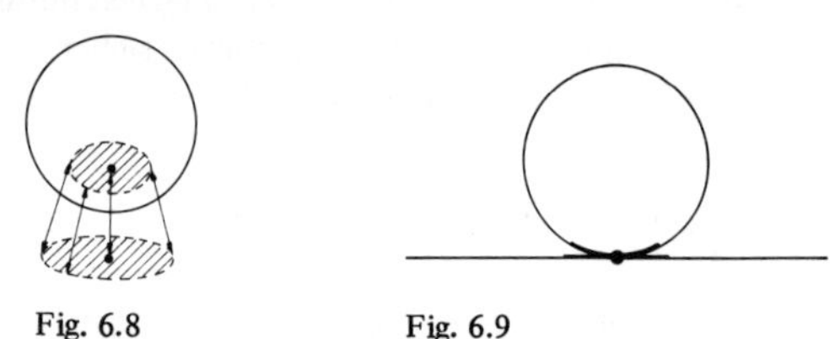

Fig. 6.8 Fig. 6.9

Kugel und Torus haben im Vergleich mit den anderen genannten Flächen weitergehende Eigenschaften: sie haben nur endliche Ausdehnung und sind in sich geschlossen. Da diese Flächen besondere topologische Eigenschaften haben, definieren wir:

Definition 6.2 Eine Teilmenge T $\in \mathbf{R}^3$ heißt *beschränkt*, wenn es eine offene Kugel gibt, in der T enthalten ist.

Definition 6.3 Eine abgeschlossene und beschränkte Fläche heißt eine *geschlossene Fläche*.

Aufgabe 6.8 Geben Sie für die Figuren in Fig. 6.10 an, ob es geschlossene Flächen sind. Begründen Sie jeweils Ihr Ergebnis. Die Kegel sind jeweils mit Kreisscheiben als Deckel versehen.

Das Zylinderband und das Möbiusband sind keine Flächen nach Definition 6.1, da es für einen Punkt P auf dem Rand keine Umgebung gibt, die zu einer offenen Kreisschei-

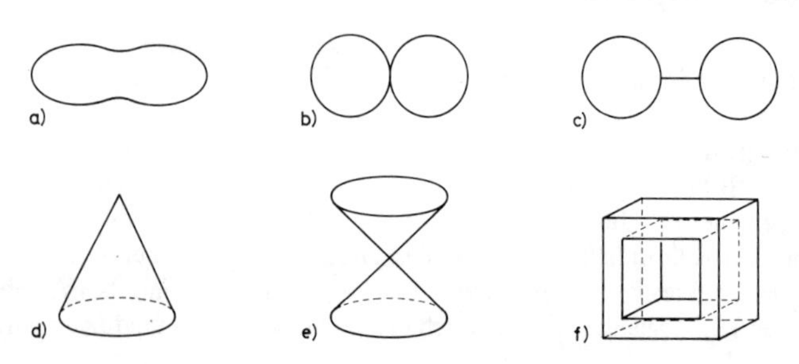

Fig. 6.10

B

be homöomorph ist. Es erscheint jedoch sinnvoll, auch solche Figuren als spezielle Flächen anzusprechen, und zwar als berandete Flächen. Eine Umgebung eines Randpunktes läßt sich dabei auf die Vereinigung einer offenen Kreisscheibe mit einem Stück der Kreislinie topologisch abbilden (Fig. 6.11).

Definition 6.4 Eine zusammenhängende, abgeschlossene Teilmenge $\mathbf{B} \subset \mathbf{R}^3$ heißt eine berandete Fläche, wenn jeder Punkt $P \in \mathbf{B}$ eine Umgebung besitzt, die entweder zu einer offenen Kreisscheibe oder zu einer teilweise berandeten Kreisscheibe homöomorph ist.

Beispiel 6.2 Zylinderband und Möbiusband sind berandete Flächen, ebenso eine Kugel oder ein Torus, aus denen eine offene Umgebung eines Punktes entfernt wurde.

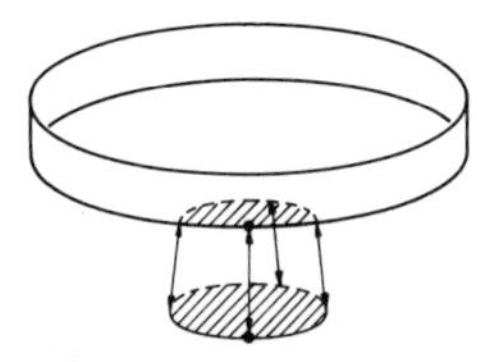

Fig. 6.11

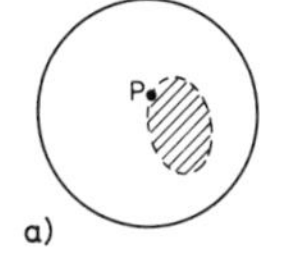

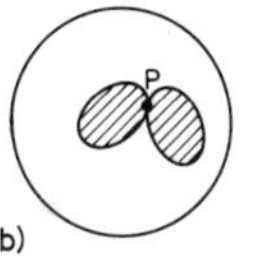

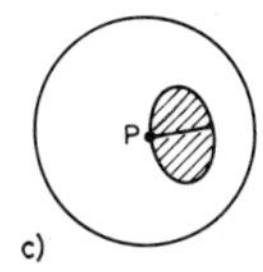

Fig. 6.12

Aufgabe 6.9 Begründen Sie, weshalb die Figuren in Fig. 6.12 keine berandeten Flächen sind.

Die Eigenschaft einer Fläche, einseitig oder zweiseitig zu sein, ist offensichtlich eine topologische Invariante. Um dies zu begründen, geben wir ein gegenüber topologischen Abbildungen invariantes Verfahren an, nach dem diese Eigenschaft einer Fläche festgestellt werden kann. Wir legen eine Jordankurve c (vgl. Abschn. 2.2.1) in die Fläche und verschieben das topologische Bild eines orientierten Kreises in der Fläche längs c. Nach einem Umlauf kann das Kreisbild mit gleicher Orientierung (Fig. 6.13a) oder mit umgekehrter Orientierung (Fig. 6.13b) im Ausgangspunkt P ankommen. Bei einer zweiseitigen Fläche erwarten wir, daß immer der erste Fall eintritt, während bei einer einseitigen Fläche mindestens für eine Jordankurve der zweite Fall vorliegen muß.

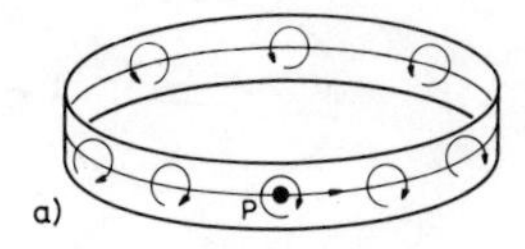

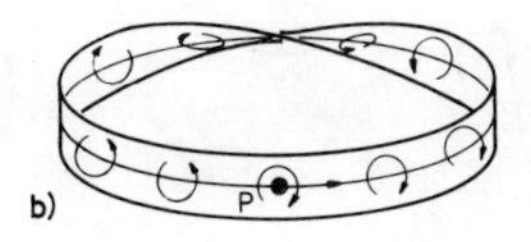

Fig. 6.13

Bemerkung. Bei den anschaulichen Überlegungen in Abschn. 6.1.3 haben wir die Oberfläche eines Papierstreifens gefärbt bzw. einen Käfer *auf* der Fläche krabbeln lassen. Die Jordankurve c und das topologische Bild des orientierten Kreises liegen *in* der Fläche. Dadurch gelangt man beim Möbiusband nach einem Umlauf wieder in den Ausgangspunkt P.

Definition 6.5 Eine Fläche $\mathbf{F} \subset \mathbf{R}^3$ heißt einseitig (nichtorientierbar), wenn es in $\mathbf{F}$ mindestens eine Jordankurve c gibt, so daß das längs c in $\mathbf{F}$ ver-

B schobene topologische Bild eines orientierten Kreises mit umgekehrter Orientierung im Ausgangspunkt ankommt. Gibt es keine solche Kurve in **F**, dann heißt die Fläche zweiseitig (orientierbar).

Beispiel 6.3 Nach dieser Definition sind Kugel, Torus, Zylinder, Zylinderband (Fig. 6.13a) und Ebene Beispiele für zweiseitige Flächen. Das Möbiusband ist eine einseitige Fläche (Fig. 6.13b).

Aufgabe 6.10 In Fig. 6.14 denken wir uns je zwei durch einen Doppelpfeil verbundene Randpunkte einer Halbkugel als Bildpunkte eines einzigen Punktes. Diese Zusammenfassung von zwei Punkten zu einem Punkt nennt man Identifizierung. Dadurch entsteht aus der Halbkugel eine Fläche, die man projektive Ebene nennt. Zeigen Sie, daß eine einseitige geschlossene Fläche vorliegt.

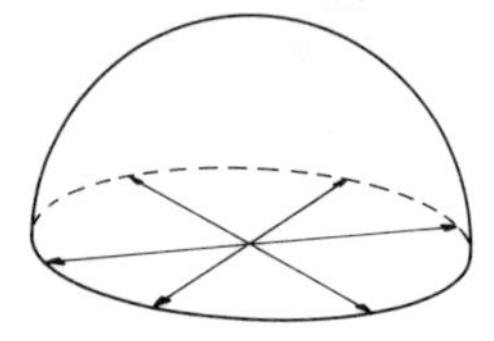

Fig. 6.14

Bemerkung Die projektive Ebene läßt sich im $\mathbf{R}^3$ nicht direkt als geschlossene Fläche darstellen wie Kugel oder Torus. Man benötigt stets ein Hilfsmittel wie z. B. die verwendete Identifizierung von Punkten des $\mathbf{R}^3$.

Für die topologische Untersuchung von Flächen im $\mathbf{R}^3$ ist es unwesentlich, wie eine Fläche metrisch realisiert ist. So sind Kugel, Würfel, Ei oder Teller verschiedene Modelle für topologisch äquivalente geschlossene Flächen. Alle diese Flächen können durch topologische Abbildungen aufeinander abgebildet werden und stimmen in allen topologischen Eigenschaften überein. Man sagt in diesem Sinne manchmal scherzhaft, ein Topologe könne seine Kaffeetasse nicht von dem Ringkeks unterscheiden, den er in den Kaffee taucht (Fig. 6.15).

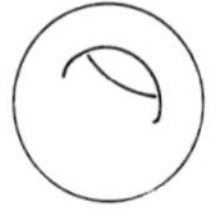
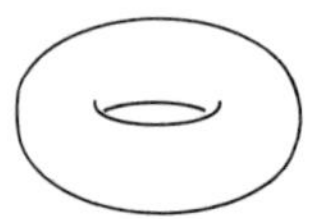

Fig. 6.15

Für den Nachweis der topologischen Äquivalenz von zwei Flächen F_1, F_2 genügt die Angabe einer topologischen Abbildung, die F_1 auf F_2 abbildet. Sind die Flächen nicht topologisch äquivalent, so muß man zeigen, daß keine topologische Abbildung von F_1 auf F_2 möglich ist. Dies kann man nicht dadurch nachprüfen, daß man alle möglichen topologischen Abbildungen untersucht. Sondern man führt den Beweis durch Angabe eines Gegenbeispiels, d. h. einer topologischen Eigenschaft, die der einen Fläche zukommt, der anderen nicht.

B

Beispiel 6.4 Bei der Untersuchung von geschlossenen Linien auf Kugel und Torus hat sich ein topologischer Unterschied ergeben. Auf der Kugel zerlegt jede Jordankurve die Fläche in zwei getrennte Teile (vgl. Fig. 6.3). Auf dem Torus dagegen gibt es Jordankurven, die die Fläche nicht zerlegen (vgl. Fig. 6.4). Da bei einer topologischen Abbildung eine Jordankurve auf eine Jordankurve abgebildet wird, können Kugel und Torus nicht topologisch äquivalent sein.

Aufgabe 6.11 Geben Sie Gegenstände aus Ihrer Umwelt an, deren Oberfläche a) zur Kugel, b) zum Torus, c) zum Doppeltorus (vgl. Fig. 6.5) topologisch äquivalent sind.

Aufgabe 6.12 Geben Sie eine topologische Eigenschaft an, die zeigt, daß die Ebene und die Kugel nicht topologisch äquivalent sind.

6.2.2 Zusammenhang und Geschlecht einer geschlossenen Fläche

Wir ermitteln jetzt für geschlossene Flächen eine topologische Eigenschaft, mit deren Hilfe sich diese Flächen in Klassen topologisch äquivalenter Flächen einteilen lassen. Es genügt dann, für jede Klasse einen Repräsentant anzugeben, da alle zu einer Klasse gehörigen Flächen vom topologischen Standpunkt aus nicht unterscheidbar sind.

Wir betrachten Jordankurven auf den geschlossenen Flächen. Wie wir gesehen haben, zerlegt eine solche einfach geschlossene Kurve eine Kugel in zwei getrennte Teile. Zeichnen wir auf dem Torus Jordankurven, die sich in genau einem Punkt schneiden dürfen, so stellen wir fest, daß wir höchstens zwei solche Jordankurven finden können, welche die Fläche nicht zerlegen. Jede weitere Jordankurve führt zum Auseinanderfallen des Torus. Für den Doppeltorus können wir insgesamt vier Jordankurven angeben, ohne daß die Fläche zerfällt (Fig. 6.16). Die maximale Anzahl nichtzerlegender Jordankurven bilden auf einer Fläche in Fig. 6.16 eine Landkarte mit genau einem Land, das einfach zusammenhängend ist.

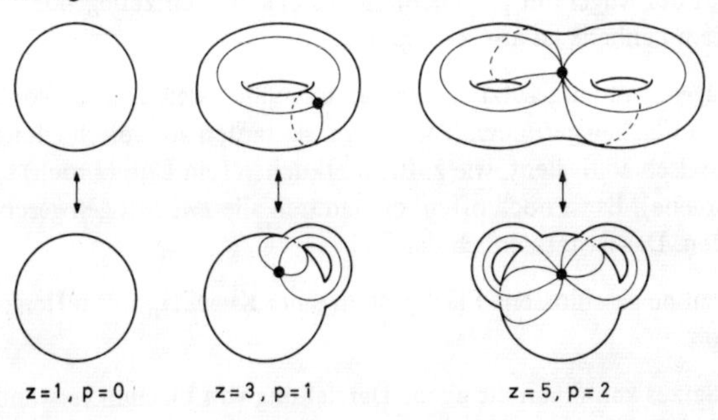

Fig. 6.16

Es lassen sich leicht weitere Typen von topologisch nicht äquivalenten geschlossenen zweiseitigen Flächen angeben: Man braucht nur die Anzahl der Durchbrüche zu vergrößern. Als Repräsentant für eine Klasse, die durch eine Kugel mit p Durchbrüchen ($p \in \mathbf{N}$) festgelegt ist, verwendet man üblicherweise eine K u g e l m i t p H e n -

B

keln, die wir mit H_p bezeichnen. Die maximale Anzahl der nichtzerlegenden Jordankurven auf einer solchen Fläche ist 2p.

Definition 6.6 Eine geschlossene Fläche heißt (n + 1)-fach zusammenhängend, wenn n ($n \in \mathbf{N}$) die maximale Anzahl von Jordankurven auf der Fläche ist, die die Fläche nicht zerlegen.

Beispiel 6.5 Die Kugel ist einfach, der Torus dreifach und der Doppeltorus fünffach zusammenhängend. Eine zweifach oder vierfach zusammenhängende zweiseitige Fläche gibt es nicht (vgl. Satz 6.2).

Bemerkung. Die Begriffsbildung in Definition 6.6 wurde so gewählt, daß sich die Kugel als einfach zusammenhängende Fläche ergibt. Dies stimmt dann überein mit der Definition der einfach zusammenhängenden Fläche über das Zusammenziehen einer Jordankurve auf einen Punkt (vgl. Abschn. 2.2.1).

Satz 6.1 Eine Kugel mit p Henkeln hat den Zusammenhang $z = 2p + 1$.

Beweis. Wir ordnen die Henkel entlang eines Großkreises der Kugel an und wählen einen Punkt P auf dem Kugelteil der Fläche. Dann können wir für jeden Henkel zwei Jordankurven durch P bezeichnen. Die eine Kurve verläuft dann über den Henkel, die andere um eine „Ansatzstelle“ des Henkels herum (vgl. Fig. 6.16). Das sind insgesamt 2p Kurven.

Zeichnen wir eine weitere Jordankurve c durch P ein, so läuft sie über einen oder mehrere Henkel oder um eine oder mehrere Ansatzstellen von Henkeln herum oder außerhalb der Henkel auf der Kugel. In jedem Fall grenzt sie zusammen mit den anderen Jordankurven ein Gebiet auf der Fläche ab. Läuft nämlich die Kurve c z. B. nur über einen Henkel, so wird ein Streifen auf dem Henkel abgegrenzt; läuft c dagegen nur um den zweiten Ansatz eines Henkels, so wird der ganze Henkel abgegrenzt; verläuft c schließlich außerhalb der Henkel, so wird auf dem Kugelteil ein Gebiet abgegrenzt. Damit ergibt sich, daß es auf der Kugel mit p Henkeln höchstens 2p nichtzerlegende Jordankurven gibt. Ihr Zusammenhang ist also $z = 2p + 1$. ■

Wir haben in den Kugeln mit aufgesetzten Henkeln unendlich viele Klassen von zweiseitigen geschlossenen Flächen gefunden. Zwei Repräsentanten aus verschiedenen Klassen sind nicht topologisch äquivalent, wie z. B. Napfkuchen (ein Durchbruch) und Brezel (drei Durchbrüche). Es ist noch offen, ob dadurch alle zweiseitigen geschlossenen Flächen erfaßt werden. Das ist tatsächlich der Fall.

Satz 6.2 Jede zweiseitige geschlossene Fläche ist zu einer Kugel H_p mit p Henkeln ($p \in \mathbf{N}$) homöomorph.

Zum Beweis dieses Satzes kann man die ebene Darstellung von Flächen verwenden, die wir in Abschn. 6.2.3 behandeln werden. Für einen vollständigen Beweis von Satz 6.2 verweisen wir auf die Literatur [32].

Die Anzahl p der Henkel und der Zusammenhang z sind wegen $z = 2p + 1$ gleichwertige äquivalente Angaben für eine Fläche. Meist gibt man die Henkelzahl p an, weil sie anschaulich leichter zu erkennen ist.

B

Definition 6.7 Ist eine zweiseitige geschlossene Fläche einer Kugel H_p mit p Henkeln homöomorph, so heißt p das G e s c h l e c h t der Fläche.

Beispiel 6.6 Die Kugel hat das Geschlecht 0, der Torus hat das Geschlecht 1 und der Doppeltorus hat das Geschlecht 2.

Aufgabe 6.13 Bestimmen Sie das Geschlecht der Flächen in Fig. 6.17.

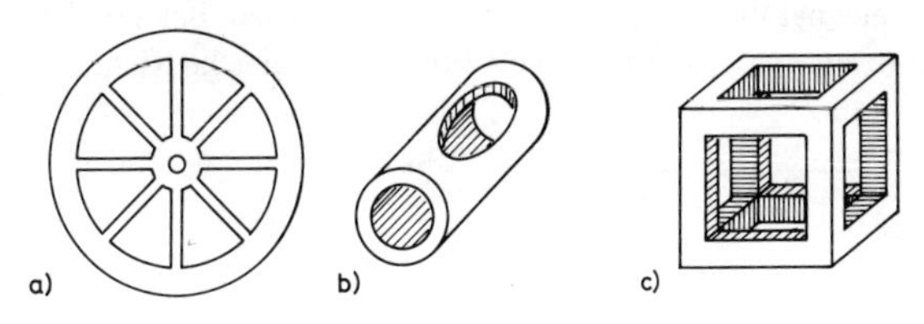

Fig. 6.17

Aufgabe 6.14 Zeigen Sie, daß Definition 6.7 der folgenden Definition äquivalent ist: Das Geschlecht einer zweiseitigen geschlossenen Fläche ist die maximale Anzahl der p u n k t f r e m d e n Jordankurven, welche die Fläche nicht zerlegen.

Bemerkung 1 Auch für berandete Flächen läßt sich ein Zusammenhang z angeben, wenn neben Jordankurven auch Kurvenstücke von Rand zu Rand zugelassen werden. Entsteht die berandete Fläche aus einer zweiseitigen geschlossenen Fläche vom Geschlecht p durch Weglassen von r einfach zusammenhängenden Flächenstücken, so hat sie den Zusammenhang $z = 2p + r$.

Aufgabe 6.15 Beweisen Sie:

a) Eine berandete Kugel mit n Löchern ($n \in \mathbf{N}^+$) hat den Zusammenhang $z = n$;

b) Ein See mit n Inseln ($n \in \mathbf{N}$) hat den Zusammenhang $z = n + 1$.

c) Ein Zylinderband (vgl. Fig. 6.13a) ist zu einer berandeten Kugel mit zwei Löchern homöomorph und hat den Zusammenhang $z = 2$.

d) Das Möbiusband hat den Zusammenhang $z = 2$.

Aufgabe 6.16 a) Begründen Sie, weshalb eine Kugel und eine Kugel mit einem Loch den gleichen Zusammenhang $z = 1$ haben.

b) Gilt eine entsprechende Aussage für geschlossene und berandete Flächen vom Geschlecht p?

Aufgabe 6.17 Beweisen Sie die Aussage in Bemerkung 1.

Bemerkung 2 Eine Klassifizierung der einseitigen geschlossenen Flächen kann ebenfalls durchgeführt werden. Da wir bisher nur die projektive Ebene (vgl. Aufgabe 6.10) als Beispiel für eine solche Fläche kennen, werden wir die Klassifizierung erst in Abschn. 6.2.5 durchführen.

B

6.2.3 Ebene Darstellung von Flächen

Wir wollen in diesem Abschnitt untersuchen, ob sich aus einem rechteckigen Flächenstück außer Zylinderband und Möbiusband noch andere Flächen herstellen lassen. Die dabei verwendete Methode ist das Verheften von Randstücken. Zu diesem Zweck werden jeweils die beiden Randstücke, die verheftet werden sollen, mit dem gleichen Buchstaben gekennzeichnet und mit einer Orientierung versehen, Bei der Verheftung werden die Kanten so zusammengefügt, daß die Pfeile in die gleiche Richtung weisen (vgl. Fig. 6.18).

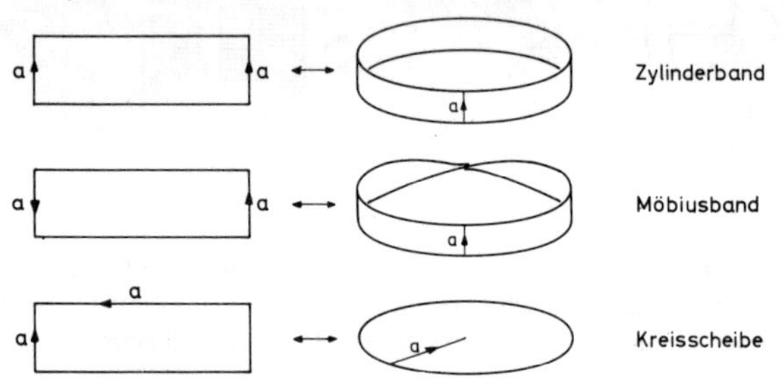

Fig. 6.18

Es ist zweckmäßig, die Verheftungskanten des ebenen Flächenstücks punktweise zu identifizieren. Das ebene Flächenstück mit den identifizierten Randstücken stellt dann

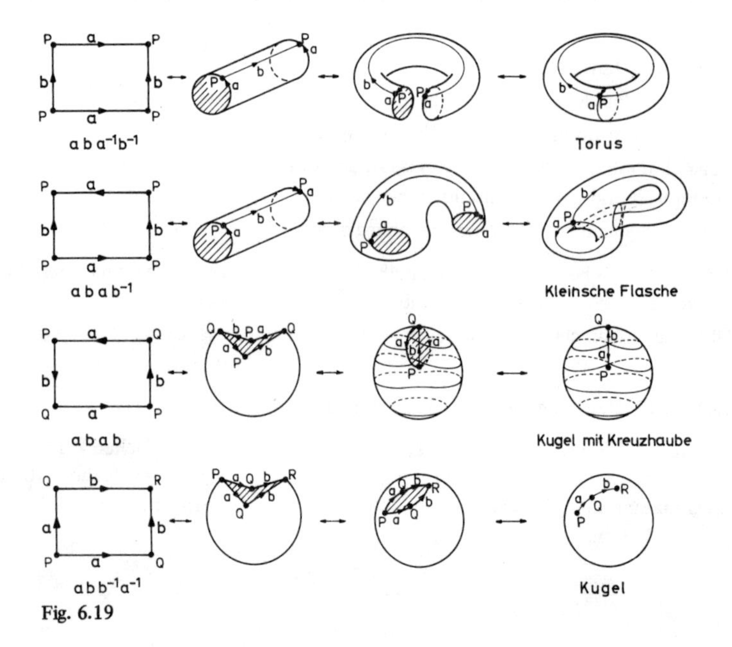

Fig. 6.19

ein ebenes topologisches Bild der Fläche dar, das bei vielen Problemen einfacher zu verwenden ist als ein Parallelriß der Fläche, bei dem in der Regel Doppelüberdeckungen in der Zeichenebene auftreten. Das Verheften kann nur in seltenen Fällen ohne Verzerrungen des Flächenstücks vorgenommen werden, so daß eine Realisierung nur mit einer elastischen Gummihaut möglich ist.

1. Fall. Zwei Randstücke werden verheftet (Fig. 6.18).

2. Fall. Zwei Paare von Randstücken werden verheftet (Fig. 6.19).

In Fig. 6.18 und 6.19 sind alle möglichen verschiedenen Verheftungen eines ebenen Rechtecks zusammengestellt. Lediglich bei Zylinderband und Möbiusband kommt man ohne Verzerrungen aus, und Modelle für diese Flächen können wie wir gesehen haben, aus Papier hergestellt werden. Kugel mit Kreuzhaube und Kleinsche Flasche können im $\mathbf{R}^3$ nicht ohne Selbstdurchdringung dargestellt werden. Allgemein gilt, daß man für keine einseitige geschlossene Flächen im $\mathbf{R}^3$ ohne Selbstdurchdringung oder Identifizierung auskommt. Im vierdimensionalen Raum $\mathbf{R}^4$ dagegen kann eine solche Fläche ohne diese Hilfsmittel realisiert werden. Nur können wir uns eine Figur im $\mathbf{R}^4$ nicht anschaulich vorstellen. Ein entsprechender Sachverhalt – nur jeweils eine Dimension niedriger – erscheint uns völlig selbstverständlich zu sein: In der Ebene $\mathbf{R}^2$ grenzt eine Jordankurve c ein inneres und ein äußeres Gebiet ab, und wir können nicht von innen nach außen gelangen, ohne die Kurve c zu durchdringen. Im $\mathbf{R}^3$ können wir ohne weiteres von innen nach außen gelangen, ohne c zu kreuzen. Dies ist anschaulich in Fig. 6.1 und schematisch in Fig. 6.20 dargestellt.

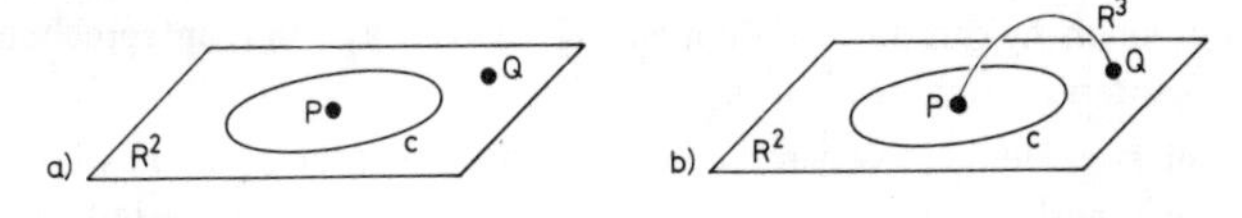

Fig. 6.20

Aufgabe 6.18 Stellen Sie für die Flächen in Fig. 6.18 und Fig. 6.19 eine Tabelle entsprechend Tab. 6.1 zusammen.

Tab. 6.1

Fläche	einseitig	zweiseitig	geschlossen	Ränder	Zusammenhang

Aufgabe 6.19 Zeigen Sie, daß zwei Jordankurven, die den Torus nicht zerlegen, als Verheftungskanten eines ebenen rechteckigen Flächenstücks, das zum Torus homöomorph ist, aufgefaßt werden können.

Aufgabe 6.20 Welche Fläche entsteht, wenn man den Rand eines Möbiusbandes mit dem Rand einer Kreisscheibe zu einer geschlossenen Fläche verheftet?

B

6.2.4 Normalformen für zweiseitige geschlossene Flächen

In ähnlicher Weise, wie es für Kugel und Torus möglich ist, können wir für jede zweiseitige geschlossene Fläche eine ebene Darstellung in Form eines Vielecks mit identifizierten Randstücken angeben. Fig. 6.21 zeigt den Fall einer Kugel mit zwei Henkeln, zu der z. B. der Doppeltorus topologisch äquivalent ist. Das ebene Flächenstück ist ein

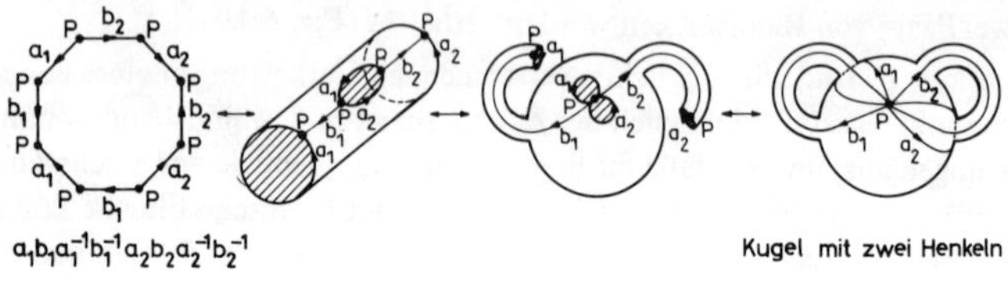

Fig. 6.21

Achteck, bei dem die Kanten paarweise in einer bestimmten Orientierung identifiziert sind. Eine symbolische Darstellung (Normalform) des Vielecks mit Identifizierungsvorschrift erhalten wir, wenn wir die Kanten des Achtecks im angegebenen Sinn durchlaufen und ihre Bezeichnungen notieren. Stimmt die Orientierung der Kante nicht mit dem Durchlaufungssinn überein, so wird die Bezeichnung der Kante mit dem Exponenten -1 versehen. Für das Achteck in Fig. 6.21 erhalten wir

$$a_1 b_1 a_1^{-1} b_1^{-1} a_2 b_2 a_2^{-1} b_2^{-1} \qquad \text{Normalform für } H_2$$

Das Schema stellt einen Zyklus dar, bei dem auf b_2^{-1} wieder a_1 folgt, entsprechend der Anordnung der Kanten im Achteck.

Auf der Kugel mit zwei Henkeln verlaufen die Verheftungskanten a_1 und a_2 über die Henkel, die Verheftungskanten b_1 und b_2 umrunden jeweils eine Ansatzstelle eines Henkels. Sie entsprechen genau den Jordankurven, die für den Zusammenhang von H_2 ermittelt wurden (vgl. Fig. 6.16). Dieses Verfahren können wir für jede zweiseitige geschlossene Fläche H_p $(p > 0)$ anwenden und so eine Normalform angeben.

H_p wird repräsentiert durch eine Kugel mit p Henkeln. Jeder Henkel legt zwei Jordankurven a_i und b_i fest, die zu vier Kantenstücken im ebenen Vieleck gehören. Hieraus erkennt man, daß jedem Henkel ein Schema der Form $xyx^{-1}y^{-1}$ entspricht. Damit läßt sich die Normalform für $H_p (p > 0)$ angeben.

$$a_1 b_1 a_1^{-1} b_1^{-1} a_2 b_2 a_2^{-1} b_2^{-1} \ \ldots\ a_p b_p a_p^{-1} b_p^{-1} \qquad \text{Normalform für } H_p \ (p \in \mathbf{N}^+)$$

$$a_1 a_1^{-1} \qquad \text{Normalform für } H_0 \text{ (Kugel)}$$

Die Normalform der Kugel weicht ab von den Normalformen der übrigen Flächen H_p, da kein Henkel vorhanden ist. Die zugehörige ebene Fläche ist ein Zweieck mit entgegengesetzt orientierten Kanten. Diese Sonderstellung der Kugel unter den zweiseitigen geschlossenen Flächen tritt auch bei anderen Problemen zutage. Besonders eindrucksvoll wird das bei Färbungsproblemen (vgl. Abschn. 7.3).

Bemerkung Auch berandete zweiseitige Flächen lassen sich durch ebene Vielecke darstellen. Die den Schnittlinien auf der Fläche entsprechenden Kanten werden wie üblich

B

orientiert und paarweise verheftet. Jede Randlinie ergibt eine nicht orientierte unverheftete Kante. Ist die berandete Fläche Teilstück einer Fläche H_p mit r Löchern, so hat sie nach Bemerkung 1 in Abschn. 6.2.2 den Zusammenhang $z = 2p + r$. Damit ergeben sich für das ebene Vieleck $2(z-1)$ Verheftungskanten und r unverheftete Kanten, also insgesamt $2(z-1) + r = 4p + 3r - 2$ Kanten. Fig. 6.22 zeigt dies am Beispiel eines Torus mit zwei Löchern ($p = 1$; $r = 2$).

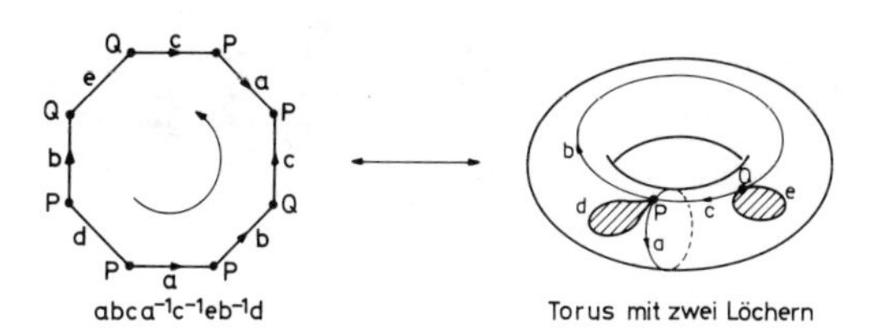

Fig. 6.22

Aufgabe 6.21 Begründen Sie die Normalform für die Kugel aus der Verheftung des entsprechenden Vierecks in Fig. 6.19.

Aufgabe 6.22 Geben Sie für einen Doppeltorus mit einem Loch ein topologisch äquivalentes Vieleck und den zugehörigen Verheftungszyklus an.

6.2.5 Normalformen für einseitige geschlossene Flächen

Für die beiden geschlossenen Flächen, die in Fig. 6.19 auftreten, können wir folgende Zyklen ablesen:

$a\,b\,a\,b$, Kugel mit Kreuzhaube

$a\,b\,a\,b^{-1}$ Kleinsche Flasche.

Die beiden Zyklen sind verschieden aufgebaut. Das ist zu erwarten, denn sie gehören zu topologisch nicht äquivalenten Flächen. Auf der Kugel mit Kreuzhaube gibt es maximal eine Jordankurve, die die Fläche nicht zerlegt ($z = 2$), auf der Kleinschen Flasche dagegen maximal zwei solche Jordankurven ($z = 3$; vgl. Fig. 6.19). Wir können den Zyklus der Kleinschen Flasche jedoch durch Umformen auf eine Form bringen, die mit dem Zyklus der Kugel mit Kreuzhaube eng zusammenhängt (Fig. 6.23).

Zuerst schneiden wir das Viereck längs einer Diagonalen auseinander und fügen es längs der identifizierten Kanten a auf andere Weise zusammen. Dann unterteilen wir jede Kante in zwei Kanten. Dadurch werden zwei Punkte hervorgehoben, die mit Q bzw. R bezeichnet sind. Schließlich wird die Fläche als Achteck gezeichnet und die Kanten werden umbenannt.

Der Zyklus $a_1 b_1 a_1 b_1 a_2 b_2 a_2 b_2$ stellt ersichtlich eine Kugel mit zwei Kreuzhauben dar, die in P zusammenhängen. Q bzw. R liegen jeweils am anderen Ende der Durchdringung. Die Kleinsche Flasche ist somit topologisch äquivalent einer Kugel mit zwei Kreuzhau-

B ben. In das Achteck in Fig. 6.23 sind zwei Jordankurven eingezeichnet, die die Fläche nicht zerlegen. Jede führt über eine Kreuzhaube. Durch Einzeichnen weiterer Jordankurven kann man überprüfen, daß drei Jordankurven die Fläche stets zerlegen.

Die Verallgemeinerung dieser Ergebnisse führt zu Kugeln mit q Kreuzhauben ($q \in \mathbf{N}^+$), die wir mit K_q bezeichnen. Zwei Flächen mit verschiedener Anzahl von

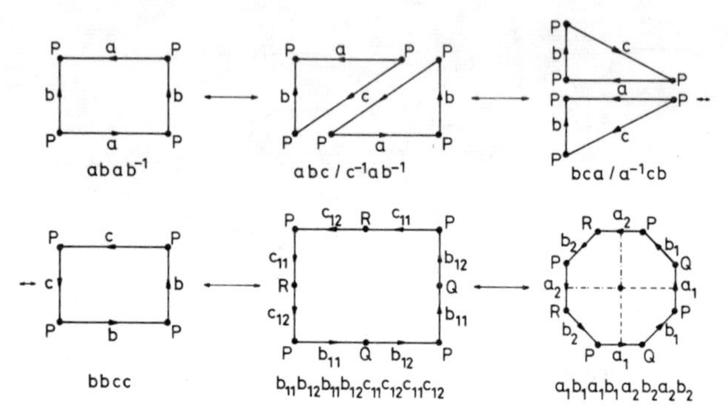

Fig. 6.23

Kreuzhauben sind topologisch nicht äquivalent, da sie verschiedenen Zusammenhang $z = q + 1$ haben.

$$a_1 b_1 a_1 b_1 a_2 b_2 a_2 b_2 \ldots a_q b_q a_q b_q \qquad \text{Normalform von } K_q \quad (q \in \mathbf{N}^+)$$

Sie können als Repräsentanten für Klassen von einseitigen geschlossenen Flächen verwendet werden, da auf diese Weise alle einseitigen geschlossenen Flächen erfaßt werden.

Satz 6.3 Jede einseitige geschlossene Fläche ist zu einer Kugel K_q mit q Kreuzhauben ($q \in \mathbf{N}^+$) homöomorph.

Der Beweis dieses Satzes kann mit Hilfe der ebenen Darstellung der Flächen geführt werden (vgl. Abschn. 6.2.3).

Entsprechend dem Vorgehen bei zweiseitigen Flächen können wir auch hier ein Geschlecht einer einseitigen Fläche definieren.

Definition 6.8 Ist eine einseitige geschlossene Fläche zu einer Kugel K_q mit q Kreuzhauben homöomorph, so heißt q das Geschlecht der Fläche.

Beispiel 6.7 Die projektive Ebene ist zu einer Kugel mit einer Kreuzhaube homöomorph und hat somit das Geschlecht 1. Die Kleinsche Flasche ist zu einer Kugel mit zwei Kreuzhauben homöomorph. Sie hat das Geschlecht 2.

Die Kugeln mit Kreuzhauben spielen bei den einseitigen Flächen dieselbe Rolle wie die Kugeln mit Henkel bei den zweiseitigen Flächen. Es gibt jedoch keine einseitige Fläche mit $q = 0$. Andererseits gibt es unter den einseitigen Flächen keine mit einer Sonderstellung, wie sie die Kugel bei den zweiseitigen Flächen hat.

Aufgabe 6.23 a) Ermitteln Sie den Zusammenhang einer berandeten projektiven Ebene mit einem Loch. Vergleichen Sie mit dem Möbiusband.

b) Welchen Zusammenhang hat eine berandete Kleinsche Flasche mit drei Löchern?

c) Welchen Zusammenhang hat eine berandete Fläche K_q mit r Löchern?

B

6.3 Kugel, Torus und Möbiusband im Unterricht

C

6.3.1 Vorbemerkungen

Die Schulung des räumlichen Vorstellungsvermögens ist ein wichtiges allgemeines Lernziel des Mathematikunterrichts, auf das insbesondere in der Anfangsphase des Geometrieunterrichts, also in den Klassen 1 bis 6, hingearbeitet werden sollte. Mancher Lehrer beachtet dies – aus welchen Gründen auch immer – nicht genügend, und für viele Schüler ergeben sich daraus Schwierigkeiten, die besonders deutlich bei der Berechnung von Körpern wie z. B. Pyramiden und Kegel hervortreten, da die Schüler sich die dabei auftretenden Schnittfiguren nicht vorstellen können. In praktisch allen neueren mathematischen Lehrbuchwerken werden deshalb in meist loser Folge Aufgaben mit räumlichen Gegenständen angeboten, z. B. Bauen von verschiedenen Körpern aus Würfeln oder Streichholzschachteln, Formbetrachtungen und Schnitte von Körpern und Untersuchung von Körper auf Drehachsen und Symmetrieebenen.
Neben diesen Inhalten aus dem euklidischen Bereich der Geometrie bieten sich auch räumliche Probleme aus der anschaulichen Topologie an, die in den folgenden Abschnitten und in Abschn. 7.4 näher ausgeführt werden. Neben der Schulung des Raumvorstellungsvermögens liegt ihr didaktischer Wert darin, daß Fragestellungen aus der Ebene auf räumliche Gebilde übertragen werden können und dort zu neuen Ergebnissen führen (Transfer) und daß der Schüler ausgehend von einfachen, aber stark motivierenden Einstiegsproblemen zu eigenen Untersuchungen angeregt wird (kreatives Verhalten). Man denke nur etwa an die für den Schüler völlig überraschenden Ergebnisse bei Schnitten am Möbiusband.
Als Zeitpunkt für die Behandlung solcher Probleme scheinen die Klassen 5 und 6 am besten geeignet zu sein, da die Schüler dann schon über räumliche Vorerfahrungen verfügen und die zugehörigen ebenen Probleme behandelt sind.

6.3.2 Geschlossene Linien auf Kugel und Torus

Von der ebenen Topologie auf dem Gummituch her wissen die Schüler, daß sich topologische Eigenschaften einer Figur bei elastischen Verzerrungen nicht ändern. Diese Überlegungen werden nun auf räumliche Objekte, die nach Bedarf als Körper oder Flächen behandelt werden können, übertragen. Keine Schwierigkeiten treten bei einem Luftballon mit aufgezeichnetem Netz (oder Reklameaufdruck) auf, der sich durch Zusammendrücken elastisch verformt. Beim Verformen einer Kugel aus Plastilin (Knetmasse) ergeben sich dagegen Probleme, wenn man daraus einen Ring (Torus) herstellt.

C

Der Körper wird ja beim Durchbohren nicht zerrissen, und es ist zunächst unklar, ob eine topologisch zulässige Verformung vorliegt oder nicht. Die Entscheidung dieser Frage kann durch Betrachtung einfach geschlossener Kurven auf den Flächen oder durch Schnitte der Körper herbeigeführt werden. Ebene und Kugel zerfallen in getrennte Teile, wenn man sie längs einer einfach geschlossenen Kurve schneidet. Als Demonstration kann man einen Papierbogen längs einer solchen Kurve zerschneiden oder von einer Knetkugel ein Stück abschneiden lassen. Die Schüler erhalten nun die Aufgabe, entsprechende Untersuchungen beim Torus durchzuführen (vgl. Abschn. 1.1 und Aufgabe 6.14).

Es ergibt sich, daß Kugel und Torus nicht topologisch äquivalent sind, da man den Torus durchschneiden kann, ohne daß er in zwei Teile zerfällt. Damit ist das Herstellen eines Durchbruchs bei einem Körper nicht als eine elastische Verformung zugelassen. Durch den Doppeltorus (vgl. Aufgabe 6.4), Brezeln mit drei Durchbrüchen und Holzstücken mit mehreren durchgehenden Bohrlöchern lassen sich leicht weitere topologisch verschiedene Körper angeben. Dabei kann auf Bezeichnungen wie Geschlecht oder Kugel mit Henkeln verzichtet werden, da keine umfassende Systematik angestrebt wird.

6.3.3 Zusammenkleben von Bändern

Das Phänomen der einseitigen Flächen kann dem Schüler nur an Beispielen *berandeter* einseitiger Flächen gezeigt werden, da sich geschlossene einseitige Flächen im $\mathbf{R}^3$ nicht realisieren lassen. Der bekannteste Vertreter dafür ist das Möbiusband (vgl. Abschn. 6.1.3), mit dem sich Zerschneidungen durchführen lassen, die wie Zaubertricks wirken. Als Merkmal für die Einseitigkeit verwendet man dabei das Färben des ganzen Fläche mit einer Farbe oder das Krabbeln eines Käfers, obwohl dies den Sachverhalt mathematisch nicht ganz exakt erfaßt, da man dabei *auf* der Fläche und nicht *in* der Fläche arbeitet (vgl. Bemerkung vor Definition 6.5).

Zunächst werden nicht zu kurze Papierstreifen zu Zylinderband und Möbiusband zusammengeklebt und auf Einseitigkeit und Randkurven untersucht. Die Erprobung der dabei gewonnenen Kenntnisse kann an den Flächen erfolgen, die sich beim Zerschneiden des Möbiusbandes ergeben. Schneidet man ein Möbiusband längs einer Mittellinie auf, so erhält man ein viermal verdrehtes zweiseitiges Band mit zwei Randkurven. Schneidet man im Abstand $(1/3) \times$ Bandbreite vom Rand, so erhält man zwei verschlungene Bänder, nämlich ein Möbiusband und ein langes, zweimal verdrehtes zweiseitiges Band mit zwei Randkurven. Es ist sehr wichtig und interessant, die Schüler jeweils vor dem Schneiden Vermutungen über das Ergebnis angeben zu lassen. Schnitte mit anderen konstanten Abständen vom Rand des Möbiusbandes bringen keine neuen Ergebnisse, da das Stück um die Mittellinie stets ein Möbiusband ergibt.

Wenn man den Papierstreifen vor dem Verheften mehrfach verdreht, ergeben sich weitere interessante Flächen, die die Schüler in Gruppenarbeit untersuchen können. Verwendet man Papierstreifen mit verschieden gefärbten Seiten und einer Markierung entlang einer Randlinie, so lassen sich Einseitigkeit und Anzahl der Randkurven nach dem Zusammenkleben sehr leicht feststellen.

Ein zweifach verdrehtes Band ergibt eine zweiseitige Fläche mit zwei Randkurven. Wird es durch geeignetes Falten eben gemacht, so entsteht das Firmenzeichen einer Autofirma (Fig. 6.24).

Ein dreifach verdrehtes Band ist eine einseitige Fläche mit einer Randkurve, die eine Kleeblattschlinge (vgl. Fig. 5.3) darstellt (Fig. 6.25). Das Wollsiegel-Markenzeichen hat diesen Aufbau.

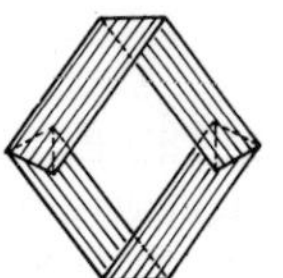
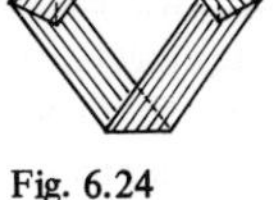

Fig. 6.24

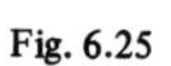

Fig. 6.25

Fig. 6.26

Jetzt ist es möglich, Vorhersagen über ein n-fach verdrehtes Band zu machen, und zu begründen, daß für gerades n eine zweiseitige Fläche mit zwei Randkurven und für ungerades n eine einseitige Fläche mit einer Randkurve entsteht.

Auf zwei interessante Verschlingungen eines Papierstreifens sei noch hingewiesen. Schlingt man aus einem Papierband einen einfachen Knoten wie in Fig. 5.1 und faltet das Papier nach dem Zusammenziehen sorgfältig, so entsteht ein regelmäßiges Fünfeck (Fig. 6.27a). Klebt man die Enden zusammen, so ergibt sich ein einseitiges Band mit einer Randkurve (Fig. 6.27b). Dieses Band ist dreimal verdreht. Man erkennt dies, wenn man die Klebestelle wieder trennt, die Verschlingung löst und den Papierstreifen in den vorhandenen Faltlinien ohne Verschlingung wieder zu der Fünfeckform legt. Jetzt kann das Band durch dreimaliges Verdrehen in einen glatten Rechteckstreifen übergeführt werden.

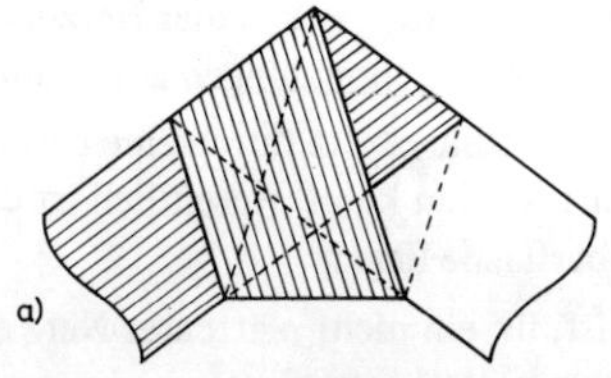

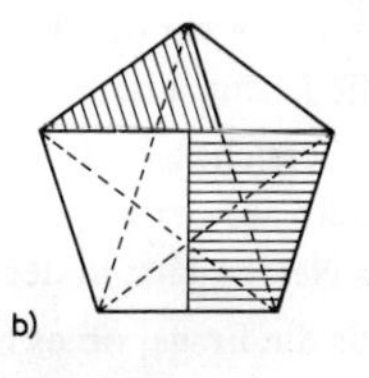

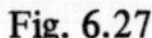

Fig. 6.27

Im zweiten Fall wird ein langer Papierstreifen so geschlungen, daß seine Mittellinie eine Kleeblattschlinge bildet, und dann zusammengeklebt (Fig. 6.26). Das sich ergebende Kleeblattband ist eine zweiseitige Fläche mit zwei Randkurven. Trennt man die Klebestelle und vertauscht an einer Kreuzung des Streifens die oben-unten-Lage, so läßt sich durch zweimaliges Verdrehen ein Rechteckstreifen herstellen. Weitet man eine Schlinge des Kleeblattbandes aus und zieht das restliche Band zusammen, so entsteht eine Figur, die man auch erhält, wenn man die Enden der Fünfeckverschlingung von Fig. 6.27a einmal verdreht und dann zusammenklebt.

7 Landkarten auf Flächen

A

7.1 Netze und Landkarten auf Kugel und Torus

7.1.1 Einführung

Eine politische Weltkarte auf einem Globus zeigt, wie die Oberfläche der Erdkugel durch die Ufer der Seen und die Grenzen der einzelnen Staaten in Gebiete eingeteilt wird. Meist bilden die Länder einfach zusammenhängende Gebiete. Es gibt aber auch Staaten mit komplizierteren Gebieten. Jeder Staat mit Inseln hat ein nicht zusammenhängendes Hoheitsgebiet. Der Festlandteil der USA ist nicht zusammenhängend (wegen Alaska), der Festlandteil von Italien dagegen ist (wegen San Marino und wegen des Vatikanstaates) dreifach zusammenhängend.

Bei dieser Einteilung der Erde sind die auf der Erdoberfläche liegenden Länder mit ihren Grenzlinien maßgebend, und wir können topologisch von einer *Landkarte* auf einer Kugel sprechen.

Ganz andere Verhältnisse liegen bei einem Globus vor, auf dem die wichtigen Schifffahrtsverbindungen eingetragen sind. Sehen wir von der meist mit angegebenen Weltkarte ab, so handelt es sich hier um ein *Netz*, dessen Ecken die Hafenstädte und dessen Kanten die Schiffahrtslinien sind. Da sich die Kanten außerhalb der Ecken vielfach kreuzen, wird durch das Netz keine Landkarte auf der Erde festgelegt. In Abschn. 3.3 wurde ein solches Netz im Fall der Ebene nicht plättbar genannt.

Wir können nun sofort erkennen, daß die Grenzen jeder zusammenhängenden Landkarte auf der Kugel ein plättbares Netz darstellen. Denken wir uns das Netz aus Gummifäden realisiert, so können wir durch genügend starkes Ausweiten einer Netzmasche das ganze Netz in die Ebene ausspannen, ohne daß Überschneidungen auftreten.

Umgekehrt ist sofort ersichtlich, daß auch jedes plättbare Netz durch eine elastische Verzerrung in ein Netz auf der Kugel übergeführt werden kann. Wesentlich ist dabei, daß alle Kanten des Netzes ganz in der Kugeloberfläche liegen.

Es ergibt sich daraus die Frage, ob es möglich ist, für ein nicht plättbares Netz eine Fläche im $\mathbf{R}^3$ anzugeben, auf der das Netz kreuzungsfrei gezeichnet werden kann. Sucht man speziell eine zweiseitige geschlossene Fläche mit minimalem Geschlecht, auf die sich das vollständige Netz von n Ecken ($n \in \mathbf{N}^+$) kreuzungsfrei zeichnen läßt, so spricht man vom *Fadenproblem*. Dieses Problem ist vollständig gelöst (vgl. [33]). Für $n \in \{2, 3, 4\}$ gibt es Lösungen in der Ebene oder auf der Kugel. Für $n = 5$ ergibt sich das vollständige Netz von fünf Ecken, das nach Abschn. 3.3.4 nicht plättbar ist. In Tab. 7.1 ist angegeben, welches Geschlecht p die Fläche H_p mindestens haben muß, damit sich das vollständige Netz mit n Ecken kreuzungsfrei darauf zeichnen läßt.

Aufgabe 7.1 a) Zeichnen Sie auf der Kugel ein vollständiges Netz mit vier Ecken (Fadenproblem für $n = 4$).

A

b) Zeichnen Sie auf dem Torus ein vollständiges Netz mit fünf Ecken (Fadenproblem für $n = 5$).

c) Begründen Sie mit Hilfe von Tab. 7.1, daß das GEW-Netz aus Abschn. 3.3.3 auf einem Torus überschneidungsfrei gezeichnet werden kann.

Tab. 7.1

n	2	3	4	5	6	7	8	9	10	11	12	13	14	15
p	0	0	0	1	1	1	2	3	4	5	6	8	10	11

d) Geben Sie eine Lösung des GEW-Problems auf dem Torus an.

Hinweis. Zeichnen Sie die Netze auf ein Rechteck mit geeignet verhefteten Randstücken (vgl. Fig. 6.19).

7.1.2 Zusammenhang in einer Landkarte

Liegt in der Ebene eine Landkarte vor, so gibt es mindestens ein Land, das nicht einfach zusammenhängend ist, nämlich das Außenland. Ist die Landkarte zusammenhängend, so ist es auch das einzige Land mit dieser Eigenschaft, denn ein mehrfach zusammenhängendes Land entsteht in der Ebene nur durch das Auftreten von „Inseln“, die verhindern, daß jede Jordankurve in einen Punkt zusammengezogen werden kann (Land L_1 in Fig. 7.1a).

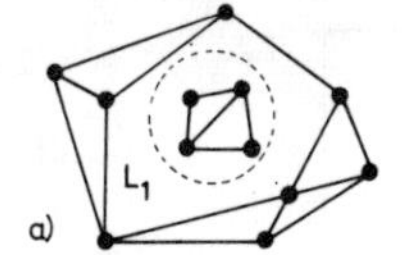

b)

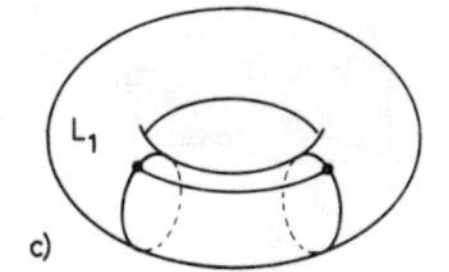

Fig. 7.1

Wir überlegen nun entsprechend für Landkarten auf der Kugel und auf dem Torus. Fig. 7.1b zeigt eine nicht zusammenhängende Landkarte auf der Kugel, in der nur das Land L_1 nicht einfach zusammenhängend ist. Jeder Versuch, die Landkarte zusammenhängend zu machen, hat zur Folge, daß dieses Land ebenfalls einfach zusammenhängend wird. Weitere Beispiele, die dem Leser überlassen bleiben, lassen vermuten, daß in einer zusammenhängenden Landkarte auf der Kugel jedes Land einfach zusammenhängend ist. Wir werden darauf in Abschn. 7.2.1 zurückkommen.

Auf dem Torus dagegen läßt sich leicht eine zusammenhängende Landkarte angeben, die ein nicht einfach zusammenhängendes Land enthält (Land L_1 in Fig. 7.1c). Es ist sofort einzusehen, daß dieser Sachverhalt auch für Flächen H_p mit $p > 1$ (Kugeln mit mehr als einem Henkel) gilt. Damit nimmt die Kugel eine Sonderstellung unter den zweiseitigen geschlossenen Flächen ein.

Aufgabe 7.2 Geben Sie auf dem Doppeltorus eine zusammenhängende Landkarte mit zwei nicht einfach zusammenhängenden Ländern an.

A

7.1.3 Abzählungen bei Landkarten auf Kugel und Torus

Für ebene zusammenhängende Landkarten gilt der Satz von Euler (vgl. Abschn. 3.3.2). Er sagt aus, daß für eine solche Landkarte mit e Ecken, k Kanten und f Flächen (Länder) stets $e - k + f = 2$ gilt. Wir wollen nun untersuchen, ob ein ähnlicher Zusammenhang auch für Landkarten auf einer geschlossenen Fläche vorhanden ist. Dazu bestimmen wir den Wert des Terms $e - k + f$ für verschiedene Beispiele, wobei wir Landkarten auf Flächen betrachten, die wie Quader oder Pyramiden durch ebene Vielecke begrenzt sind. Da Vielecke von geschlossenen Polygonzügen begrenzt werden, nennt man sie auch kurz Polygone.

Definition 7.1 Ein Polyeder (Vielflach) ist eine geschlossene Fläche im $\mathbf{R}^3$, die sich aus Vielecken zusammensetzt.

Die Ecken, Kanten und Vielecke bilden stets eine Landkarte auf dem Polyeder.

Aufgabe 7.3 Bestimmen Sie für jedes der folgenden Polyeder das Geschlecht und den Wert des Terms $e - k + f$.

a) Würfel, b) Quader, c) quadratische Pyramide, d) dreiseitige Pyramide, e) n-seitige Pyramide ($n > 3$), f) Würfel mit Durchbruch (vgl. Fig. 6.10f).

Bei allen Polyedern in Aufgabe 7.3 ergibt sich $e - k + f = 2$, obwohl die Flächen nicht alle topologisch äquivalent sind. Die Vermutung, daß der Satz von Euler in der obigen Form auch für alle Polyeder gilt, ist jedoch voreilig, wie die Beispiele in Fig. 7.2 zeigen.

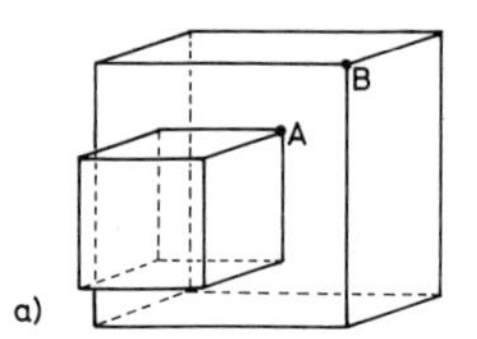

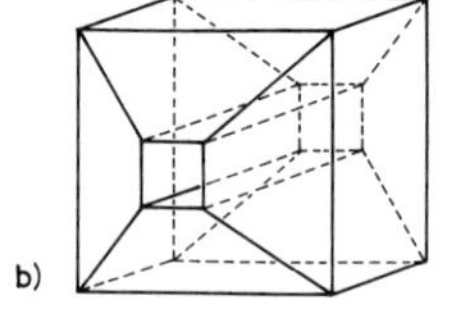

Fig. 7.2

Für die beiden zu einer Fläche zusammengefügten Quader in Fig. 7.2a erhalten wir $p = 0$ und $e - k + f = 16 - 24 + 11 = 3$ und für das Polyeder in Fig. 7.2b ergibt sich $p = 1$ und $e - k + f = 16 - 32 + 16 = 0$. Um zu ergründen, wie diese unterschiedlichen Ergebnisse zu erklären sind, betrachten wir die Zusammenhangsverhältnisse der Landkarten. Für die Beispiele von Polyedern mit $p = 0$ ist nur die Landkarte in Fig. 7.2a nicht zusammenhängend und besitzt ein nicht einfach zusammenhängendes Land. Durch Einfügen der Kante AB erhalten wir eine neue Landkarte mit lauter einfach zusammenhängenden Länder, die eine Kante mehr besitzt. Es ergibt sich jetzt $e - k + f = 16 - 25 + 11 = 2$ wie bei den anderen Polyedern vom Geschlecht 0.

Der Würfel mit Durchbruch in Aufgabe 7.3f und das Polyeder in Fig. 7.2b unterscheiden sich ebenfalls im Zusammenhang der Länder. Fügen wir in die Landkarte auf dem Würfel mit Durchbruch zwei Kanten ein, welche die zweifach zusammenhängenden Länder in einfach zusammenhängende Länder überführen, so erhalten wir eine neue

Landkarte mit 2 Kanten mehr. Für sie ist $e - k + f = 16 - 26 + 10 = 0$. Das stimmt mit dem Ergebnis für das Polyeder in Fig. 7.2b überein.

Wir ziehen zum Vergleich noch die Landkarte auf dem Torus in Fig. 7.1c heran, deren Land L_1 nicht einfach zusammenhängend ist. Es ergibt sich $e - k + f = 2 - 3 + 2 = 1$. Verbinden wir die beiden Ecken der Landkarte durch eine Linie, die durch das Land L_1 verläuft und es in ein einfach zusammenhängendes Land überführt, so finden wir für die neue Landkarte $e - k + f = 2 - 4 + 2 = 0$. Wir können die oben ausgesprochene Vermutung nun folgendermaßen präzisieren: Für eine Landkarte mit lauter einfach zusammenhängenden Ländern gilt auf der Kugel $e - k + f = 2$ und auf dem Torus $e - k + f = 0$. Diese Vermutungen werden in Abschn. 7.2 bewiesen.

7.2 Der Satz von Euler

7.2.1 Der Satz von Euler für die Kugel

Wie wir in Abschn. 7.1.2 gesehen haben, gelingt es auf der Kugel nicht, eine zusammenhängende Landkarte zu zeichnen, die ein nicht einfach zusammenhängendes Land besitzt. Beim Torus und den zweiseitigen geschlossenen Flächen höheren Geschlechts ist das dagegen leicht möglich. Da solche Zusammenhänge für den Satz von Euler von Bedeutung sind, beweisen wir zunächst diese Besonderheit der Kugel in

Satz 7.1 Eine Landkarte auf der Kugel ist genau dann zusammenhängend, wenn jedes Land einfach zusammenhängend ist.

B e w e i s. Wir beweisen die logische Kontraposition des Satzes. Sie lautet: Eine Landkarte auf der Kugel ist genau dann nicht zusammenhängend, wenn es ein nicht einfach zusammenhängendes Land gibt.

a) Wir setzen voraus, daß es ein nicht einfach zusammenhängendes Land L gibt (vgl. z. B. Land L_1 in Fig. 7.1b). Innerhalb von L zeichnen wir eine Jordankurve c, die in L nicht auf einen Punkt zusammengezogen werden kann. Nach dem Jordanschen Kurvensatz zerlegt c die Kugelfläche in zwei getrennte Gebiete. In jedem Teilgebiet liegt ein Teil des Netzes der Landkarte, da L sonst einfach zusammenhängend wäre, und es ist nicht möglich, von einem Teilgebiet zum andern zu gelangen, ohne c zu treffen. Da c keine Ecken und Kanten des Netzes enthält, können die beiden Teile der Landkarte nicht zusammenhängen.

b) Wir setzen jetzt voraus, daß die Landkarte nicht zusammenhängend ist. Sie enthält dann mindestens zwei Teilnetze T_1 und T_2, zwischen denen keine Kanten verlaufen. Wir können deshalb T_1 in eine Jordankurve c einschließen, die keine Ecke oder Kante der gesamten Landkarte trifft, also ganz in einem Land L liegt. Die Jordankurve c zerlegt die Kugel in zwei getrennte Teilflächen, die beide Teilnetze der Landkarte enthalten, nämlich T_1 bzw. T_2. Folglich kann c in keiner der beiden Teilflächen der Kugel auf einen Punkt zusammengezogen werden, und das Land ist nicht einfach zusammenhängend. ■

B **Satz 7.2** (Satz von Euler) Für jede zusammenhängende Landkarte auf der Kugel mit e Ecken, k Kanten und f Ländern gilt

$$e - k + f = 2. \tag{7.1}$$

Bemerkung. Da Satz 7.2 zuerst für Polyeder gefunden wurde, heißt er auch Eulerscher Polyedersatz. Er gilt als topologische Aussage für alle zusammenhängenden Landkarten auf einer zweiseitigen geschlossenen Fläche vom Geschlecht 0.

1. Beweis. Wir können in derselben Weise vorgehen wie beim Beweis des Satzes von Euler in der Ebene. Die zusammenhängende Landkarte läßt sich aus einfachsten Landkarten (zwei Ecken, eine Kante und ein Land bzw. eine Ecke, eine Schlinge und zwei Länder), für die Gl. (7.1) offensichtlich gilt, durch Einfügen von Ecken und Anfügen von Kanten aufbauen. Bei allen diesen Operationen bleibt Gl. (7.1) gültig.

2. Beweis. Wir übertragen den Satz aus der Ebene mit Hilfe der stereographischen Projektion (vgl. Fig. 2.29) auf die Kugel. Dazu wählen wir auf der Kugel im Innern eines Landes der zusammenhängenden Landkarte L einen Punkt N, den wir als Pol verwenden. N wird aus der Kugel entfernt. Die stereographische Projektion der in N punktierten Kugel von N aus auf die Berührebene der Kugel im gegenüberliegenden Punkt S bildet L in eine ebene zusammenhängende Landkarte L′ ab (vgl. Fig. 2.29). Das Land, in dem N liegt, geht dabei ins Außenland von L′ über. Da für L′ die Gleichung (7.1) gilt, und L und L′ gleiche Anzahlen von Ecken, Kanten und Ländern haben, ist Gl. (7.1) auch für L richtig. ■

Bemerkung. Obwohl die Ebene zu einer punktierten Kugel homöomorph ist, kann der Satz von Euler von der Ebene auf die gesamte Kugel übertragen werden, da es nur auf die Anzahl der Länder ankommt. Das nicht einfach zusammenhängende Außenland bei ebenen Landkarten wird nur deshalb mitgezählt, damit für Landkarten in der Ebene und auf der Kugel dieselbe Beziehung (7.1) gilt.

Aus Satz 7.1 und Satz 7.2 ergibt sich sofort eine zweite Formulierung des Satzes von Euler für die Kugel:

Folgerung 7.1 Für jede Landkarte auf der Kugel mit e Ecken, k Kanten und f einfach zusammenhängenden Ländern gilt

$$e - k + f = 2.$$

Die Aussage des Satzes von Euler für die Kugel läßt sich auch umkehren:

Satz 7.3 Besteht eine Landkarte mit e Ecken, k Kanten und f Flächen nur aus einfach zusammenhängenden Ländern und gilt

$$e - k + f = 2,$$

so liegt sie auf einer Fläche vom Geschlecht 0.

Der Beweis kann geführt werden, indem man die einzelnen Länder schrittweise verheftet. Für eine ausführliche Darstellung wird auf [22] verwiesen.

Der Satz von Euler ist eine fundamentale topologische Aussage, die eine zentrale Stellung bei allen Problemen einnimmt, die in irgend einer Form eine zusammenhängende Landkarte auf einer Fläche vom Geschlecht 0 enthalten.

Beispiel 7.1 Radiolarien sind mikroskopisch kleine Organismen, die Skelette von ungewöhnlicher geometrischer Regelmäßigkeit aufbauen. Es gibt darunter auch kugelförmige Skelette, die fast ausschließlich aus sechseckigen Netzflächen bestehen, jedoch stets auch einige Fünfecke enthalten (vgl. [39], S. 197).

Aufgabe 7.4 Zeigen Sie, daß eine zusammenhängende Landkarte auf der Kugel nicht ausschließlich sechseckige Länder besitzen kann.

Ebenfalls in diesen Bereich gehört die Untersuchung von Polyedern. Bei ihnen wurde der Satz von Euler von R. D e s c a r t e s (1640) und L. E u l e r (1752) entdeckt. Allerdings kommen bei Polyedern noch metrische Eigenschaften dazu, denn sie haben geradlinige Kanten und ebene Seitenflächen, bei denen Längen und Winkel beachtet werden. Eine geschlossene Fläche entsteht dabei nur, wenn in jeder Ecke mindestens drei Kanten (also auch mindestens drei Vielecke) und in jeder Kante genau zwei Vielecke zusammenstoßen. Daraus ergibt sich, daß nicht zu jedem zusammenhängenden Kugelnetz ein topologisch äquivalentes Polyeder existiert. Wir beschäftigen uns hier mit konvexen Polyedern, die keine einspringenden Ecken haben. Das Polyeder aus Fig. 7.2a besitzt z. B. in A eine einspringende Ecke.

Definition 7.2 Ein Polyeder heißt k o n v e x, wenn es sich jeweils ganz auf einer Seite der Ebene befindet, in der eine Seitenfläche des Polyeders liegt.

Beispiel 7.2 Zwei Polyeder, die aus denselben Vielecken aufgebaut sind, brauchen nicht kongruent zu sein (Fig. 7.3). Der Würfel mit aufgesetzter Pyramide ist ein konvexes Polyeder. Der Würfel mit ausgesparter Pyramide ist ein nicht konvexes Polyeder mit der einspringenden Ecke A, da er beispielsweise nicht ganz auf einer Seite der Ebene ABC liegt.

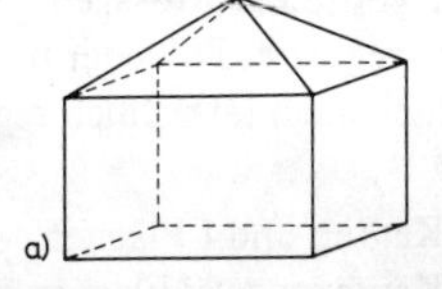

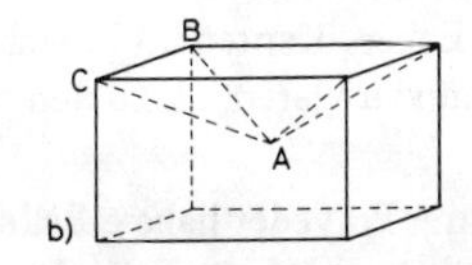

Fig. 7.3

Aufgabe 7.5 a) Ein konvexes Polyeder soll aus zwei Dreiecken und drei Vierecken bestehen. Berechnen Sie die Anzahlen der Kanten und Ecken und geben Sie ein solches Polyeder an.

b) Konstruieren Sie ein Beispiel für ein konvexes Polyeder mit einem Dreieck, fünf Vierecken und einem Fünfeck.

Aufgabe 7.6 a) Zeigen Sie, daß ein Polyeder mindestens vier Ecken, sechs Kanten und vier Flächen hat. Gibt es ein solches Polyeder?

b) Zeigen Sie, daß es kein Polyeder mit sieben Kanten gibt.

B **Aufgabe 7.7** Der „Europäische Fußball" ist aus Fünfecken und Sechsecken zusammengenäht. Jedes Fünfeck ist von fünf Sechsecken und jedes Sechseck ist abwechselnd von Fünfecken und Sechsecken umgeben.

a) Berechnen Sie die Anzahl der Ecken, Kanten und Flächen.

b) Wieviele Fünfecke und wieviele Sechsecke sind vorhanden?

c) Zeichnen Sie eine zu diesem Fußball topologische äquivalente ebene Landkarte.

7.2.2 Reguläre Polyeder

Vergleichen wir einen Würfel mit einem Quader oder einer quadratischen Pyramide, so fällt auf, daß beim Würfel alle sechs Seitenflächen kongruente, regelmäßige Vierecke (Quadrate) sind und in jeder der acht Ecken drei Flächen zusammenstoßen. Man nennt den Würfel deshalb ein reguläres Polyeder. Diese Aussagen beziehen sich auf metrische Eigenschaften der Fläche, topologisch gesehen sind Würfel und Quader nicht unterscheidbar. Es ist deshalb zu erwarten, daß es durch die Hinzunahme von metrischen Eigenschaften möglich wird, aus Klassen von topologisch äquivalenten Polyedern spezielle Polyeder auszusondern. Nun stellt sich die Frage, ob es außer dem Würfel, noch andere Polyeder mit lauter kongruenten regelmäßigen Flächen gibt.

Definition 7.3 Ein Polyeder heißt r e g u l ä r, wenn alle Flächen kongruente regelmäßige Polygone sind und in allen Ecken gleich viele Polygone zusammenstoßen.

Folgerung 7.2 a) Bei einem regulären Polyeder stoßen in jeder Ecke auch gleich viele Kanten zusammen und in jeder Ecke treten gleich viele kongruente Flächenwinkel auf.

b) Ein reguläres Polyeder ist konvex. Da alle Ecken gleichberechtigt sind und nicht alle Ecken einspringend sein können, kann es keine einspringende Ecke geben.

c) Jedes konvexe und damit jedes reguläre Polyeder hat das Geschlecht Null.

Wir leiten nun zunächst aus Definition 7.3 und dem Satz von Euler Aussagen darüber ab, welche Anzahlen von Ecken, Kanten und Flächen ein reguläres Polyeder haben kann. Anschließend ist dann zu klären, ob zu den Anzahlen auch tatsächlich reguläre Polyeder existieren.

Wir nehmen an, ein reguläres Polyeder habe e Ecken, k Kanten und f Flächen, von denen jedes ein regelmäßiges n-Eck ($n \geqslant 3$) ist. Da jede Kante zu zwei Flächen gehört, erhalten wir

$$n \cdot f = 2k \,. \tag{7.2}$$

Stoßen in jeder Ecke r ($r \geqslant 3$) Kanten zusammen, so ergibt sich, da jede Kante genau zwei Ecken verbindet,

$$r \cdot e = 2k \,. \tag{7.3}$$

Aus Gl. (7.2) und Gl. (7.3) erhalten wir

$$f = \frac{2k}{n} \quad \text{und} \quad e = \frac{2k}{r} \,. \tag{7.4}$$

B

Ersetzen wir in Gl. (7.1) e und f durch die Terme in Gl. (7.4), so ergibt sich

$$\frac{2k}{r} - k + \frac{2k}{n} = 2,$$

$$\Longleftrightarrow \quad \frac{1}{r} - \frac{1}{2} + \frac{1}{n} = \frac{1}{k},$$

$$\Longleftrightarrow \quad \frac{1}{r} + \frac{1}{n} = \frac{1}{2} + \frac{1}{k}. \tag{7.5}$$

Da $k > 0$ ist, folgt

$$\frac{1}{r} + \frac{1}{n} > \frac{1}{2}. \tag{7.6}$$

Zusammen mit $r \geqslant 3$, $n \geqslant 3$ ergeben sich aus Gl. (7.6) die folgenden Werte für r und n, zu denen k, f, e aus Gl. (7.5) und Gl. (7.4) berechnet werden können.

Tab. 7.2

	r	n	e	k	f	
a)	3	3	4	6	4	Tetraeder (Vierflächner)
b)	3	4	8	12	6	Hexaeder (Würfel)
c)	3	5	20	30	12	Dodekaeder (Zwölfflächner)
d)	4	3	6	12	8	Oktaeder (Achtflächner)
e)	5	3	12	30	20	Ikosaeder (Zwanzigflächner)

Aus Tab. 7.2 folgt, daß es höchstens fünf reguläre Polyeder gibt. Fig. 7.4 zeigt, daß alle diese Flächen tatsächlich existieren.

Satz 7.4 Es gibt genau fünf reguläre Polyeder.

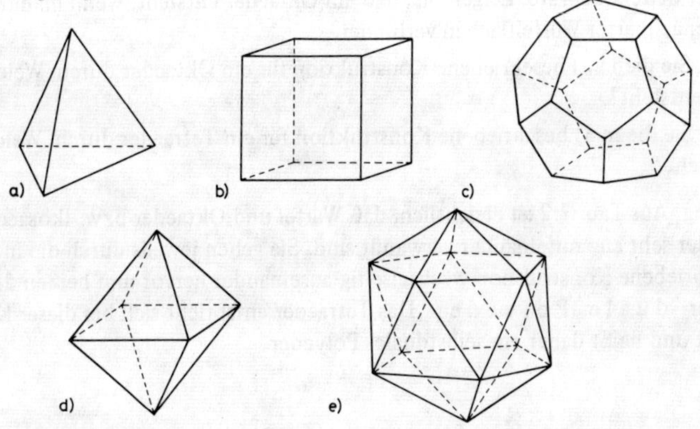

Fig. 7.4

B Die Herleitung von Tab. 7.2 läßt sich in genau derselben Weise durchführen, wenn man anstelle eines regulären Polyeders eine Landkarte auf der Kugel voraussetzt, bei der jedes Land n Kanten hat und in jeder Ecke r Kanten zusammenstoßen. Es ergibt sich die erstaunliche Tatsache, daß es genau so viele derartige Landkarten auf der Kugel gibt wie reguläre Polyeder. Die Hinzunahme von metrischen Eigenschaften brachte hier also keine Einschränkung. Das liegt daran, daß die Forderungen an solche Landkarten offensichtlich sehr stark sind.

Die fünf regulären Polyeder heißen auch platonische Körper. Ihre Namen sind nach den griechischen Zahlwörtern ihrer Flächenanzahlen f gebildet. Sie waren schon den Griechen bekannt und wurden von ihnen mit den vier Elementen Feuer, Erde, Luft und Wasser und dem Universum in Verbindung gebracht. Später wurden sie von J. Kepler (1571–1630) dafür verwendet, die Planetenbahnen zu erklären. Es ist inzwischen längst erwiesen, daß hier kein Zusammenhang zu den Platonischen Körpern besteht. Doch zeigen diese Tatsachen, daß die Existenz von gerade fünf solchen regelmäßigen Körpern stets faszinierend wirkte.

Dennoch kann man in der Natur mehr oder weniger genaue Realisationen von regulären Polyedern beobachten.

Beispiel 7.3 Bei den schon in Beispiel 7.1 angesprochenen Radiolarien kommen Skelette in Form von Oktaedern, Ikosaedern und Dodekaedern vor. Manche Minerale bilden Kristalle in Form von regulären Polyedern: Bei Kochsalz und Bleiglanz treten Würfel auf; Alaun und Flußspat bilden Oktaederkristalle und bei Pyrit kommen Dodekaeder und Ikosaeder vor.

Aufgabe 7.8 a) Zeigen Sie, daß in einer konvexen Ecke eines Polyeders die Summe der Flächenwinkel stets kleiner als 360° ist.

b) Leiten Sie mit Hilfe der Aussage in a) ab, daß es höchstens fünf reguläre Polyeder gibt.

Aufgabe 7.9 a) Zeichnen Sie das Schrägbild eines Würfels und markieren Sie die Mittelpunkte der Seitenquadrate. Zeigen Sie, daß ein Oktaeder entsteht, wenn man die Mittelpunkte benachbarter Würfelflächen verbindet.

b) Führen Sie die in a) beschriebene Konstruktion für ein Oktaeder durch. Welches Polyeder entsteht?

c) Führen Sie die in a) beschriebene Konstruktion für ein Tetraeder durch. Welches Polyeder entsteht?

Bemerkung Aus Tab. 7.2 ist ersichtlich, daß Würfel und Oktaeder bzw. Ikosaeder und Dodekaeder sehr eng miteinander verwandt sind. Sie gehen jeweils durch die in Aufgabe 7.9a beschriebene Konstruktion wechselseitig auseinander hervor und heißen deshalb zueinander duale Polyeder. Das Tetraeder entspricht sich bei dieser Konstruktion selbst und heißt daher ein selbstduales Polyeder.

B

7.2.3 Halbreguläre Polyeder

Die starken Forderungen, die in Definition 7.3 an die regulären Polyeder gestellt werden, kann man in zwei verschiedene Richtungen abschwächen. Läßt man zu, daß die Flächen aus verschiedenen Arten von regelmäßigen Vielecken, z. B. gleichseitigen Dreiecken und Quadraten, bestehen, so spricht man von *archimedischen Körpern*. Bei ihnen sind die Umgebungen aller Ecken kongruent zueinander. Fordert man dagegen, daß die Flächen kongruente regelmäßige Vielecke sind, und verzichtet auf die Kongruenz aller Eckenumgebungen, so erhält man *dual-archimedische Körper*. Beide Arten von Polyedern treten wie die regulären Körper bei Kristallen von Salzen auf.

Definition 7.4 Ein *archimedischer Körper* ist ein Polyeder, bei dem alle Eckenumgebungen kongruent sind, während die Flächen aus verschiedenen Arten von kongruenten regelmäßigen Vielecken bestehen.

Beispiel 7.4 Ein Prisma, dessen Grundflächen kongruente regelmäßige n-Ecke und dessen Seitenflächen Quadrate sind, ist ein archimedischer Körper. Fig. 7.5a zeigt ein sechsseitiges reguläres Prisma.

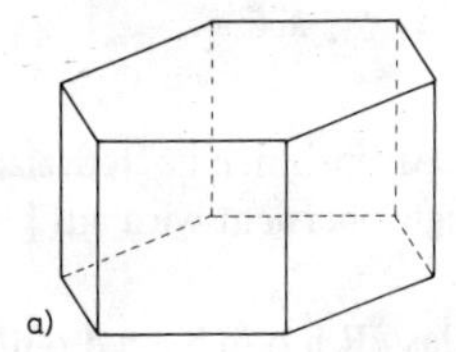

Fig. 7.5

Beispiel 7.5 Ein *Prismatoid* hat als Grundflächen zwei kongruente regelmäßige n-Ecke, die in parallelen Ebenen liegen und gegeneinander um den halben Mittelpunktwinkel $360°/2n$ verdreht sind. Die Seitenflächen sind 2n Dreiecke. Sind alle Seitenflächen eines Prismatoids gleichseitige Dreiecke, so ist es ein archimedischer Körper und wird *Antiprisma* genannt. In Fig. 7.5b ist ein quadratisches Antiprisma dargestellt. Für $n = 3$ ergibt sich ein Oktaeder.

Weitere archimedische Körper erhält man, wenn man die platonischen Körper abstumpft, d. h., die Ecken so abschneidet, daß sowohl die Schnittflächen als auch die Reststücke der vorhandenen Flächen regelmäßige Vielecke sind. Man erreicht dies, wenn jede Polyederkante in drei gleich lange Teile aufgeteilt wird und die äußeren Teile durch Ebenen abgeschnitten werden. Fig. 7.6 zeigt die abgestumpften platonischen Körper in der der Fig. 7.4 entsprechenden Reihenfolge.

Aufgabe 7.10 Berechnen Sie für die abgestumpften platonischen Körper die Anzahlen der Ecken, Kanten und Flächen.

b) Zeigen Sie, daß das Polyeder in Fig. 7.6c topologisch äquivalent zum „Europa-Fußball" (vgl. Aufgabe 7.7) ist.

B **Aufgabe 7.11** a) Ein Würfel wird durch die Ebenen abgestumpft, die durch die Mittelpunkte dreier von einer Würfelecke ausgehender Würfelkanten gehen. Zeigen Sie, daß ein archimedischer Körper entsteht.

b) Begründen Sie, warum derselbe archimedische Körper entsteht, wenn man ein Oktaeder in entsprechender Weise abstumpft (vgl. Bemerkung in Abschn. 7.2.2). Der Körper heißt Kuboktaeder.

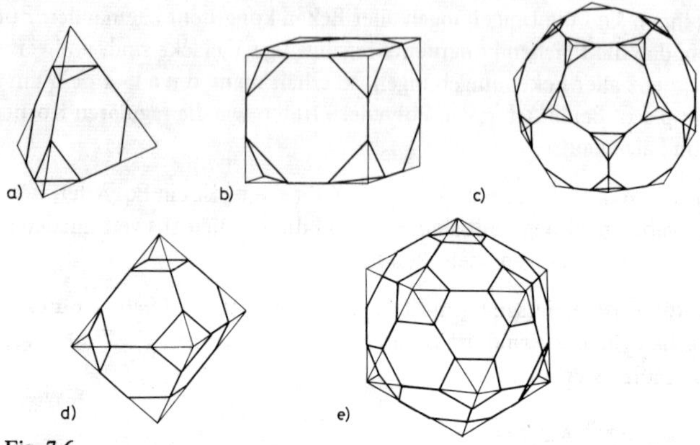

Fig. 7.6

Insgesamt gibt es neben den regulären Prismen und den Antiprismen noch dreizehn Typen von archimedischen Körpern. Für eine vollständige Übersicht wird auf [36] und [5, Bd. II A, S. 295] verwiesen.

Von den dual-archimedischen Körpern wollen wir nur das *Rhombendodekaeder* vorstellen, das man aus einem Würfel durch Aufsetzen von sechs quadratischen Pyramiden, deren Höhe halb so lang ist wie eine Würfelkante (Fig. 7.7), erzeugen kann. Seine Flächen sind zwölf kongruente Rauten. In acht Ecken stoßen jeweils drei Rauten, in sechs Ecken stoßen jeweils vier Rauten zusammen. Das Rhombendodekaeder tritt in der Natur beim Granat auf. Es hat ferner die Eigenschaft, daß man mit ihm den Raum lückenlos ausfüllen kann (vgl. [9, S. 486]).

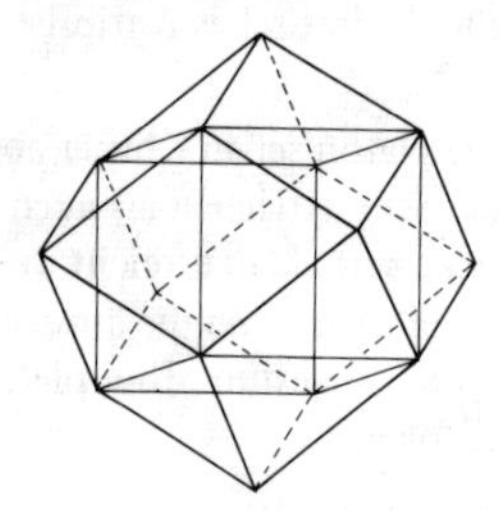

Fig. 7.7

Insgesamt gibt es ebenfalls neben regulären Doppelpyramiden und Trapezoedern dreizehn einzelne Typen von dual-archimedischen Körpern (vgl. [36]).

B

Aufgabe 7.12 Eine reguläre Doppelpyramide besteht aus zwei Pyramiden mit kongruenten regelmäßigen n-Ecken als Grundflächen und gleichschenkeligen Seitendreiecken.

a) Zeigen Sie, daß eine reguläre Doppelpyramide ein dual-archimedischer Körper ist.

b) Was ergibt sich für $n = 4$?

7.2.4 Der Satz von Euler für geschlossene Flächen

Die Abzählungen in Abschn. 7.1.3 haben gezeigt, daß sich eine dem Satz von Euler entsprechende Aussage für Landkarten auf dem Torus vermuten läßt. Der Term $C = e - k + f$ hat dann den Wert 0, wenn man darauf achtet, daß jedes Land der Landkarte einfach zusammenhängend ist. Hier genügt es nicht, die Landkarte als zusammenhängend vorauszusetzen wie Fig. 7.1c zeigt.

Wir können nun mit Hilfe der in Abschn. 6.2.4 und Abschn. 6.2.5 geschilderten ebenen Normalform den Satz von Euler sofort auf beliebige geschlossene Flächen verallgemeinern.

Für eine zweiseitige geschlossene Fläche H_p (Kugel mit p Henkeln, $p \in \mathbf{N}^+$) erhalten wir als Normalform ein 4p-Eck, bei dem die Kanten paarweise verheftet sind und alle 4p Ecken zu e i n e m Punkt auf der Fläche gehören. Fig. 6.21 zeigt die Normalform für den Doppeltorus H_2. Die Verheftungslinien können wir als Kanten einer Landkarte L_p auf H_p auffassen, die aus einem einfach zusammenhängenden Land, 2p Kanten und einer Ecke besteht. Für diese Landkarte ergibt sich $C = e - k + f = 1 - 2p + 1 =$ $= 2 - 2p$. Jede andere Landkarte, die nur einfach zusammenhängende Länder besitzt, kann aus L_p durch Einfügen oder Weglassen von Ecken der Ordnung 2 oder durch Einfügen oder Weglassen von Kanten hergestellt werden (vgl. Satz 3.4). Bei allen diesen Operationen bleibt der Wert von C ungeändert, wenn man darauf achtet, daß bei keinem Zwischenschritt ein mehrfach zusammenhängendes Land entsteht. Wir erhalten:

Satz 7.5 (S a t z v o n E u l e r f ü r H_p) Für eine Landkarte auf einer zweiseitigen geschlossenen Fläche H_p vom Geschlecht p ($p \in \mathbf{N}$) mit e Ecken, k Kanten und f einfach zusammenhängenden Ländern gilt

$$e - k + f = 2 - 2p. \tag{7.7}$$

B e m e r k u n g. Gl. (7.7) ist auch für die Kugel H_0 richtig. Satz 7.2 ist somit ein Sonderfall von Satz 7.5.

Beispiel 7.6 In Fig. 7.8a ist für einen Doppeltorus H_2 eine Landkarte gegeben, die nur einfach zusammenhängende Länder besitzt. Für sie ist $e = 4$, $k = 8$ und $f = 2$ und Gl.

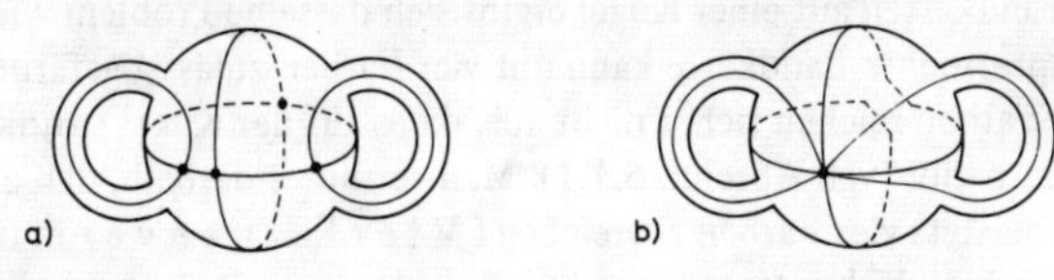

Fig. 7.8

B (7.7) ist erfüllt für $p = 2$. Fig. 7.8b zeigt, wie die gegebene Landkarte durch die oben beschriebenen Abänderungen in eine Landkarte L_2 übergeführt werden kann, die nur eine Ecke, ein Land und 4 Kanten besitzt.

Die Normalform einer einseitigen geschlossenen Fläche K_q (Kugel mit q Kreuzhauben, $q \in \mathbf{N}^+$) ist ein 4q-Eck mit paarweise verhefteten Kanten, bei dem 2q Ecken zu *einem* Flächenpunkt und die restlichen 2q Ecken paarweise zu q Flächenpunkten gehören. Wir fassen die Verheftungslinien wieder als Kanten einer Landkarte auf, die ein Land, 2q Kanten und q + 1 Ecken enthält. Es ergibt sich $C = e - k + f = q + 1 - 2q + 1 = 2 - q$. Dieselben Überlegungen wie oben führen auf

Satz 7.6 (*Satz von Euler für* K_q) Für eine Landkarte auf einer einseitigen geschlossenen Fläche K_q vom Geschlecht q ($q \in \mathbf{N}^+$) mit e Ecken, k Kanten und f einfach zusammenhängenden Ländern gilt

$$e - k + f = 2 - q \tag{7.8}$$

Bemerkung. Bei den verschiedenen Formen des Satzes von Euler tritt die Wechselsumme $C = e - k + f$ auf. Sie spielt bei allen Untersuchungen von Landkarten auf Flächen eine wichtige Rolle und wird als *Eulersche Charakteristik* einer Landkarte bezeichnet. Sie läßt sich auch für Landkarten mit einfach zusammenhängenden Ländern auf berandeten Flächen angeben, und zwar ist

$$C = 2 - 2p - r \quad \text{für eine Fläche } H_p \text{ mit r Rändern}$$

und

$$C = 2 - q - r \quad \text{für eine Fläche } K_q \text{ mit r Rändern.}$$

Aufgabe 7.13 Zeigen Sie durch Angabe eines Beispiels, daß für eine Landkarte mit einfach zusammenhängenden Ländern auf dem Möbiusband ($q = 1$, $r = 1$) $C = 0$ gilt. Beachten Sie, daß der Rand stets durch Kanten der Landkarte erfaßt wird.

Aufgabe 7.14 a) Welche Werte besitzt die Eulersche Charakteristik C für zweiseitige geschlossene Flächen?

b) Welche Werte besitzt C für einseitige geschlossene Flächen?

c) Begründen Sie, weshalb C mit wachsendem Geschlecht kleiner wird.

7.3 Färbungsprobleme auf Flächen

7.3.1 Der Fünffarbensatz für die Kugel

Bei Färbungen von Landkarten auf einer Kugel ergibt sich dasselbe Problem wie in der Ebene. Jede bisher untersuchte Landkarte kann mit vier Farben zulässig gefärbt werden. Weniger als vier Farben reichen sicher nicht aus, da es auf der Kugel Landkarten mit vier Nachbarländern gibt (vgl. Abschn. 6.1.1). Man vermutet deshalb, daß auf der Kugel wie in der Ebene stets vier Farben ausreichen (*Vierfarbenvermutung*). Allgemein kann man jedoch bisher trotz intensiver Bemühungen nur beweisen, daß fünf

Farben genügen. Der Beweis kann genau so geführt werden wie in der Ebene, denn er stützt sich auf den Satz von Euler und den Jordanschen Kurvensatz, die für die Ebene und die Kugel gleich lauten.

Satz 7.7 Jede Landkarte auf der Kugel kann mit höchstens fünf Farben zulässig gefärbt werden.

Für die Kugel stimmen also die maximale Anzahl von Nachbarländern und die beweisbare minimale Anzahl von benötigten Farben nicht überein. Das ist erstaunlich angesichts der Tatsache, daß bei allen anderen geschlossenen Flächen diese beiden Zahlen übereinstimmen (vgl. Abschn. 7.3.4).

7.3.2 Der Siebenfarbensatz für den Torus

Durch systematisches Probieren kann man auf dem Torus Landkarten mit sieben Ländern finden, die alle paarweise benachbart sind. Die Verwendung der ebenen Darstellung des Torus als Rechteck mit paarweise verhefteten Kanten ist dabei sehr hilfreich.

Aufgabe 7.15 Überprüfen Sie, daß in den Landkarten von Fig. 7.9 jeweils sieben Nachbarländer vorliegen.

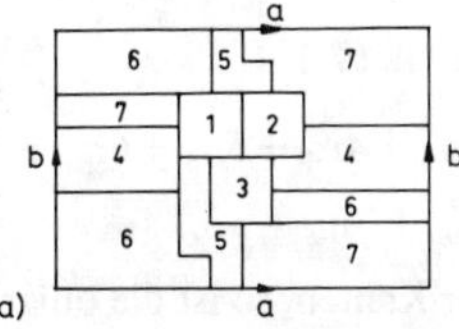

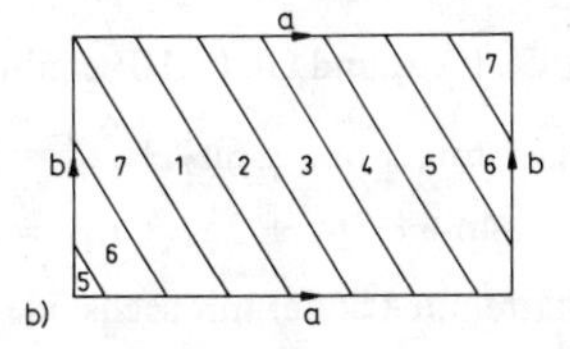

Fig. 7.9

Ein Nachweis, daß acht oder mehr Nachbargebiete auf dem Torus nicht möglich sind, kann durch Probieren nicht geführt werden. Wir übertragen deshalb die Überlegungen zum Beweis des Fünffarbensatzes in der Ebene auf den Torus (vgl. Abschn. 3.4.2).

Satz 7.8 Jede Landkarte auf dem Torus kann mit höchstens sieben Farben zulässig gefärbt werden. Es gibt Landkarten auf dem Torus, für die sieben Farben benötigt werden.

B e w e i s. Wir können uns entsprechend Abschn. 3.4.2 auf zusammenhängende, reguläre, schlingen- und brückenfreie Landkarten beschränken. Eine solche Landkarte auf dem Torus kann aber noch mehrfach zusammenhängende Länder besitzen, so daß der Satz von Euler nicht anwendbar ist. Liegt ein solches mehrfach zusammenhängendes Land L vor, so kann es durch Einfügen von Kanten k_i einfach zusammenhängend gemacht werden. Auf beiden Seiten einer Kante k_i liegt dasselbe Land L, d. h., k_i ist eine Brücke. Wir können diese Brücke beseitigen, indem wir k_i zu einem schmalen Streifen „aufweiten" und das im Streifen entstehende Land einem der Nachbarländer von L zuschlagen. Eine Färbung der so abgeänderten Landkarte bleibt zulässig, wenn die Streifenländer wieder entfernt werden, da dadurch keine neuen Nachbarländer entstehen, sondern höchstens benachbarte Länder getrennt werden.

B Wir zeigen nun, daß in jeder solchen Landkarte ein Land mit sechs oder weniger Kanten vorhanden ist. Bezeichnet f die Gesamtzahl der Länder und n_i die Anzahl der Länder mit i Kanten, so gilt

$$n_2 + n_3 + n_4 + n_5 + \ldots = f. \tag{7.9}$$

Da jede Kante zu zwei Ländern gehört, folgt

$$2n_2 + 3n_3 + 4n_4 + 5n_5 + \ldots = 2k \tag{7.10}$$

Wegen der Regularität der Landkarte hat jede Ecke die Ordnung 3. Für die Anzahl der Kantenenden gilt somit

$$2k = 3e. \tag{7.11}$$

Aus dem Satz von Euler ergibt sich nach Gl. (7.7) für $p = 2$

$$6e - 6k + 6f = 0 \tag{7.12}$$

Ersetzen wir in Gl. (7.12) e mittels Gl. (7.11), so erhalten wir

$$4k - 6k + 6f = 0,$$

$$\Longleftrightarrow \qquad 6f = 2k. \tag{7.13}$$

Zusammen mit Gl. (7.9) und Gl. (7.10) ergibt sich aus Gl. (7.13)

$$6n_2 + 6n_3 + 6n_4 + 6n_5 + 6n_6 + 6n_7 + \ldots = 2n_2 + 3n_3 + 4n_4 + 5n_5 + 6n_6 + 7n_7 + \ldots$$

$$\Longleftrightarrow \qquad 4n_2 + 3n_3 + 2n_4 + n_5 = n_7 + 2n_8 + 3n_9 + \ldots \tag{7.14}$$

Hat eine Landkarte nur Länder mit sechs oder weniger Kanten, so ist die obige Behauptung richtig. Gibt es Länder mit sieben oder mehr Kanten, so folgt aus Gl. (7.14), daß es auch Länder mit fünf oder weniger Kanten geben muß. Insgesamt gibt es also in jeder regulären, schlingen- und brückenfreien Landkarte mit einfach zusammmenhängenden Ländern auf dem Torus mindestens ein Land mit sechs oder weniger Kanten.

Durch vollständige Induktion nach der Anzahl der Länder kann der Beweis analog Abschn. 3.4.2 zu Ende geführt werden, wobei jetzt sieben Farben zur Verfügung stehen. ■

7.3.3 Der Sechsfarbensatz für das Möbiusband

Die Überlegungen verlaufen analog denen beim Torus. Zunächst geben wir in Fig. 7.10 zwei Landkarten auf dem Möbiusband mit sechs Nachbarländern an. Anschließend wird bewiesen, daß sechs Farben auch immer ausreichen.

Aufgabe 7.16 Überprüfen Sie, daß in den Landkarten von Fig. 7.10 alle sechs Länder paarweise aneinandergrenzen.

Mit Hilfe der Eulerschen Charakteristik $C = e - k + f = 0$ für eine Landkarte mit einfach zusammenhängenden Ländern auf dem Möbiusband kann man durch dieselbe Ableitung wie in Abschn. 7.3.2 zeigen, daß es in jeder solchen Landkarte, die außerdem regulär, schlingen- und brückenfrei ist, mindestens ein Land mit sechs oder weniger Kanten gibt. Da sechs Farben zur Verfügung stehen, kann der Beweis in der oben angegebenen Weise beendet werden.

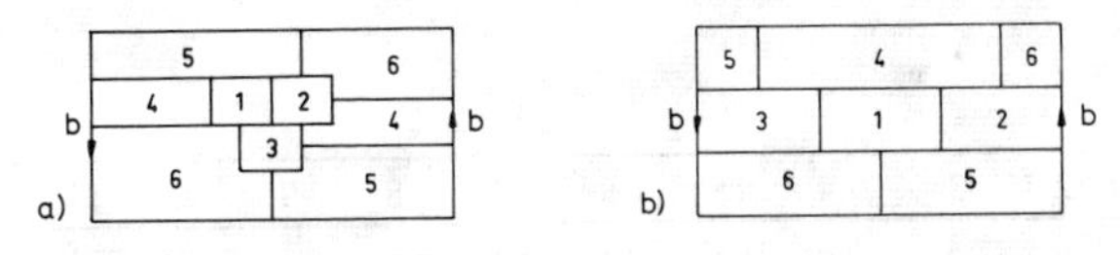

Fig. 7.10

Satz 7.9 Jede Landkarte auf dem Möbiusband kann mit höchstens sechs Farben gefärbt werden. Es gibt Landkarten auf dem Möbiusband, für die sechs Farben benötigt werden.

7.3.4 Das Färbungsproblem auf geschlossenen Flächen

Nach den Überlegungen in Abschn. 6 ist zu erwarten, daß auf einer geschlossenen Fläche die maximale Anzahl ν der Nachbarländer in einer Landkarte mit wachsendem Geschlecht auch größer wird. Damit wächst auch die Zahl der Farben, die man zum zulässigen Färben einer Landkarte benötigt. Die minimale Anzahl der Farben, die man zum zulässigen Färben jeder Landkarte auf einer geschlossenen Fläche benötigt, wird als chromatische Zahl χ der Fläche bezeichnet. Es gilt somit für jede geschlossene Fläche

$$\nu \leqslant \chi \tag{7.15}$$

Eine Abschätzung für die chromatische Zahl χ und die maximale Anzahl ν der Nachbargebiete auf einer geschlossenen Fläche mit der Eulerschen Charakteristik $C \leqslant 1$ hat erstmals P. J. Heawood (1890) gegeben:

$$\nu \leqslant \chi \leqslant \left[\frac{7+\sqrt{49-24C}}{2}\right] \quad \text{für } C \leqslant 1. \tag{7.16}$$

Dabei bedeutet [a] die größte Zahl $n \in \mathbf{N}$ mit $n \leqslant a$. So ist z. B. $[\sqrt{2}] = 1$ und $[7] = 7$. Der Beweis von Gl. (7.16) ist bisher nur für $C \leqslant 1$ gelungen. Für $C = 2$ ergäbe sich $\chi(H_0) = 4$ und das Vierfarbenproblem für die Kugel wäre gelöst.
Heawood vermutete, daß in Gl. (7.16) an beiden Stellen das Gleichheitszeichen gilt (Heawoodsche Vermutung). Für die Kleinsche Flasche ($C = 0, q = 2$) hat sich dies nicht bestätigt. Für sie gilt $\nu_2 = \chi_2 = 6$, während Gl. (7.16) den Wert 7 ergibt. Aber in allen anderen Fällen konnte die Heawoodsche Vermutung mit Hilfe von schwierigen graphentheoretischen und kombinatorischen Hilfsmitteln bewiesen werden. Die letzten Einzelfälle für zweiseitige Flächen wurden 1968 von G. Ringel und I. W. T. Youngs gelöst (vgl. [32], [33]).
Aus Gl. (7.16) ergibt sich für die chromatischen Zahlen χ_p der zweiseitigen geschlossenen Flächen mit $C = 2 - 2p$

B

$$\nu_p = \chi_p = \left[\frac{7 + \sqrt{1 + 48p}}{2}\right] \quad \text{für } p \geqslant 1. \tag{7.17}$$

Einige Werte sind in Tab. 7.3 angegeben.

Tab. 7.3

p	1	2	3	4	5	6	7	8	9	10	11
$\nu_p = \chi_p$	7	8	9	10	11	12	12	13	13	14	15

Vergleichen wir Tab. 7.3 mit Tab. 7.1, so erkennen wir, daß die Zuordnung $p \to \chi_p$ im wesentlichen die Umkehrung der Zuordnung $n \to p$ in Tab. 7.1 ist. Daran wird deutlich, daß das Fadenproblem und das Färbungsproblem sehr eng zusammenhängen. Zeichnen wir auf einer Fläche H_p eine Landkarte mit ν_p Nachbarländern, so stellt das duale Netz ein kreuzungsfreies vollständiges Netz mit $n = \nu_p$ Ecken dar. Umgekehrt ergibt das duale Netz zu einem kreuzungsfreien vollständigen Netz mit n Ecken auf H_p eine Landkarte mit ν_p Nachbarländern.

Für die einseitigen geschlossenen Flächen K_q mit $C = 2 - q$ folgt aus Gl. (7.16)

$$\nu_q = \chi_q = \left[\frac{7 + \sqrt{1 + 24q}}{2}\right] \quad \text{für } q = 1 \wedge q \geqslant 3, \tag{7.18}$$

$$\nu_2 = \chi_2 = 6 < \left[\frac{7 + \sqrt{1 + 24 \cdot 2}}{2}\right] = 7.$$

Tab. 7.4 gibt einen Überblick für kleine Werte von q.

Tab. 7.4

q	1	2	3	4	5	6	7	8	9	10	11
$\nu_q = \chi_q$	6	6	7	8	9	9	10	10	10	11	11

Wir haben in Abschn. 7.3.3 bewiesen, daß das Möbiusband ($q = 1$, $r = 1$) die chromatische Zahl 6 besitzt. Allerdings ist das Möbiusband eine einseitige Fläche mit einer Randkurve. Verheftet man den Rand des Möbiusbandes mit dem Rand einer Kreisscheibe, so entsteht die geschlossene einseitige projektive Ebene ($q = 1$), für die Tab. 7.4 den Wert $\chi_1 = 6$ angibt. Also bleibt für die eingefügte Kreisscheibe stets eine der sechs Farben übrig, mit denen eine Landkarte auf dem Möbiusband gefärbt wurde. Bei den Landkarten in Fig. 7.10 kann dafür jeweils die Farbe des Landes 1 verwendet werden, da dieses Land nicht an den Rand grenzt.

Aufgabe 7.17 Geben Sie für die Kleinsche Flasche eine Landkarte mit sechs Nachbarländern an.

7.4 Landkarten auf Flächen im Unterricht

Für diesen Abschnitt gelten die Vorbemerkungen in Abschn. 6.3.1 entsprechend.
Die Übertragung des Problems der Nachbarländer und des Färbungsproblems auf die Kugel und den Torus bietet dem Schüler einerseits die Möglichkeit, seine Erfahrungen aus der Ebene zu erproben, zwingt ihn aber andererseits, in verschiedener Weise umzudenken, da auf dem Torus völlig andere Verhältnisse vorliegen. Der Bau einer Brücke beim Erbteilungsproblem (vgl. Abschn. 6.1.1) kann dabei der Anlaß sein, auszuprobieren, wie viele Nachbarländer auf einem Torus eingezeichnet werden können. Da die ebene Darstellung eines Torus als verheftetes Rechteck für die vorgesehene Altersstufe der Schüler zu abstrakt ist, ist es zweckmäßig, wenn neben zeichnerischen Darstellungen z. B. ein Schwimmring als Vorstellungshilfe zur Verfügung steht. Landkarten mit fünf bzw. sechs Nachbarländern können viele Schüler sofort konstruieren, wenn sie das Prinzip des „hinten herum" erfaßt haben. Daß eine Landkarte mit sieben Nachbarländern auch noch möglich ist, zeigt der Lehrer am besten an einem Beispiel (Fig. 7.11).

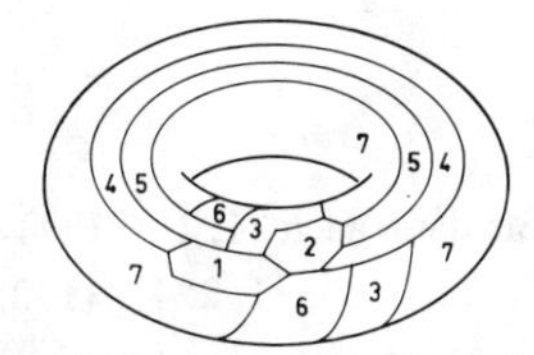

Fig. 7.11

Damit ergibt sich, daß sich beim Torus im Vergleich zu Ebene und Kugel die Anzahl der Nachbarländer und damit die Anzahl der benötigten Farben zum Färben einer Landkarte von vier auf sieben erhöht hat. Ein Hinweis auf das ungelöste Vierfarbenproblem in der Ebene und auf der Kugel und das gelöste Färbungsproblem auf dem Torus kann diese Untersuchungen abrunden.

8 Lösungen der Aufgaben

1.1 Entnehmen Sie die Lösung Fig. 8.1. Die Schlinge unten ist nach vorne über die Schere zu ziehen.

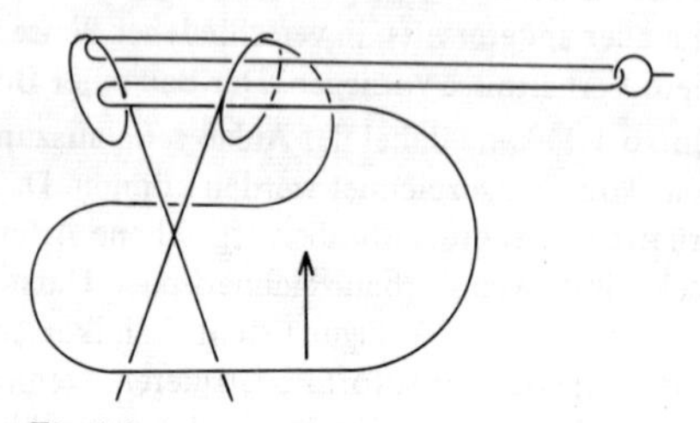

Fig. 8.1

1.2 Äquivalente Paare sind a und b′, b und a′ sowie c und c′.

1.3 Topologische Invarianten sind c, g, i, und k.

2.1 und **2.2** Alle Axiome sind erfüllt.

2.3 a) Es gilt $\{1\} \in \mathbf{U}(1)$. Nach Definition 2.1 müßte dann auch $\{1, 2\} \in \mathbf{U}(1)$ sein.

b) $\mathbf{U}(1) = \{\{1\}, \{1, 2\}, \{1, 3\}, \{1, 4\}, \{1, 5\}, \{1, 2, 3\}, \{1, 2, 4\}, \{1, 2, 5\}, \{1, 3, 4\}, \{1, 3, 5\}, \{1, 4, 5\}, \{1, 2, 3, 4\}, \{1, 2, 3, 5\}, \{1, 3, 4, 5\}, X\}$

$\mathbf{U}(2) = \mathbf{U}(3) = \mathbf{U}(4) = \{X\}$

$\mathbf{U}(5) = \{\{1, 5\}, \{1, 2, 5\}, \{1, 3, 5\}, \{1, 4, 5\}, \{1, 2, 3, 5\}, \{1, 2, 4, 5\}, \{1, 3, 4, 5\}, X\}$

2.4 In Definition 2.3 ist durch die Zusatzforderung $x \neq y$ eine Teilmenge aus der Menge der Berührungspunkte ausgesondert.

2.5 $a \in M \subset M \in \mathbf{U}(a)$, also ist a innerer Punkt. Ebenso überlegt man für c. $b \notin M$. In jeder Umgebung von b sind Punkte von M und von **C**(M) enthalten. Also ist b ein Randpunkt von M.

2.6 Zu zeigen ist, daß $g * f$ bijektiv und samt der Umkehrabbildung global stetig ist. Sowohl die Bijektivität als auch die globale Stetigkeit von $g * f$ überlegt man mit Hilfe von Fig. 8.2, die globale Stetigkeit der Umkehrabbildung an einer entsprechenden Figur.

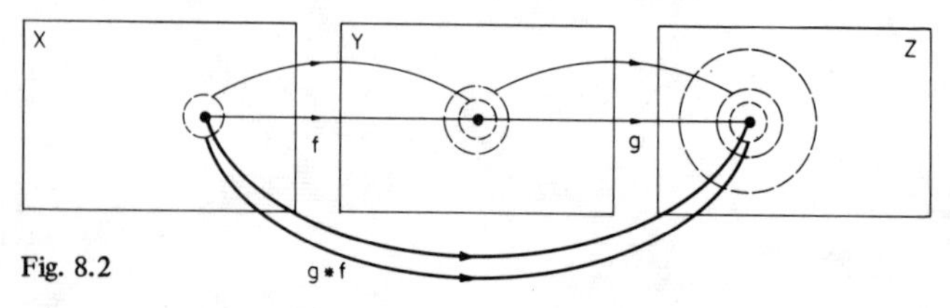

Fig. 8.2

2.7 $\mathbf{R}^1: d(P, Q) = |p_1 - q_1| = \sqrt{(p_1 - q_1)^2}$

$\mathbf{R}^3: d(P, Q) = \sqrt{(p_1 - q_1)^2 + (p_2 - q_2)^2 + (p_3 - q_3)^2}$

2.8 Die Gültigkeit von (M_1) und (M_2) folgt für Beispiel 2.15 aus der Definition der Betragsfunktion. Für (M_3) schließt man folgendermaßen:

$$d(P, R) = \sum_{k=1}^{n} |p_k - r_k| = \sum_{k=1}^{n} |p_k - q_k + q_k - r_k|$$

$$\leqslant \sum_{k=1}^{n} |p_k - q_k| + \sum_{k=1}^{n} |q_k - r_k| = d(P, Q) + d(Q, R)$$

Auch für Beispiel 2.16 erkennt man die Gültigkeit von (M1) und (M2) sofort. Für (M3) macht man eine Fallunterscheidung.

a) $P = R$. Dann ist $d(P, R) = 0$ und die Dreiecksungleichung gilt.

b) $P \neq R$. Dann ist $d(P, R) = 1$. Die rechte Seite kann nur kleiner als 1 werden, wenn $P = Q$ und $Q = R$ ist. Das ist für $P \neq R$ unmöglich.

2.9 a) Entnehmen Sie die Lösung Fig. 8.3.

b) Eindimensional stimmen die Metriken überein. Dreidimensional ergeben sich bei d_1 Kugeln (daher der Name), bei d_2 Würfel und bei d_3 Oktaeder.

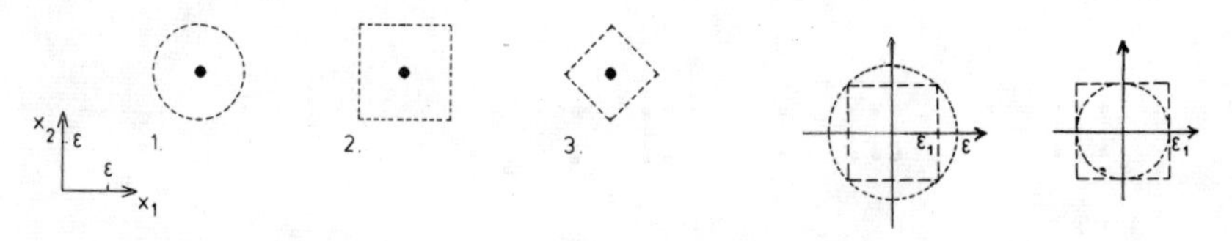

Fig. 8.3

Fig. 8.4

2.10 Die Ergebnisse für a) und b) entnehmen Sie Fig. 8.4. Es ist $\epsilon_1 = \epsilon\sqrt{2}/2$ und $\epsilon_2 = \epsilon_1$. Die anderen Ergebnisse findet man analog.

2.11 a) 3. und 5.

b) Eine Zuordnung kann mit Hilfe der Parallelprojektion in Richtung der y-Achse erfolgen.

3.1 Auf der Insel kommt eine ungerade Anzahl von Brücken an.

3.2 In allen Fällen der Fig. 8.5 ist mindestens eines der Länder nicht mehr zugänglich.

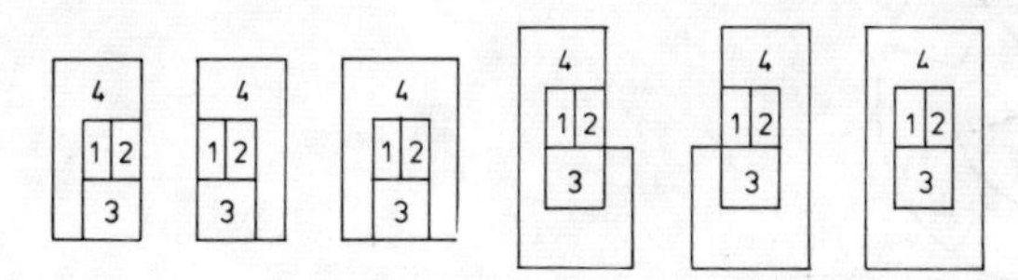

Fig. 8.5

3.3 2 Farben bei a), 3 Farben bei b), d) und f), sonst 4 Farben.

3.4 d) und f) sind nicht durchlaufbar. Bei b) und c) ist der Anfangspunkt nicht beliebig wählbar.

3.5 a) ja, b) nein. Zu c) und d) vgl. Fig. 8.6.

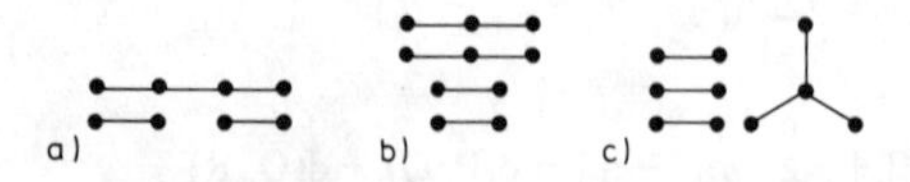

Fig. 8.6

3.6 d) ist nicht zusammenhängend,

d) und f) sind nicht durchlaufbar.

Zu c) nein,

zu d) ja.

3.7 a) Fig. 8.7a gibt die Beweisidee für $m = 2n$, Fig. 8.7b für $m < 2n$ und m gerade, Fig. 8.7c für $m < 2n$ und m ungerade.

b) Für $m = n + 1$ ist ein Weg die Lösung. Für $m < n + 1$ können Mehrfachkanten vorkommen.

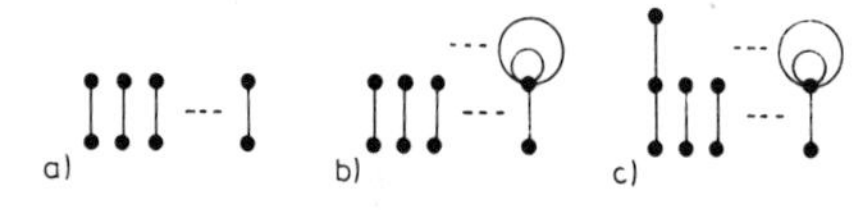

Fig. 8.7

3.8 Beginnt man in Fig. 3.9 in P, so darf man nicht nach links gehen.

3.9 Man denkt sich jede Kante verdoppelt. Dieses Hilfsnetz hat nur Ecken gerader Ordnung und kann somit durchlaufen werden.

3.10 a) Beginnt man in der Ecke, in der die mit 1, 2 und 3 gekennzeichneten Länder zusammenstoßen und läuft auf der Grenze zwischen 1 und 2 los, so hat man nacheinander stets entsprechende angrenzende Länder.

b) Vgl. Fig. 8.8.

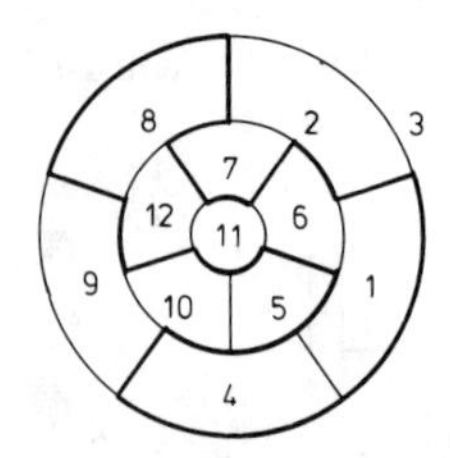

Fig. 8.8

c) Wegen der Eckenordnung müssen sich A und 1 bzw. D und 4 entsprechen. Von 1 ist man in zwei Schritten in 4, von A dagegen in drei Schritten in D.
d) Es kommen Ecken der Ordnung 1 vor.

3.11 a) 168. b) Es kommen acht Ecken der Ordnung 3 vor.

3.12 c) und d) sind nicht plättbar.

3.13 Vgl. Fig. 3.36a und b.

3.14 Vgl. Fig. 8.9.

3.15 Vgl. Fig. 8.10.

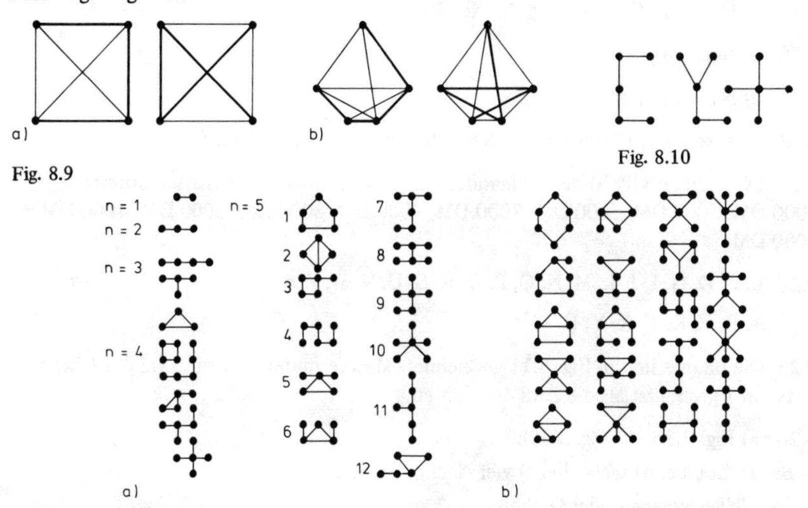

Fig. 8.9

Fig. 8.10

Fig. 8.11

3.16 a) Vgl. Fig. 8.11a.
b) n = 1 bis n = 4 bleiben unverändert, für n = 5 fallen die Netze nach 12 und 3 bzw. nach 7 und 11 zusammen.
c) Vgl. Fig. 8.11b.

3.17 a) und b) Vgl. Fig. 8.12. c) Nein, denn die Zahl der ungeraden Ecken muß gerade sein.

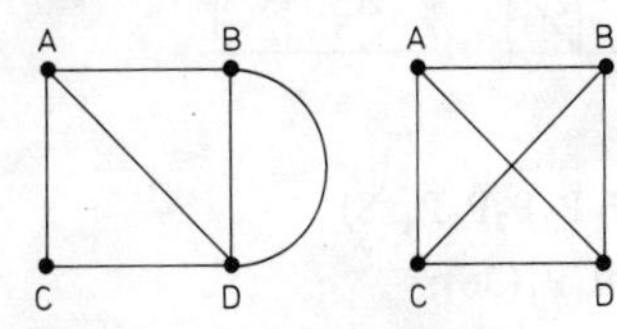

Fig. 8.12

3.18 a) Nein, b) ja, c) nein.

3.19 a) Die Zahl der Handschläge ist die Ordnung im zugeordneten Graphen. Da die Zahl der ungeraden Ecken eines Graphen gerade ist, bleibt mindestens eine Ecke gerader Ordnung übrig.
b) Ja, aber nicht mit der Zusatzbedingung, da die Zahl der ungeraden Ecken gerade sein muß.
c) Ja.
d) Wenn man Ecken der Ordnung 2 unberücksichtigt läßt, sind dies

A, R; B; C, G, I, J, L, M, N, S, U, V, W, Z;
D, O; E, F, T, Y; H; K, X; P, Q.

3.20 a) Nein, b) ja, c) nein.

3.21 a) Nein, b) 4, c) 3.

3.22 Das Netz hat 10 ungerade Ecken. Man braucht also fünf Linien.

3.23 Es sitzen (zyklisch) nebeneinander die Personen mit den Monatseinkommen 1000 DM, 3000 DM, 5000 DM, 7000 DM, 9000 DM, 8000 DM, 6000 DM, 4000 DM, 2000 DM.

3.24 B, C, D, G, I, J, L, M, N, O, P, Q, R, S, U, V, W, Z;
A, E, F, K, T, X, Y; H.

3.25 Die Bäume sind in Fig. 8.11 gezeichnet. Man vermutet, daß die Zahl der Ecken stets um 1 größer ist als die Zahl der Kanten.

3.26 a) Fig. 3.38b in Fig. 3.39b.
c) Bei a) drei, bei b) sechs, bei c) vier Nachbarsteine.
d) Parallelverschieben oder Drehen.
e) Bei a) zwei, bei b) und c) drei.
f) Vgl. Fig. 8.13.

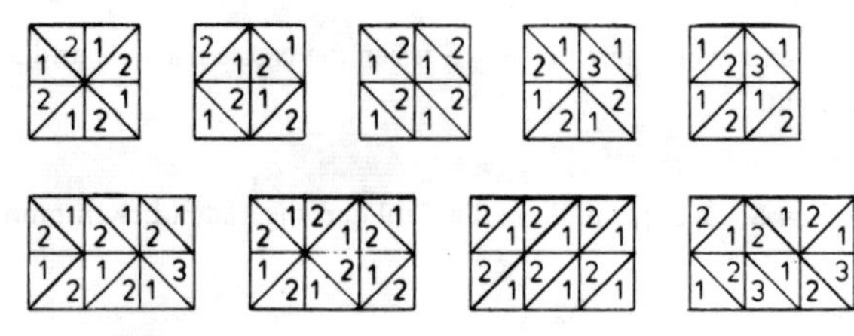

Fig. 8.13

4.1 a) $P_1P_2P_3P_4P_1(9)$; $P_1P_2P_4P_3P_1(7)$; $P_1P_3P_2P_4P_1(8)$
b) $P_1P_2P_5P_4P_6P_3P_1(38)$; $P_1P_2P_3P_6P_5P_4P_1(36)$;
$P_1P_3P_2P_5P_6P_4P_1(40)$; $P_1P_4P_5P_2P_3P_6P_4P_1(50)$

4.2 KFA; KGHECB; KGHED; KI; KL

4.3 In dem Netz sei eine Dreiecksmasche ABC mit AB(4), AC(6) und BC(−3). Von A aus wählt der Algorithmus den Weg AB(4), obwohl der Weg ACB(6−3 = 3) kürzer ist.

4.4 a) $0 \leqslant p_i \leqslant 1$; $\log_{10} \frac{1}{p_i} \geqslant 0$. Die Multiplikation der Wahrscheinlichkeiten ergibt nach dem ersten Logarithmengesetz eine Addition der Bewertungen. Wächst die Wahrscheinlichkeit p_i, so wird die Bewertung kleiner.

b) $\log_{10} \frac{1}{p_i} = 0$ gilt für $p_i = 1$ sicheres Ereignis;

$\log_{10} \frac{1}{p_i} = \infty$ gilt für $p_i = 0$ unmögliches Ereignis.

c) $AS_2S_3S_5S_8Z(1{,}12)$; $p = 1 : 10^{1,12} = 0{,}076$.

Dieser Weg hat die größte Erfolgswahrscheinlichkeit, da er der kürzeste Weg ist.

4.5 B: BAE, BC, BFD; D: DC, DFB, DFEA; E: EAB, EFDC;
F: FB, FDC, FEA.

4.6 Minimalgerüst: ABC, AFNGH, FEDKI, DLM.
Kürzeste Wege von A aus: ABC, BG, BH, BI, ADE, DK, DL, AFM, FN.

4.7 a) AD, CF, BD, BE, BF.
b) AD, CF, BD, BE, EF.
c) AD, CF, BD, BF, EF.

4.9 $K(I;1) = \{D, H\}$; $K(I;2) = \{A, G, K\}$; $K(I;3) = \{B, C, F\}$;
$K(I;4) = \{E, N\}$; $K(I;5) = \{L, M\}$;
$m_{NK} = \{C, H, L\}$; $m_{BD} = \{A, C, E, F, L, M, N\}$; $m_{EM} = \emptyset$;
$\triangle ALN(3)$; $\triangle AGK(4)$; $\triangle BKM(5)$.

4.10 Parallele, Quadrat, Spiegelung an einer Geraden und zentrische Streckung nicht, da der Geradenbegriff fehlt. Parallelogramm: ABCD mit d(AB) = d(CD) und d(AD) = = d(BC); gleichschenkliges Dreieck: ABC mit d(AC) = d(BC).

4.11 a) $\{\ldots(-2;1), (-1;1), (0;1), (1;2), (2;3), (3;4), (4;4), (5;4)\ldots\}$
b) $\{(1;3), (2;2), (3;1)\} \cup \{(x;y) \mid x \leqslant 0 \wedge y \geqslant 4\} \cup \{(x;y) \mid x \geqslant 4 \wedge y \leqslant 0\}$.
c) $\{(3;3), (0;6), (-3;3), (-5;-1), (-2;-4), (3;-3)\}$

z. B. ist dem Kreis $k(0; r = 6)$ einbeschrieben.

4.12 a) Die Verbindungsgerade AB ist eine Gitterlinie und d(A, B) ist eine gerade Zahl.

b) AB ist keine Gitterlinie und keine Gitterdiagonale und d(A, B) ist gerade.

c) AB ist Gitterdiagonale.

d) AB ist keine Gitterdiagonale und d(A, B) ist ungerade.

4.13 Der euklidische Umkreis des t-Kreises k(0; r) hat den Radius r und der euklidische Inkreis hat den Radius $\frac{1}{2} \cdot \sqrt{2} \cdot r$.

4.14 a) t-Kreise sind Sechsecke.

b) Euklidische gleichseitige Dreiecke.

c) Gerade oder geknickte Punktlinien.

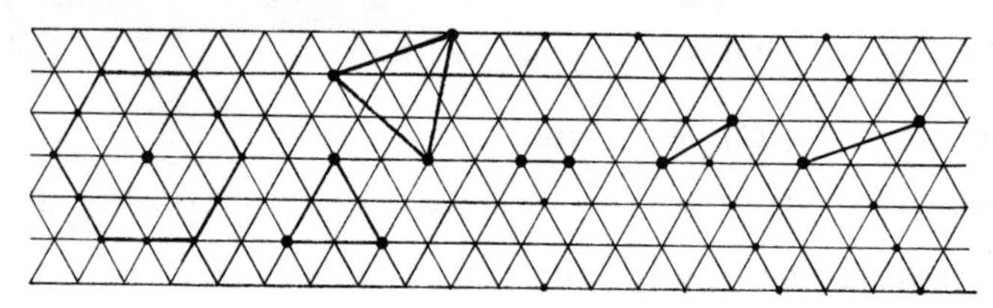

Fig. 8.14

5.1 Es gibt ouou, ouuo, uouo, uoou.

5.2 Vgl. Fig. 8.15. Bei allen anderen o-u-Folgen entsteht keine feste Verbindung.

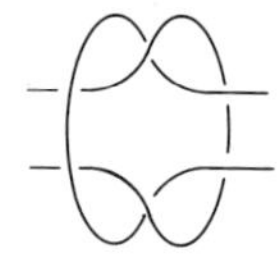

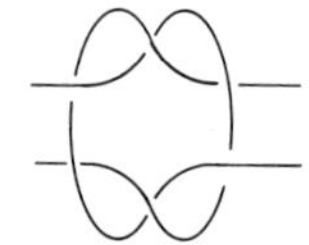

Fig. 8.15

5.3 Fig. 5.25 oben links: $\overline{O}_1'$ in der Projektion, $\overline{K}$ im Raum; oben rechts: $\overline{O}_1'$ und $\overline{K}'$ in der Projektion, zweimal $\overline{K}$ im Raum. Fig. 5.27 oben: $\overline{O}_2'$, $\overline{K}'$, $\overline{K}'$ in der Projektion, dreimal $\overline{K}$ im Raum; unten: $\overline{O}_2'$, $\overline{O}_2'$, $\overline{K}'$ in der Projektion, dreimal $\overline{K}$ im Raum.

5.4 Ergänzungen oder schon vorhandene Teile der Figur wurden an allen topologisch unterscheidbaren Kantenstücken angefügt. Ergänzungen nach innen können sofort nach außen geklappt werden.

5.5 a) Sonst würde keine reguläre Projektion vorliegen, da der Doppelpunkt der Projektion dann als Projektion von zwei verschiedenen Eckpunkten des Polygons entstanden wäre.

b) Wenn man so durchläuft, wie es nach a) nötig ist, ergeben sich zwei getrennte Polygone.

5.6 Es ergeben sich

ooouuu, oouoou, oouuou, oouuuo, ouooou,

ouououu, ououuo, ouuoou, ouuouo, ouuuoo,

uooouu, uoouou, uoouuo, uouoou, uououo,

uouuoo, uuooou, uuoouo, uuouoo, uuuooo.

Dies ergibt die Klassen

{ouououu, uououo}, {ooouuu, oouuuo, ouuuoo, uooouu, uuooou, uuuooo}

und {oououu, oouuou, ouoouu, ououuo, ouuoou, ouuouo, uoouou, uoouuo, uouoou, uouuoo, uuoouo, uuouoo}.

5.7 Anwendungen von Operationen O_i bzw. $\overline{O}_i$.

5.8 Wenn man den oberen Teil des Polygons aus Fig. 5.31a nach innen klappt und das Polygon „verbiegt", kommt man zu einem Polygon, das in Fig. 5.31b dargestellt ist. Klappt man nun den inneren Teil nach oben, so entsteht ein „Brezelknoten" (vgl. Fig. 5.44b), der durch „Lockern" in eine Kleeblattschlinge verformt werden kann.

5.9 Aus dem halben Schlag.

5.10 Alternierende Normierungen lassen sich leicht einzeichnen. Dann erkennt man, daß bei nicht alternierender Normierung stets Operation $\overline{O}_2'$ anwendbar ist. Dadurch reduziert sich die Zahl der Doppelpunkte um jeweils 2.

5.11 Anwendung der Operation $\overline{O}_2'$.

5.12 In Fig. 5.36a kann der vertikal gezeichnete Anteil nach unten herausgezogen werden. In Fig. 5.36b wird die obere Hälfte des vertikal gezeichneten Anteils nach unten, der unter Teil nach rechts herausgeschoben.

6.1 a) und b) Vgl. Fig. 7.11.

6.2 Kugel: Ei, Teller, Würfel; Ball, Luftballon. Torus: Perle, Armreif, Schallplatte; Tennisring, Fahrradschlauch.

6.3 Vgl. Fig. 6.3 und 6.4.

6.4 Zusätzlich zu Kurven wie c_1, c_2 und c_3 in Fig. 6.4 kann man auf dem Doppeltorus Kurven zeichnen, die die Fläche zerlegen und nicht auf einen Punkt zusammengezogen werden können. Man erhält eine solche Kurve, wenn man zwischen den Durchbrüchen schneidet.

6.6 a) Vierfach verdreht, zweiseitig, zwei Randkurven;

b) zwei verkettete Bänder: ein Möbiusband und ein zweimal verdrehtes zweiseitiges Band mit zwei Randkurven.

6.7 a) (a) zweiseitig, $r = 3$; (b) einseitig, $r = 1$; (c) einseitig, $r = 1$; (d) einseitig, $r = 2$.

b) (a) zwei zweiseitige Flächen, (b) zweiseitig, $r = 2$; (c) einseitig, $r = 2$; (d) zweiseitig, $r = 3$.

6.8 a) ja, b) nein (Berührpunkt), c) nein (Stab), d) ja, e) nein (Kegelspitze), f) ja.

6.9 a) Randkurve gehört nicht zur Fläche,

b) Umgebung von P ist nicht zu einer teilweise berandeten Kreisscheibe homöomorph.
c) wie b).

6.10 Verschiebt man einen orientierten Kreis längs einer Kurve, die die Verheftungslinie schneidet, so kehrt sich beim Durchgang durch den Verheftungspunkt sein Umlaufsinn um.

6.11 a) Stein, Glühbirne, Würfel, Handschuh;
b) Kaffeetasse, Blumentopf mit Loch, Korb mit einem Henkel, Ofenrohr;
c) Knopf mit zwei Löchern, Suppentasse mit zwei Henkeln.

6.12 Durch eine einfach geschlossene Kurve entstehen auf der Kugel zwei einfach zusammenhängende Gebiete, in der Ebene nicht.

6.13 a) $p = 9$, b) $p = 2$, c) $p = 5$

6.14 Auf einer Kugel mit p Henkeln lassen sich höchstens p einfach geschlossene Kurven zeichnen, die sich nicht schneiden und die Fläche nicht zerlegen, nämlich um jeden Henkel eine solche Kurve. Umgekehrt gehört zu jeder solchen Kurve ein Durchbruch der Fläche, da sie sonst zerfällt.

6.15 a) Es gibt höchstens $n - 1$ Kurvenstücke zwischen Randpunkten.
b) Das Ufer kommt als Randkurve dazu.
c) Elastische Verformung möglich.
d) Es gibt höchstens eine nichtzerlegende Kurve.

6.16 a) Jede Jordankurve zerlegt die Flächen.
b) Wählt man P auf dem Rand des Loches, so gibt es höchstens 2p Jordankurven durch P, welche die Fläche nicht zerlegen. Also ist $z = 2p + 1$.

6.17 (Vgl. Aufgabe 6.16b). Zu jedem weiteren Loch kann höchstens eine Kurve von P aus geführt werden, ohne daß die Fläche zerfällt. Daraus folgt $z = 2p + 1 + (r - 1) = 2p + r$.

6.18

Fläche	einseitig	zweiseitig	geschlossen	r	z
Zylinderband	–	+	–	2	2
Möbiusband	+	–	–	1	2
Kreisscheibe	–	+	–	1	1
Torus	–	+	+	0	3
Kleinsche Flasche	+	–	+	0	3
Kugel mit Kreuzhaube	+	–	+	0	2
Kugel	–	+	+	0	1

6.19 Vgl. Fig. 6.19.

6.20 Projektive Ebene, vgl. Aufgabe 6.10.

6.21 Zwei verheftete Kanten werden zusammengefügt.

6.22 $a_1 b_1 d c_1 a_1^{-1} c_1^{-1} b_1^{-1} a_2 b_2 a_2^{-1} b_2^{-1}$.

6.23 a) z = 2, vgl. Aufgabe 6.20. b) z = 5. c) z = q + r.

7.1 a) und b) Vgl. Fig. 8.16a.

c) Auf dem Torus läßt sich sogar das vollständige Netz mit sieben Ecken kreuzungsfrei zeichnen.

d) vgl. Fig. 8.16b.

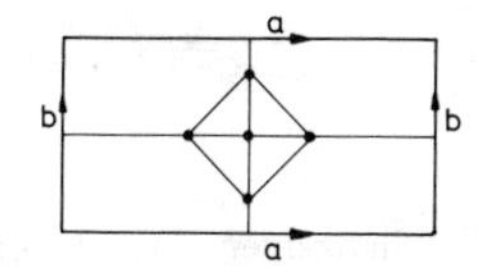

Fig. 8.16

7.2 Analog Fig. 7.1c.

7.4 Es ist 3e = 2k und 6f = 2k. Aus Gl. (7.1) ergibt sich der Widerspruch 0 = 12.

7.5 a) $2k = 2 \cdot 3 + 3 \cdot 4$; k = 9; e = 2 + 9 − 5 = 6; dreiseitiges Prisma;

b) $2k = 1 \cdot 3 + 5 \cdot 4 + 1 \cdot 5 = 28$; k = 14; e = 9. An das Fünfeck werden vier Vierecke und das Dreieck angefügt.

7.6 a) $3e \leqslant 2k; \quad 3f \leqslant 2k;$

aus Gl. (7.1)

$$3f \geqslant 12 + k; \quad 3e \geqslant 6 + k;$$

zusammen ergibt sich $e \geqslant 4$; $f \geqslant 4$; $k \geqslant 6$; dreiseitige Pyramide.

b) $\quad k = 7; \quad 3f \leqslant 14; \quad 3e \leqslant 14;$

aus Gl. (7.1)

$$f = 9 - e;$$

zusammen ergibt sich $13 \leqslant 3f \leqslant 14$; keine ganzzahlige Lösung für f vorhanden.

7.7 a) e = 60, k = 90, f = 32;

b) 20 Sechsecke und 12 Fünfecke;

c) vgl. Fig. 7.6c.

7.8 a) Für 360° entsteht eine ebene Fläche.

b) Als Flächen in einer Ecke kommen wegen a) drei, vier oder fünf Dreiecke, drei Quadrate oder drei Fünfecke in Frage.

7.9 a) und b) Würfel, c) Tetraeder.

7.10 a) (a) $e = 12; k = 18; f = 8;$ (d) $e = 24; k = 36; f = 14;$
(b) $e = 24; k = 36; f = 14;$ (e) $e = 60; k = 90; f = 32.$
(c) $e = 60; k = 90; f = 32$

b) Die Netze sind gleich aufgebaut.

7.11 a) In jeder Ecke stoßen zwei Dreiecke und zwei Quadrate zusammen.
b) Würfel und Oktaeder sind dual zueinander.

7.12 a) In jeder Ecke sind alle Flächenwinkel kongruent.
b) Bei gleichseitigen Dreiecken entsteht ein Oktaeder.

7.13 Vgl. Fig. 7.10.

7.14 a) 2, 0, – 2, – 4, . . .
b) 1,0, – 1, – 2, – 3, . . .
c) Die Kantenzahl wächst schneller als die Ecken- und Flächenzahlen, da nur einfach zusammenhängende Flächen auftreten dürfen.

7.17 Vgl. Fig. 7.10 mit zwei Paaren von verhefteten Rändern.

Literatur

[1] A l e x a n d r o f f, P. et al.: Enzyklopädie der Elementarmathematik. Band V, Berlin 1971

[2] A r n o l d, B. H.: Elementare Topologie. 2. Aufl. Göttingen 1971

[3] B a i r e u t h e r, P.: Mathematikunterricht in der Kollegstufe. Beispiele aus der Topologie. Didaktik der Mathematik **1** (1974) 32 bis 51

[4] B a u e r s f e l d, H. et al.: alef, Wege zur Mathematik, 1 bis 4. Hannover

[5] B e h n k e, H. et al.: Grundzüge der Mathematik, IIA und IIB. Göttingen 1967

[6] B e r g e, C.: Theorie des graphes et ses applications. Paris 1958

[7] B e r g e, C.; G h o u i l a - H o r i, A.: Programme, Spiele, Transportnetze. 2. Aufl. Leipzig 1969

[8] C o u r a n t, R.; R o b b i n s, H.: Was ist Mathematik. 2. Aufl. Heidelberg 1967

[9] C o x e t e r, H. S. M.: Unvergängliche Geometrie. Basel 1963

[10] D i e n e s, Z. P.: Geometrie, Arbeitskarten für die ersten Schuljahre. Freiburg 1972

[11] D ö r f l e r, W.; M ü h l b a c h e r, J.: Graphentheorie für Informatiker. Berlin 1973

[12] D y n k i n, E. B.; U s p e n s k i, W. A.: Mathematische Unterhaltungen I, Mehrfarbenprobleme. 4. Aufl. Berlin 1968

[13] F r a n z, W.: Topologie. Bd. 1, Allgemeine Topologie. Berlin 1960

[14] F r e u d e n t h a l, H.: Topologie in historischen Durchblicken. In: Überblicke Mathematik, Bd. 4, S. 7 bis 24. Mannheim 1971

[15] F r e u n d, H.; S o r g e r, P.: Aussagenlogik und Beweisverfahren. Stuttgart 1974

[16] F r i c k e, A.; B e s u d e n, H.: Mathematik in der Grundschule, Ausgabe B. Band 1 bis 4. Stuttgart

[17] G a r d n e r, M.: Mathematische Rätsel und Probleme. 3. Aufl. Braunschweig 1971

[18] G a r d n e r, M.: Logik unterm Galgen. Braunschweig 1971

[19] G ö r n e r, A.; R ö h r l, E.; K l o s e, D.: Mathematik in der Primarstufe, Brief 11/12. Stuttgart 1974

[20] H e u s e r, H. et al.: Funkkolleg Mathematik, Band 1. Frankfurt 1971

[21] H i l b e r t, D.; C o h n - V o s s e n, S.: Anschauliche Geometrie. Berlin 1932

[22] K i e n l e, L.: Umkehrung des Euler-Polyedersatzes. Praxis der Mathematik **13** (1971) 169 bis 172

[23] K n ö d e l, W.: Graphentheoretische Methoden und ihre Anwendungen. Berlin 1969

[24] Leppig, M.: Abbildungen und topologische Strukturen. Freiburg 1973

[25] Lietzmann, W.: Anschauliche Topologie. München 1955

[26] Löttgen, U.: Zur Topologie in der Grundschule. Die Grundschule **4** (1972) 94 bis 105

[27] Papy, G.: Taximetrie. Bild der Wissenschaft **7** (1970) 540 bis 545

[28] Papy, G.: Topologie als Grundlage des Analysis-Unterrichts. Göttingen 1970

[29] Rademacher, H.; Toeplitz, O.: Von Zahlen und Figuren. Berlin 1968

[30] Reidemeister, K.: Knotentheorie. Berlin 1974

[31] Reinhardt, F.; Soeder, H.: dtv-Atlas zur Mathematik, Bd. 1. München 1974

[32] Ringel, G.: Färbungsprobleme auf Flächen und Graphen. Berlin 1959

[33] Ringel, G.: Das Kartenfärbungsproblem. In: Selecta Mathematica III. Berlin 1971

[34] Rinkens, H.-D.; Schrage, G.: Topologie in der Sekundarstufe I. Der Mathematikunterricht **20** (1974) 36 bis 51

[35] Roller, E. et al.: Mathematik B. Stuttgart

[36] Roman, T.: Reguläre und halbreguläre Polyeder. Berlin 1968

[37] Sachs, H.: Einführung in die Theorie der endlichen Graphen I. München 1971

[38] Schubert, H.: Topologie. 4. Aufl. Stuttgart 1975

[39] Thompson, d'Arcy W.: Über Wachstum und Form. Basel 1973

[40] Tietze, H.: Gelöste und ungelöste mathematische Probleme aus alter und neuer Zeit. München 1965

[41] Voß, W.: Aus der Graphentheorie. Mathematische Schülerzeitschrift alpha, Berlin 1972 und 1973

[42] Wagner, K.: Graphentheorie. Mannheim 1970

[43] Walser, W.: Wahrscheinlichkeitsrechnung. Stuttgart 1975

[44] Weidig, I.: Das Studium von Netzen. Der Mathematikunterricht **18** (1972) 42 bis 55

[45] Winter, H.; Ziegler, T.: Neue Mathematik. Hannover

[46] Winzen, W.: Anschauliche Topologie. Frankfurt 1975

Symbole

Mathematische Logik

$\bigwedge_{x \in M}$	für alle x aus M	$\wedge$	und
$\bigvee_{x \in M}$	es gibt ein x aus M	$\vee$	oder
$\Rightarrow$	wenn ..., dann ...		
$\Leftrightarrow$	... genau dann, wenn ...		

Mengenlehre

$M \subset N$	M ist (echte oder unechte) Teilmenge von N
$\mathbf{P}(M)$	Potenzmenge von M
$\mathbf{C}(M)$	Komplement von M (bezüglich einer bekannten Gesamtmenge)

Spezielle Mengen

$\mathbf{N}$	$\{0, 1, 2, 3, \ldots\}$
$\mathbf{N}^+$	$\{1, 2, 3, 4, \ldots\}$
$\mathbf{R}$	Menge der reellen Zahlen
$\mathbf{R}^+$	Menge der positiven reellen Zahlen
$\mathbf{R}_0^+$	Menge der nichtnegativen reellen Zahlen

Geometrie

AB	Strecke mit den Endpunkten A und B
$\mathbf{R}^n$	n-dimensionaler euklidischer Raum
	$\mathbf{R}^1$: Zahlengerade; $\mathbf{R}^2$: Anschauungsebene; $\mathbf{R}^3$: Anschauungsraum

Zu den Figuren

Fig. Ia zeigt eine Punktmenge einschließlich der Randpunkte,
Fig. Ib eine Punktmenge ohne die Randpunkte.

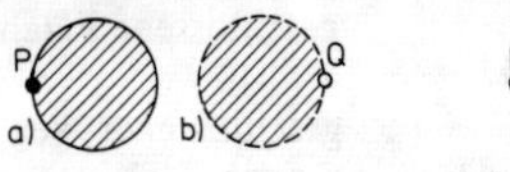

Fig. I Fig. II

In Fig. II gehört P zur gekennzeichneten Punktmenge, Q gehört nicht dazu.

Sachverzeichnis

Abbildung, Ähnlichkeits- 15, 38
–, bijektive 20 f., 30 f., 38, 40
–, homöomorphe 30
–, Kongruenz- 13, 15, 37
–, stetige 21 f., 40
–, topologische 13 ff., 22, 30 f., 37 ff., 43, 53, 98
abgeschlossene Menge 28 f.
Abstand 32 f.
Ähnlichkeitsabbildung 15, 38
alternierende Normierung 104
Analogieverfahren 80
Antiprisma 143
archimedischer Körper 143
äußerer Punkt 18, 27 f., 87
Äußeres 27, 52, 107, 111
Axiom 20, 24, 33
–, Trennungs- 35
–, Umgebungs- 24, 86

Barromaeische Ringe 112
Baum 59 ff., 65, 77
berandete Fläche 119, 121, 125, 128, 132
Berührungspunkt 26 ff., 37
beschränkt 120
bewertetes Netz 68, 72, 82, 90 f.
Bewertung 69 f., 84, 92
bijektive Abbildung 20 f., 30 f., 38, 40
Brücke 45, 55 ff.

Charakteristik 51
chromatische Zahl 149

Deformation, elastische 13 13 f., 39
Dimension 21
diskrete Metrik 34, 87
– Topologie 26, 29, 87, 92
Dodekaeder 49, 141 f.
Doppeltorus 118, 128
Dreiecks|netz 90
– ungleichung 25, 33, 37, 82
dual-archimedischer Körper 143
duale Polyeder 142
duales Netz 54
durchlaufbare Netze 43, 45, 59, 63 f.

Ebene, projektive 122, 130, 150
Ecke 17, 44, 49, 51 f., 61 f.
–, gerade 44
–, ungerade 44 ff.
einfach 19
– geschlossen 117
– geschlossene Kurve 20, 23, 67
– zusammenhängend 135 ff.
– zusammenhängendes Gebiet 20
einseitige Fläche 119, 121
elastische Deformation 13 f., 39
– Verformung 13 f., 39
Epsilon-Umgebung (ϵ- Umgebung) 24, 34 f., 86
Erbteilungs-Problem 41, 54, 115
euklidische Geometrie 13, 67
– Metrik 33, 37
euklidischer Raum 16
Eulersche Charakteristik 146 f.
Eulerscher Polyedersatz 138
Euler-Weg 45 ff., 63

Fadenproblem 134
färben 18 f., 42, 111
Färbungsproblem 42, 55 f., 149
feinste Topologie 26
festes Ende 94 f.
Figur 13 f., 16 f., 20, 37, 39, 43, 63
Fläche 120
–, berandete 119, 121 125, 128, 132
–, einseitige 119, 121
–, geschlossene 119 f., 149
–, zweiseitige 119, 122
freies Ende 94 f., 113
Fünffarbensatz 55, 59, 146

Gebiet, einfach zusammenhängendes 20
Geflecht 97
Geometrie, euklidische 13, 67
–, Kongruenz- 13
gerade Ecke 44
Gerüst 60, 68, 78
–, minimales 69, 80 f.
Geschlecht 123, 125, 130
geschlossen 15, 19
geschlossene Fläche 119 f., 149
geschlossener Weg 45 ff.
Gewebe 97
Gewirk (Gewirke) 98
Graph 5, 44, 54
Graphentheorie 69
Grenze 51
gröbste Topologie 26

Häkeln 95, 114

halber Schlag 94
Halbkante 44
halbregulärer Körper 143
Halteglied 110
Hamilton-Weg 49 f., 63, 72
Häufungspunkt 26 f., 37
Hausdorff-Raum 35
Haus vom Nikolaus 63
Heawoodsche Vermutung 149
Homomorphismus 31
homöomorph 30, 38 f.
homöomorphe Abbildung 30
Homöomorphismus 30 f.

Identifizierung 122, 126, 128
Ikosaeder 141 f.
induzierte Topologie 37, 87
innerer Punkt 18, 23, 27 ff., 86 f.
Inneres 19, 27, 52, 107, 111
Invariante 13 ff., 17, 43, 109
isolierter Punkt 26 f., 87, 92
Isomorphismus 31
isotop 99 ff., 108 f.

Jordankurve 20, 23
Jordanscher Kurvensatz 20, 52, 59, 107, 113, 117

Kanten 17, 44, 48, 50 f., 55 f., 100
– zug 44, 52
Kette 109 ff.
Klasseneinteilung 27, 99
Kleeblattschlinge 106, 114, 133
Kleinsche Flasche 126 f., 129, 149
Knoten 93, 98 f., 109, 112 ff.
Kongruenz|abbildung 13, 15, 37
– geometrie 13
Königsberger Brückenproblem 16, 40, 43, 63
konvex 139
Körper, archimedischer 143
–, dual-archimedischer 143
–, halbregulärer 143
–, platonischer 142
Kreis 85, 89
– (als Knoten) 99, 103, 108 f.
– verkettung 111 f.
Kreuzhaube 126 f., 129
kritische Bahn 80
Kugel 116 f., 120, 122 ff., 145
– mit Henkel 116
– – p Henkeln 123
– – q Kreuzhauben 130
–, punktierte 116 f.
– umgebung 34 f.
Kurve 16, 18 ff., 23
–, einfach geschlossene 20, 23, 67
kürzester Weg 75 ff.

Labyrinth 65
Landkarte 42 f., 51 f., 55 ff., 60, 66, 111, 113, 134
Linke-Hand-Regel 65

Masche 95
Maximum-Metrik 33
Menge, abgeschlossene 28 f.
–, offen-abgeschlossene 28 f.
–, offene 28 f., 37
Metrik 32, 34 ff., 82, 84, 92
– -Axiome 33, 37, 82 f.
–, diskrete 34, 87
–, euklidische 33, 37
–, Maximum- 33
–, natürliche 73, 84
metrischer Raum 32 ff., 37, 39, 84
Minimalgerüst 69, 80 f.
Möbiusband 118 f., 122, 126, 131 f., 148

Nachbargebiet 115 f.
natürliche Metrik 73, 84
Netz 44, 50 f., 62, 102, 111, 134
–, bewertetes 68, 72, 82, 90 f.
–, duales 54
–, Orthogonal- 88 f.
– plan 80
–, plättbares 50 f., 53, 59 f., 62
–, vollständiges 53, 73, 135
–, zusammenhängendes 44, 46 ff., 60 f., 100
n-fach verkettet 110, 112
Normalform 128 f.
normierte Projektion 100 ff., 104 ff., 110, 113, 115

Oben-unten-Folge 96, 104 f., 113
offen 15, 19, 28
– -abgeschlossene Menge 28 f.
offene Kreisscheibe 86, 120
– Menge 28 f., 37
offener Weg 45
Oktaeder 141 f.
Ordnung (einer Ecke) 44 ff., 61 f., 100, 111
– (eines Knotens) 103 f.
Ordnungsrelation 24
orientiert 44
Orthogonalnetz 88 f.

Parallelprojektion 38
Parkett 66 f.
Parkettierung 88
platonischer Körper 142

plättbares Netz 50 f., 53, 59 f., 62
Polyeder 136
–, reguläres 140
Prismatoid 143
Problem der Nachbargebiete 54
Projektion, normierte 100 ff., 104 ff., 110, 113, 115
–, Parallel- 38
–, reguläre 99, 101 f., 106, 110, 113, 115
–, stereographische 138
–, Zentral- 38 f.
projektive Ebene 122, 130, 150
Punkt, äußerer 16, 27 f., 87
–, innerer 18, 23, 27 ff., 86 f.
–, isolierter 26 f., 87, 92
–, Rand- 14, 18, 27 ff., 37, 87
punktierte Kugel 116 f.

Radiolarien 139, 142
Rand 27, 119
– punkt 14, 18, 27 ff., 37, 87
Raum, euklidischer 16
–, Hausdorff- 35
–, metrischer 32 ff., 37, 39, 84
–, topologischer 23 ff., 28, 35, 37, 39
Rechengitter 90
reguläre Landkarte 55 f., 58
– Projektion 99, 101 f., 106, 110, 113, 115
reguläres Polyeder 140
Rhombendodekaeder 144
Rund|reise 49, 70
– törn 96

Sachrechnen 91
Satz von Euler 51 ff., 60, 111, 137 f., 145
Schlinge (bei Linien) 94 f., 102, 113
– (Rückkehrkante) 44 f., 52, 55 f., 58
Schmuck|glied 110
– kette 110
Slipstek 96
Spur 37
– topologie 37
stereographische Projektion 138
stetig 30, 37
stetige Abbildung 21 f., 40
Struktur 16, 31

Taxi|distanz 88
– metrik 88 f., 92
Tetraeder 141 f.
Topologie 16, 23 f., 27 ff., 37, 82, 86, 92
–, diskrete 26, 29, 87, 92
–, feinste 26
–, gröbste 26
–, induzierte 37, 89
–, Spur- 37
–, U- 23
topologisch äquivalent 13 ff., 17, 30, 44, 49 f., 62, 102
topologische Abbildung 13 ff., 22, 30 f., 37 ff., 43, 53, 98
topologischer Raum 23 ff., 28, 35, 37, 39
Torus 116 f., 120, 122 ff., 147, 151
–, Doppel- 118, 128
Transitivität 83 f.
Trennungsaxiom 35
Trompeterstek 96

Umgebung 23 f., 26, 29 f., 32, 34 ff.
Umgebungsaxiom 24, 86
Umgebungs|menge 34 f.
– system 23 f., 32, 35
ungerade Ecke 44 ff.
U-Topologie 23

Verbindung von Kreisen (Kreisverbindung) 111 f.
Verfahren von Dantzig 75
– – Dijkstra 75
– – Little 72
Verformung, elastische 13 f., 39
Verheften 14 f.
verkettet 11, 109 f.
Verkettung 109, 112, 114
Verschlingung 93, 97, 114
Verschlingungszahl 16
Versorgungsnetz-Problem 41, 52, 135
Vierfarbenvermutung 55, 146, 149
vollständiges Netz 53, 73, 135

Weberknoten 97, 114
Weg 45, 47, 61
–, geschlossener 45 ff.
–, kürzester 75 ff.
Weiberknoten 97, 114
Würfel 141 f.

Zahlengitter 90
Zentralprojektion 38 f.
Zugkette 110
Zusammenhang 123 f., 135
zusammenhängende Landkarte 51, 57
zusammenhängendes Netz 44, 46 ff., 60 f., 100
Zweifarbensatz 67
zweiseitige Fläche 119, 122
Zylinderband 118, 120, 122, 126, 132